圖解

孫子兵法

古學書

千兵奇

《史記》：
「世俗所稱師旅，皆道孫子十三篇。」

全面／深度挖掘、剖析每一句話的真正內涵，多方面地介紹《孫子兵法》。

圖解／精選三百多幅插圖和大量圖解，圖文並茂地展示《孫子兵法》魅力。

唐譯【著】

序言

　　《孫子兵法》，又稱《孫子》、《孫武兵法》、《吳孫子兵法》等，是中國現存最早、最完整、最負盛名的古代兵書，與《戰爭論》和《五輪書》並列為世界三大兵書。其內容博大精深，思想內涵豐富，邏輯縝密嚴謹。《孫子兵法》被譽為「兵學聖典」，後世的兵書大多受到它的影響，書中的軍事思想對中國歷代軍事家、政治家、思想家產生了非常深遠的影響。宋朝時將其列為集華夏兵書精粹的《武經七書》之首。

　　《孫子兵法》的作者孫子，字長卿，後人尊稱其為孫子、孫武子。孫子的祖先叫媯滿，被周朝天子冊封為陳國國君（陳國在今河南東部和安徽北部，建都宛丘，今河南淮陽）。後來由於陳國內部發生政變，孫子的直系遠祖媯完便攜家帶眷逃到齊國，投奔齊桓公。齊桓公知道陳公子媯完年輕有為，任命他為管理百工之事的工正。媯完在齊國定居以後，由姓媯改姓田，故又被稱為田完。一百多年後，田氏家族成為齊國國內後起的一大家族，地位越來越顯赫，在齊國的領地也越來越大。田完的五世孫田書做了齊國的大夫，他很有軍事才能，因為領兵伐莒（今山東莒縣）有功，齊景公在樂安封給他一塊采邑，並賜姓孫氏。因此，田書又被稱為孫書。孫書的兒子孫憑做了齊國的卿，成為齊國君主以下的最高一級官員。孫憑就是孫子的父親。

　　貴族家庭給孫子提供了優越的學習環境，孫子得以閱讀古代軍事典籍《軍政》，加上當時戰亂頻繁，兼併激烈，他從小也耳聞目睹了一些戰爭，這對少年孫子的軍事方面的培養非常重要。孫子生活的齊國內部問題重重，危機四伏，四大家族之間爭權奪利的戰爭愈演愈烈。孫子對這種內部戰爭極其反感，不願糾纏其中。在十八歲的時候，他毅然告別齊國，長途跋涉，投奔吳國而來。

孫子在吳國潛心研究兵法，後來向吳王呈上所著兵書十三篇，吳王看後讚不絕口。從此，孫子與伍子胥共同輔佐吳王，安邦治國，發展軍力。對於孫子的歷史功績，司馬遷在《史記‧孫子吳起列傳》中寫道：「西破強楚，入郢；北威齊、晉，顯名諸侯，孫子與有力焉。」

《孫子兵法》問世後，歷代兵學家、軍事家無不從中汲取養料，用於指導戰爭實踐和發展軍事理論。三國時期著名的政治家、軍事家曹操第一個為《孫子兵法》作了系統的注解，為後人研究、運用《孫子兵法》打開了方便之門。它不僅是中國的謀略寶庫，在世界上也久負盛名。世界許多著名的軍事分析家認為，中國著名的軍事思想家孫子去世將近2500年之後，正在深刻地影響著現代戰場。美國人詹姆斯‧克拉維爾曾經翻譯過《孫子兵法》，他說：「如果我是最高統帥，或被選為總統或當上總理，我要以法律的形式確定下來：所有軍官，特別是將軍，每年都要參加兩次《孫子十三篇》的考試，一次口試，一次筆試，及格分數為95分。考試不及格的將官立即自動罷免，並不准上訴，其他軍銜的軍官則自動降級。」

《孫子兵法》雖為兵書，卻由於所論述的軍事戰略問題和戰術思想採用抽象思維說理且注重形象思維，而反映出樸素的唯物主義哲學思想，因而為歷代軍事家、政治家、文學家們所推崇。如今《孫子兵法》已經滲透到政治、經濟、文化、外交、體育等各個領域，成為世界軍事寶庫中的珍貴財富和世界文化寶庫中的瑰寶。

為了讓更多的人了解孫子思想的博大精深，並從中汲取營養，啟迪智慧，我們精心編著了這本《圖解孫子兵法》。編者在忠於原著的基礎上加以組織、整理，並運用準確、流暢的白話文進行翻譯。更為巧妙的是，編者在每一篇兵法之後都配有對書中軍事思想的深度解析，並加入了大量的經典戰例來加以佐證，便於讀者更輕鬆地理解原著內涵。

全書採用與傳統神話故事書籍不同的方式——圖解的方式編著，以生動精美的手繪圖對《孫子兵法》的思想進行注解，並展現了著名戰例的金戈鐵馬，讀者能夠在圖解的格調中領略傑出軍事家的謀略智慧，給生活在巨大壓力下的現代人帶來一份清新與愜意。

本書內容通俗易懂，圖文並茂，非常符合現代人的閱讀習慣。由於編者學識有限，時間倉促，難免有紕漏之處。望廣大讀者及專家朋友提出寶貴意見和建議，以便日後改正。

第一章
《孫子兵法》概論

第二章
《計篇》詳解

第三章

《作戰篇》詳解

第四章

《謀攻篇》詳解

第五章

《形篇》詳解

第六章

《勢篇》詳解

第七章

《虛實篇》詳解

第八章

《軍爭篇》詳解

第九章

《九變篇》詳解

第十章

《行軍篇》詳解

第十一章
《地形篇》詳解

第十二章
《九地篇》詳解

第十三章
《火攻篇》詳解

第十四章
《用間篇》詳解

第十五章
《孫子兵法》在現代的應用

第一章

《孫子兵法》概論

　　《孫子兵法》內容博大精深，思想內涵豐富，邏輯縝密嚴謹，自成體系。《孫子兵法》問世以來，對中國古代軍事學術思想的發展產生了巨大而深遠的影響。它曾被譯為多種文字，在世界上廣為傳播，成為享譽全球的兵學經典。在當今社會中，《孫子兵法》也被廣泛研究並應用於哲學、心理學、醫學等諸多非軍事領域。

　　本章從《孫子兵法》的作者、成書背景、思想內容及影響等方面進行說明，以便讀者在深入研讀之前對它有一個全面、系統的了解。

圖版目錄

第一節

兵學鼻祖

孫子

《孫子兵法》為孫子所著，孫子是春秋末期著名的軍事家，被後人尊稱為孫武子、兵聖、兵家之祖、兵學鼻祖。

孫子，名武，字長卿，春秋末年齊國樂安（今屬山東）人，其生卒年月已不可考，大約與孔子同時。孫子生長在貴族家庭，其曾祖、祖父均為齊國名將，這對少年孫子產生了很大的影響。他自幼喜歡研究兵法，頗有心得。在孫子十八歲的時候，齊國內亂不止，他不願糾纏其中，便離開齊國到了吳國。

孫子在吳國避隱深居，潛心研究兵法，作成兵法十三篇。此時吳王為圖霸業，急需能征善戰的大將之才，伍子胥便向吳王推薦孫子，稱他「精通韜略，有鬼神不測之機，天地包藏之妙，自著兵法十三篇，世人莫知其能。誠得此任為將，雖天下莫敵，何論楚哉！」後來孫子將兵法十三篇呈獻給吳王，吳王看後讚不絕口。

西元前506年，吳國以孫子、伍子胥為將，率三萬精兵，出兵伐楚。孫子採取「迂迴奔襲、出奇制勝」的戰法，溯淮河西上，迅速通過楚國北部大隧、直轅、冥阨三關險隘（均在今河南信陽南），直插楚國縱深，在柏舉（今湖北麻城境內）重創楚軍。接著五戰五勝，一舉攻陷楚國國都郢。楚昭王棄城倉皇南逃。「柏舉之戰」後，楚國元氣大傷，漸漸走向衰落；吳國則聲威大振，一躍成為春秋五霸之一。「柏舉之戰」也因為吳國以三萬之師大敗二十萬楚國軍隊，而成為中國戰爭史上以少勝多的戰例。

司馬遷認為吳國在軍事上的輝煌勝利，是同孫子分不開的。他在《史記‧孫子吳起列傳》裏指出：「（吳國）西破強楚，入郢；北威齊、晉，顯名諸侯，孫子與有力焉！」

孫子最終的命運如何，我們不得而知。史學家們猜測，孫子可能歸隱了山林，從此遠離各種爭鬥。也有人認為，孫子是在伍子胥被吳王殺害以後才歸隱的。他留下的《孫子兵法》總結了春秋時期各國戰爭的豐富經驗，概括了戰略戰術的一般規律，體現了孫子完整的軍事思想體系，對中國軍事學術思想的發展產生了巨大而深遠的影響。

孫子生平

　　孫子，字長卿，是兵家流派的代表人物。孫子的曾祖、祖父均為齊國名將。在家庭環境的薰陶下，孫子自幼喜研兵法，頗有心得。其所著《孫子兵法》內容博大精深，思想內涵豐富，邏輯縝密嚴謹，被後人奉為「兵經」。

● 孫子的一生

名字的寓意

　　孫子的祖父孫書和父親孫憑都在齊國為官。孫子出生的時候，他們希望他能夠繼承和發揚將門武業，報效國家，所以取名為「武」。

　　武的字形是由「止」、「戈」兩字組成，故能止戈才是武。古兵書記載：「武有七德」，即用武力來禁止強暴、消滅戰爭、保持強大、鞏固功業、安定百姓、協和大眾和豐富財物。

少年好學

　　孫子出生在一個祖輩都精通軍事的世襲貴族家庭裏。他自幼聰慧睿智，機敏過人，勤奮好學，而且喜歡研究兵法，頗有心得。

吳國為將

　　十八歲的時候，孫子離開齊國到了吳國，被伍子胥引薦給吳王闔閭，通過斬姬練兵，取得了吳王的賞識。吳王以孫子為將。他領兵打仗，戰無不勝，使得吳國北威齊、晉，南服越人，顯名諸侯。

退隱修訂兵法

　　孫子最終的命運如何，我們不得而知。史學家們猜測，他應該是悄然歸隱於深山，根據自己訓練軍隊、指揮作戰的經驗，修訂兵法十三篇，使其更臻完善。

主要戰役

西元前512年
吳楚養城之戰

西元前510年
吳越槜李之戰

西元前508年
吳楚豫章之戰

西元前506年
吳楚柏舉之戰

● 柏舉之戰

　　《史記·孫子吳起列傳》中說：「（吳國）西破強楚，入郢；北威齊、晉，顯名諸侯，孫子與有力焉！」這裡所說的「西破強楚，入郢」一事，就是前506年爆發的著名的吳楚柏舉之戰。此戰，孫子指揮的吳軍以迂迴奔襲、後退疲敵、尋機決戰、深遠追擊的戰法，以三萬兵力戰勝二十萬兵力的楚國，有力地改變了春秋晚期的整個戰略格局。

歷史發展的必然

《孫子兵法》的成書背景

任何事物的出現都有其產生的原因，《孫子兵法》也不例外，它的成書與當時的時代背景和社會文化有著緊密的聯繫。

《孫子兵法》是齊國兵學文化和兵學傳統的果實

齊地的原始居民為東夷人，東夷人以尚武善戰而著稱。西周時期，周武王封姜尚於齊，建立起齊國。齊國崇尚兵學，並享有代替周天子征伐有罪諸侯的特權。為了能夠制伏其他諸侯國，齊國必須不斷增強自己的軍事實力，這也使得齊國尚兵的氣氛更加濃厚。此外，在兵學盛行的氛圍之下，齊國產生了很多傳世的兵學名著，如《太公陰謀》、《太公金匱》、《太公兵法》、《管子》、《司馬穰苴兵法》等。所以，齊國尚兵的傳統和豐富的兵學文化為《孫子兵法》的產生提供了基礎。

《孫子兵法》是長期戰爭孕育的結果

春秋時期，諸侯紛爭，戰亂頻繁。據孔子所著《春秋》記載，在這一時期的242年中，單單大的軍事行動就發生過483次。同時期接連不斷的農民起義，以及與戰爭密切相關的朝貢、盟會等政治活動，構成了春秋時期五彩繽紛的戰爭畫卷。

在整個春秋時期中，諸侯兼併與大國爭霸的戰爭占據主導地位。西元前770年周平王遷都洛邑，周王室由盛轉弱。一些大的諸侯國為了增強國力，在政治、經濟、軍事等方面進行了種種的改革，嚴重威脅了東周王室的統治地位。為了擴大自己的勢力，各諸侯國之間互相征伐，戰爭頻仍。在這一時期，齊、宋、晉、秦、楚等強大的諸侯國先後稱霸，史稱「春秋五霸」。到了春秋後期，北方各諸侯國之間的戰亂日漸平靜，南方吳、越兩國的實力不斷增強，稱霸中原的野心也慢慢滋長。

在春秋時期的兼併戰爭和稱霸戰爭中，大量的名將脫穎而出，他們醉心於兵法韜略，積極研究軍事理論。頻繁的戰爭也迫切需要人們對其規律進行總結，提出新的軍事理論，《孫子兵法》正是在這樣的歷史背景下產生的軍事理論著作。

春秋——多事之秋

　　春秋是中國的一個歷史階段。關於這一時期的起訖，一般有兩種說法：一說認為是西元前770至前476年，另一說認為是西元前770至前403年。這一時期基本上是東周的前半期。

> 　　相傳春秋初期諸侯列國有一百四十多個，經過連年兼併，到後來只剩較大的幾個。這些大國為了爭奪霸權，互相征戰，先後稱霸的五個諸侯叫作「春秋五霸」。據《史記》記載，春秋五霸是指齊桓公、宋襄公、晉文公、秦穆公和楚莊王。

● 春秋五霸

晉文公

　　晉文公於西元前636年做晉國國君，在位時間僅八年。他是春秋時代第一強國的締造者，開創了晉國長達一個多世紀的中原霸權。退避三舍、秦晉之好都是與他相關的成語故事。

齊桓公

　　齊國在今山東北部，盛產魚鹽，經濟富裕，是東方的一個大國。齊桓公在政治、經濟上作了種種改革，再加上齊國地近渤海，有山海漁田之利，齊國很快強大起來，成為「春秋五霸」之一。

秦穆公

　　秦穆公非常重視人才，其任內獲得了百里奚、蹇叔、丕豹、公孫支等賢臣的輔佐。周襄王時出兵攻打蜀國和其他位於函谷關以西的國家，開地千里。周襄王任命他為西方諸侯之伯，遂稱霸西戎。

楚莊王

　　楚莊王自西元前613年至前591年在位，後世對其評價極高。其雄才大略使楚國稱霸於中原，在客觀上促進了中原文化與荊楚文化的融合，也為先秦時代華夏文明的民族大融合做出了傑出的貢獻。

宋襄公

　　宋襄公自西元前650年至前637年在位，是一個頗有作為的政治家，以仁義見稱。初立，以賢臣子魚、公孫固為輔，宋國由此大治。

● 長期的戰爭孕育了《孫子兵法》

　　春秋時期，周王室衰微。各諸侯國之間互相攻伐，戰爭持續不斷。在春秋時期的兼併戰爭和稱霸戰爭中，大量的名將脫穎而出，他們醉心於兵法韜略，積極研究軍事理論。《孫子兵法》正是在這樣的歷史背景下產生的軍事理論著作。

第三節

武經冠冕

《孫子兵法》的軍事思想

後人之所以稱《孫子兵法》為「武經冠冕」，是因為它蘊含了大量的軍事戰略精華和軍事戰爭思想。

重戰思想

孫子以「兵者，國之大事，生死之地，存亡之道，不可不察也」起首，強調戰爭的重要性，他認為戰爭關係著國家和民眾的生死存亡，必須認真研究和對待。

慎戰思想，即慎重對待戰爭，不輕易言戰

《孫子兵法》中說「亡國不可以復存，死者不可以復生，故明君慎之，良將警之」，就是說君主和將軍一定要慎重決策，切忌盲目出戰。孫子主張「非利不動，非得不用，非危不戰」，「主不可以怒而興師，將不可以慍而致戰」，要遵循對自己有利的原則，在迫不得已的情況下才可以出兵。

備戰思想，即積極備戰，做到有備無患

孫子認為戰爭開始之前就應該做好充足的準備，使敵人不敢輕易發動進攻，做到「用兵之法，無恃其不來，恃吾有以待也；無恃其不攻，恃吾有所不可攻也」，並且指出在思想上時刻不要忘記戰備。

速戰思想，即戰爭要避免拖延，力求速戰速決

孫子認為，戰爭以國家的綜合實力為基礎，會大量消耗國家的人力、物力、財力，如果長期地打下去，無論勝負都會禍國殃民，所以他主張「兵聞拙速，未睹巧之久也」、「兵貴勝，不貴久」。

善戰思想，即善於用兵打仗

孫子提出了「多因素制勝論」，其中最重要的因素便是「道」，「道」就是政治，是「令民與上同意也，故可以與之死，可以與之生，而不畏危也」。同時必須注重「天、地、將、法」四個因素。廟算對取得勝利也很重要，廟算即是在戰前商討、謀劃戰爭，制定可行的戰略方針，從而對戰爭全局有一個透徹的了解。孫子還提出了「詭道制勝論」，以十二種方法蒙蔽敵軍，從而達到「攻其不備，出其不意」的目的。

孫子的軍事思想

　　軍事思想是關於戰爭、軍隊和國防基本問題的理性認識。《孫子兵法》被譽為「武經冠冕」，是世界上公認的最負盛名的軍事理論著作，書中蘊含著很多至今仍然具有價值的軍事思想。

● 孫子軍事思想釋義

孫子兵法

重戰思想

> 兵者，國之大事，生死之地，存亡之道，不可不察也。

　　戰爭是國家的大事，它關係到百姓的生死和國家的存亡，不能不認真地考察和研究。

慎戰思想

> 亡國不可以復存，死者不可以復生，故明君慎之，良將警之。

　　國亡了就不能再存，人死了就不能再活，所以明智的國君對戰爭問題一定要慎重，良好的將帥對戰爭問題一定要警惕。

> 主不可以怒而興師，將不可以慍而致戰。

　　國君不可憑一時的惱怒而興兵打仗，將帥不可憑一時的怨憤而與敵交戰。

備戰思想

> 用兵之法，無恃其不來，恃吾有以待也；無恃其不攻，恃吾有所不可攻也。

　　用兵的方法是：不要寄希望於敵人不會來，而要依靠自己做好了充分的準備；不要寄希望於敵人不進攻，而是要依靠自己有敵人不可攻破的條件。

速戰思想

> 兵貴勝，不貴久。

　　用兵貴在速戰速決，不宜曠日持久。

善戰思想

> 令民與上同意也，故可以與之死，可以與之生，而不畏危也。

　　讓民眾和君主的意願一致，戰時他們才會為君主去死，為君主生，不存二心。

> 未戰而廟算勝者，得算多也。

　　作戰之前就能預料取勝的，是因為籌劃周密，條件充分。

《孫子兵法》軍事思想的現代價值

　　中華民族是愛好和平的民族，中國的兵家文化向來倡導親仁善鄰、積極防禦。從根本上來說，中國的兵家文化是和合文化。《孫子兵法》也是如此，它不僅揭示和闡述了不朽的作戰規律，其更偉大的地方在於，它高舉義戰、慎戰的旗幟，反對窮兵黷武。

　　在當代國際關係中，《孫子兵法》的這種慎戰備戰、倡導和平的軍事思想和人文精神值得我們深思，並大力弘揚。

第四節

唯物主義和樸素辯證法

《孫子兵法》的哲學思想

《孫子兵法》之所以為很多有識之士所極力推崇，之所以能夠被用於不同領域，歷經千年而不衰，與其哲學上的樸素唯物論和辯證法是分不開的。

唯物主義無神論思想

商周時盛行占卜，到春秋時期以占卜決定征伐之事仍然很常見。到了春秋末期，宗教唯心主義和無神論的唯物主義產生了激烈的對抗。比如，老子就認為神學中的天應該為自然之道所替代，孔子也「不語怪、力、亂、神」等。在這場對抗中，孫子堅定地站在了唯物主義一方，他的可貴之處就在於能夠以實際情況為出發點制訂作戰方案，徹底放棄了用占卜方式預測戰爭結果的迷信思想。

孫子的戰爭規律建立在樸素唯物論的基礎上，「先知者，不可取於鬼神，不可象於事，不可驗於度，必取於人，知敵之情者也」。他反對用占卜等方法判斷戰爭的勝負或凶吉，明確提出「勝可知」的思想，認為戰爭的結果是能夠預知的。與宗教神學把「天」看作人格化的神不同，孫子對「天」的解釋是：「天者，陰陽、寒暑、時制也。」表現出徹底的無神論思想。

樸素辯證法思想

《孫子兵法》的很多觀點都體現了辯證法思想，如眾寡、強弱、攻守、進退、奇正、虛實、動靜、迂直、勇怯、治亂和勝負等，展現了軍事領域中的諸多矛盾。他認為，戰爭中的對立雙方，無論勞逸、攻守、強弱，還是虛實、奇正、遠近等，都是互相依存、可以轉化的。以禦敵為例，「備前則後寡，備後則前寡，備左則右寡，備右則左寡；無所不備，則無所不寡」，不管怎麼樣，總會有弱點和疏漏。所以，讓敵人由主動地位轉為被動地位的方法就是避其實而擊其虛。孫子認為，「敵逸能勞之，飽能饑之，安能動之」，這種辯證法思想，對於以寡敵眾、以弱敵強的國家和軍隊，無疑是一件銳利的思想武器，具有重要的進步意義。

概括地說，戰爭並非一成不變，它會發展變化的，其中的矛盾現象也在不斷地發展變化。正如孫子所說，這些變化「無窮如天地，不竭如江河」。

在奴隸社會中，《孫子兵法》蘊含的樸素唯物主義思想與辯證法思想是十分難得可貴的。我們學習《孫子兵法》的哲學思想，要深刻領會其精神實質，在實踐中印證、感悟和發展。

① 反對唯心論　奴隸主階級的宗教天命論長期統治著古代人們的思想。孫子則反天道鬼神。他認為戰爭的勝負，取決於「道、天、地、將、法」。

② 戰爭決策立足於「綜合國力」　戰爭是極其消耗人力、物力、財力的。《孫子兵法》在第一篇就著重論述以「五事七計」預知勝負，「五事七計」即指綜合國力。

③ 透過現象看本質　與平常的社會現象相比，戰爭更難捉摸。對於戰爭現象，《孫子兵法》提出了很多由表及裏、透過現象看本質的方法。

④ 實踐出真知　孫子不僅重視對所獲取材料的分析判斷，更加重視實地調查研究。他認為，透過戰爭實踐，即試探性的進攻，可以獲取敵人的真實情況。

⑤ 重視發揮人的主觀能動性　充分發揮人的主觀能動性，來認清形勢、科學決策、正確指揮，運用戰爭規律指導作戰，是能夠取得戰爭主動權的。

● 唯物主義

　　唯物主義是一種哲學思想。這種哲學思想認為在意識與物質之間，物質決定意識，意識是客觀世界在人腦中的反映。

　　一切存在的事物都是由相互對立的部分組合而成。例如，原子是一個整體，但也是由相反電荷的氫核和電子所組成的。

　　物質的屬性具有質和量兩個屬性。質是指物質的性質，量是指衡量物質處在的某種狀態的數量。從量變到質變，就是說物質總是處在不斷的變化之中。

　　物質決定意識，意識能夠正確地反映物質。

唯物主義無神論思想

《孫子兵法》哲學思想

樸素辯證法思想

● 辯證法的要點

　　辯證法是關於對立統一、抗爭和運動、普遍聯繫和變化發展的哲學學說。

　　事物內部一分為二，負陰抱陽，互為條件，互相依存，互相轉化。

　　事物之間是普遍聯繫的，孤立存在的事物是沒有的。

　　事物是永恆發展的，一成不變的事物是沒有的。

　　事物發展變化的根本動力在於事物內部。外因是變化的條件，內因是變化的根據。

① 分析事物強調「兩點論」　孫子指出，無論攻守、強弱、勞逸、奇正、虛實、遠近等戰爭中的對立雙方，都是互相依存的、利害相聯的、可以轉化的。

② 永恆發展的觀點　《孫子兵法》中運用了樸素辯證的發展觀，指出一切事物都處在不斷變化中。比如《虛實篇》中說「夫兵形象水」，「兵無常勢，水無常形」。

③ 普遍聯繫的觀點　孫子並不僅僅就軍事分析軍事，而是運用世界萬物普遍聯繫的觀點對軍事問題加以解讀。他強調，軍事與政治、外交和經濟密不可分。

④ 矛盾分析的方法　《軍爭篇》說：「軍爭為利，軍爭為危。」意思是說，軍爭有其有利的一面，也有其危險的一面，將帥必須堅持一分為二的觀點處理戰事。

⑤ 促進矛盾轉化　孫子在《孫子兵法》中，指出了矛盾雙方依據一定的條件相互轉化的道理。

第 五 節

心理戰理論

《孫子兵法》的心理學思想

《孫子兵法》中闡述了很多心理戰理論，孫子提出的以「不戰而屈人之兵」為戰略原則的心理戰理論，至今仍閃耀著理性的光輝。

不可否認，軍人、軍隊的職責就是打仗，但是在孫子看來，「百戰百勝，非善之善者也；不戰而屈人之兵，善之善者也。」他認為，用兵的最高境界在於使用心理戰，「不戰而屈人之兵」，以最小的代價換取最大的勝利。心理戰的主要目的是讓敵軍主帥判斷失誤，按照我方的意願作出決策，並付諸行動。

孫子的這一思想，不僅指出了用非軍事手段解決軍事問題的一條最佳途徑，而且從軍事戰略和國家戰略的高度設想了戰爭的最佳效果。「不戰而屈人之兵」，既是戰爭藝術的最高境界，也是《孫子兵法》中心理戰理論的戰略原則，千百年來無數軍事家和戰略家們為之折服。

在心理戰的戰術原則上，孫子提出「攻其不備，出其不意」，也就是當敵方在心理定式的影響下處於某種狀態時，可以攻擊敵方意想不到的弱點，使之心理失衡，意志崩潰。

示形造勢是心理戰的具體施行辦法。孫子說：「兵者，詭道也。故能而示之不能，用而示之不用，近而示之遠，遠而示之近。利而誘之，亂而取之，實而備之，強而避之，怒而撓之，卑而驕之，佚而勞之，親而離之。」這些方法的核心在於，針對敵軍的心理狀態而制定相應的策略，並以虛假的現象隱匿己方的真實情況，從而讓敵人錯誤地判斷形勢，最終取得戰爭的勝利。

《孫子兵法》還首次提出了士氣理論，「故三軍可奪氣，將軍可奪心。是故朝氣銳，晝氣惰，暮氣歸。故善用兵者，避其銳氣，擊其惰歸，此治氣者也。以治待亂，以靜待嘩，此治心者也。」這一理論成為現代士氣理論的基礎，對現代戰爭有著重要的實踐意義。

此外，孫子認為，將帥個性心理特點與作戰成功與否有著密切的關係，可利用敵方將帥的心理弱點對其實施心理戰，最終達到「不戰而屈人之兵」的目的。

波斯灣戰爭中的心理戰

心理戰的主要目的就在於使對方放棄自己的見解，改變原來的態度和立場，使其按著己方的意願作出決策，並付諸行動。可以說，在現代高科技戰爭中，心理戰對部隊的士氣和官兵的心理是一種極大的威脅，其威力絕不亞於武力戰。

● 美伊實施的心理戰

製造假象掩蓋實情

在波斯灣戰爭中，美國時而散布消息說伊拉克可能發生政變，時而說伊拉克國內的反動派和宗教界企圖暗殺薩達姆。這些源源不斷的諸傳不僅使伊拉克人心渙散，而且使阿拉伯國家對伊拉克政府的前途產生疑慮，減少了對薩達姆政權的支持。

透過宣傳進行心理威化

美軍在科威特戰區向伊軍投放了2900萬份傳單。這些傳單不僅把即將遭受攻擊的地點預先通知伊拉克軍民，勸告他們遠離陣地，而且努力使伊拉克士兵了解到他們目前的危險處境，並保證他們投降後將受到良好待遇。

開設廣播電臺

美國在波斯灣開設了一個名為「海灣之聲」的無線廣播電臺，專門向被圍困的伊拉克軍隊和居民進行反戰宣傳，大肆宣揚薩達姆為了個人的統治而不惜「將人民拖進戰爭的苦難深淵」。

發起宣傳攻勢

戰爭爆發後，伊拉克馬上組織了聲勢浩大的宣傳攻勢。經由電臺和報刊嚴厲遣責美出兵的「罪惡行徑」和「可恥動機」，要求伊軍為捍衛領土完整及真主賜予的石油財富與美作戰；同時，將伊侵科而導致的危機稱為正義信徒和虔誠者反對異教徒、無神者與腐敗者的戰爭，號召穆斯林人民起來在全世界進行一場反美及其幫凶的伊斯蘭「聖戰」。

開設廣播節目

伊拉克十分懂得直接瓦解對手士氣的重要性，它透過自己掌握的新聞媒介，加緊對美軍及多國部隊展開宣傳心理戰。伊軍在巴格達電臺的短波節目中，開設了針對美軍廣播的英語節目，其內容包括新聞、特別報道、音樂、諷刺等，其代號統稱為「巴格達玫瑰」。「巴格達玫瑰」每天1個小時的廣播，無論在內容上還是技巧上都取得了很大的成功。

心理戰的結果

在美軍心理攻勢的強大壓力下，伊拉克軍隊官兵的思想發生了根本性的動搖，幾十萬伊軍官兵在相互隔絕、孤立無援的掩體內，既要忍饑挨餓，又要承受美軍持續不斷的心理攻擊，厭戰情緒空前高漲，精神防線瀕臨崩潰。早在美軍為首的多國部隊發起大規模的地面進攻之前，就有12000多名伊軍士兵逃離部隊，另尋生路。而在地面進攻階段，當多國部隊攻入伊拉克，他們碰到的是一批接一批棄械投降的伊拉克軍隊，這些伊軍士兵絕大部分手裏都揮舞著寫有「繳槍不殺」字樣的小白紙，這是多國部隊為敦促伊軍投降而投在伊拉克兵營和陣地上的傳單。

第一章 《孫子兵法》概論

全面認識《孫子兵法》

《孫子兵法》的文化性

在中國歷史上，遊牧民族曾經兩次以戰爭的形式「征服」漢民族。當時的漢民族無論在文明程度還是在綜合國力上，都強大於遊牧民族，但是他們卻輸掉了戰爭。如果純粹從軍事的角度來看，我們根本無法找到那兩次戰爭失敗的真正原因。其實，導致那兩次戰爭失敗的內在原因，竟然出於我們古老的文化之中。

《孫子兵法》的現實意義，不僅在於其軍事思想，更重要的意義在於它是生生不息的、活著的文化。這些文化植根於我們的血液，並成為我們靈魂的一部分。可以說，戰爭比其他任何事件都更能直接、深層地體現一個民族的文化心態，兵法也比其他任何書籍都能毫無掩飾地表達一個民族對「敵人」和戰爭的態度。

《孫子兵法》是華夏古老農耕文化的產物。與遊牧文化和海洋文化相比，農耕文化的擴張性要小很多，它幾乎沒有毀滅異己文化的意圖。《孫子兵法》的戰爭觀——「慎戰」思想充分體現了這一點。所以，我們站在文化的高度看，《孫子兵法》不僅僅在教人打仗，它更從文化的角度在約束著戰爭。

相對而言，中國文化對外的攻擊力是微弱的，但它卻有著抵禦外敵的強悍意志力。《孫子兵法》「慎戰」的文化性，決定了它更適合用於中華民族的統一戰爭。一旦對陣於那些具有「狼性」的異族，《孫子兵法》似乎未能顯示出強大的力量。

《孫子兵法》的「慎戰」思想並不僅僅是出於對民族自身生存的考慮，它還出自中國傳統文化中的人文關懷和人本主義精神。如果中國傳統文化裏缺乏這種「慎戰」的思想，憑著中國在歷史上強大的經濟、軍事力量，周圍的國家和人民不知道將會遭受多大的戰爭創傷。正是有了對戰爭的「顧忌」，才使得我們能夠避免發動納粹式的民族大屠殺。

慎戰思想

「慎戰」是《孫子兵法》中通篇貫穿的首要原則。孫子認為，對待戰爭一定要慎之又慎。「慎戰」有兩個層次的意義，其一為謹慎，其二為避戰。

● 謹慎與避戰

謹慎

孫子在開篇即指出，「兵者，國之大事，死生之地，存亡之道，不可不察也」。在接下來的各篇論述中，無一例外都顯示出孫子對待戰事異常專注、嚴謹、客觀的態度。

他認為，戰爭必須要審時度勢，在知己知彼的基礎上，應該將戰爭展開後可能發生的所有情況作詳盡的考慮，強調對戰爭必須「合於利而動，不合於利而止」。同時，孫子提出了以戰養戰和速戰速決來達到迅速贏得戰爭的目的，再次顯示了孫子對戰事極為謹慎的態度。

避戰

慎戰思想的第二層意思是避戰。孫子認為，一旦發動戰爭，不論結局是勝是敗，首先整個國家和軍隊都將進入到一個非常態的戰備狀態，同時，不可避免地要消耗大量的人力、物力和財力。一個國家、一支軍隊不可能長期地處在戰爭狀態中，如果非要用戰爭來取得勝利，那麼一定要減少戰爭數量，避免目的不明確的頻繁的小規模戰爭。

孫子在將戰爭的地位提高到一個絕對的高度後，主張避免戰爭，減少戰爭，以盡全力達到「兵不頓，利可全」的目的，「以全爭於天下」的和合理想。

兩敗於少數民族

陸秀夫負帝投海

1276年，南宋都城被元軍占領，宋朝八歲的小皇帝趙㬎向南逃亡。宋軍和元軍最終在崖山相遇，宋軍戰敗。四十三歲的陸秀夫見無法突圍，便背著小皇帝投海，隨行十多萬軍民亦相繼跳海壯烈殉國！崖山之戰也是中國歷史的重要轉折點。同時代的一些外國史學家將宋朝滅亡視為古典意義中國的結束，所謂「崖山之後，已無中國」。

明崇禎皇帝

明崇禎十七年（1644年）三月，李自成率的大順軍攻入京師，明崇禎帝在紫禁城後的煤山（今景山）自縊而死，明朝滅亡。後駐守山海關的明將吳三桂降清，清攝政王多爾袞指揮清軍入關，打敗大順農民軍；同年清順治帝遷都北京，從此清朝取代明朝成為全國的統治者。

第七節

久負盛名

《孫子兵法》在國內的影響

《孫子兵法》短短十三篇，共約五千餘字，但內容卻博大精深，「舍事而言理」，從戰略的高度揭示了戰爭的一般規律，全書貫穿著對軍事哲理的思考，在中國軍事史和軍事學術史上都占有重要的地位。

早在戰國時代，《孫子兵法》就已廣為流傳，據《韓非子‧五蠹》記載：「境內皆言兵，藏孫、吳之書者家有之。」在漢代，《孫子兵法》被定為兵官的教科書，隋唐稱之為「兵經」。明朝茅元儀在《武備志‧兵訣評》中說：「前孫子者，孫子不遺；後孫子者，不能遺孫子。」如此高度的評價道出了《孫子兵法》幾千年來在我國軍事學術史上的作用和地位。

《吳子》、《孫臏兵法》、《尉繚子》、《潛夫論》、《　冠子》等軍事著作中都曾徵引《孫子兵法》中的文句，至於唐代的《李衛公問對》、宋代的《虎鈐經》和《百戰奇法》、明代的《登壇必究》，更是以全書或某一篇章發揮《孫子兵法》的思想來樹立自己的學術論點。

歷史上有很多的軍事家直接以《孫子兵法》來指導戰爭。據《史記》記載，孫臏、趙奢、韓信、英布等名將都曾將《孫子兵法》的思想融於戰爭。後世對於《孫子兵法》的學習是十分廣泛的。秦末，項梁曾教項羽學習《孫子兵法》。漢初，武帝曾打算以之教霍去病。到了三國時代，曹操首先注解《孫子兵法》，之後便湧現出大量的注家，對《孫子兵法》的流傳都產生了重大影響。

《孫子兵法》久負盛譽，歷來被尊為兵經，後人對之贊譽不絕。司馬遷說：「世俗所稱師旅，皆道孫子十三篇。」宋朝鄭厚在《藝圃折衷》中說：「孫子十三篇，不惟武人之根本，文士亦當盡心焉。其詞約而縟，易而深，暢而可用。《論語》、《易》、《大》、《傳》之流，孟、荀、揚著書皆不及也。以正合，以奇勝，非善也；正變為奇，奇變為正，非善之善也；即奇為正，即正為奇，善之善也。」

《孫子兵法》對後世軍事家的影響

　　《孫子兵法》是世界上現存最早、最有價值的古典軍事理論名著。該書言簡意賅地闡述了許多基本的軍事思想，對後世的軍事家產生了巨大的影響。

● 軍事家與《孫子兵法》

《孫子兵法》的第一個注者

　　曹操精通兵法，諳熟《孫子兵法》，著有《兵書接要》、《孫子略解》等書，並校正注釋《孫子兵法》、《司馬法》等。

　　曹操十分推崇《孫子兵法》。他曾說：「吾觀兵書戰策多矣，孫子所著深矣。」《孫子兵法》言簡義賅，一般人不易讀懂其中道理。曹操是第一個對其進行注解的人。經曹操的整理與注釋，《孫子兵法》得以流傳至今。

蜀國軍師

　　諸葛亮在隆中十年，博覽群書，諳熟兵法，尤其熟讀《孫子兵法》，雖身居「隆中」，對天下形勢卻瞭如指掌。

　　兵法著作《將苑》一書，雖非諸葛亮本人親撰，但大致反映了其軍事思想的內容與特色。該書非常系統地論證了將領在軍隊中的地位、作用和領兵作戰時應該注意的問題，頗受後人重視。

唐代著名軍事家

　　唐太宗時期，李靖任兵部尚書，曾先後率軍擊潰東突厥、吐谷渾，戰功卓著。

　　李靖與李世民談論兵法的語錄經後人整理成《唐太宗李衛公問對》（通稱《李衛公問對》），宋神宗將其定為《武經七書》之一。該書對《孫子兵法》的戰略戰術思想作了進一步發揮和闡述，例如奇正、攻守、虛實等，著重探討了爭取作戰主動權的問題，並對陣法布列、古代軍制、兵學源流等種種問題進行了探討。

備受推崇

《孫子兵法》在國外的聲譽

> 與號稱古希臘第一部軍事理論專著《長征記》、羅馬軍事理論家弗龍廷的《謀略例說》、韋格蒂烏斯的《軍事簡述》相比，《孫子兵法》不僅成書時間更早、學術性更強，而且有其獨特的思想理論體系。

早在唐代，《孫子兵法》就由到中國留學的吉備真備介紹到日本，距今已經1200多年了。後來，法國、英國等西方國家也相繼翻譯了《孫子兵法》。如今，世界上許多國家都有《孫子兵法》的不同譯本。

《孫子兵法》傳到國外之後，對世界各國軍事學術思想產生了巨大影響，同時受到各國軍事家的高度讚譽。日本戰國時代（15世紀末—16世紀70年代）的著名武將武田信玄對《孫子兵法》崇拜有加，他甚至將書中「其疾如風，其徐如林，侵掠如火，不動如山」四句話寫在軍旗上。日本著名古代兵書《甲陽軍鑑》、《信玄全集》、《兵法記》、《兵法祕傳》等，考其主要思想的源流，均出自《孫子兵法》。

德皇威廉二世在發動第一次世界大戰失敗以後，偶然看到《孫子兵法》，當他讀到「主不可以怒而興師，將不可以慍而致戰，合於利而動，不合於利而止。怒可以復喜，慍可以復悅，亡國不可以復存，死者不可以復生，故明君慎之，良將警之，此安國全軍之道也」這段話時，不由得感歎：「若能早二十年讀到《孫子兵法》，就不會遭受亡國之痛了。」

外國軍事將領以《孫子兵法》為指導取得戰爭勝利的戰例不勝枚舉。在陸奧戰役中，日本八幡太郎看見群鳥亂飛，想起了《孫子兵法》中「鳥起者，伏也」的記載，他斷定敵軍設有伏兵，馬上改變作戰計劃，脫離了危險。在日俄戰爭中，日本聯合海軍總司令東鄉平八郎除了《孫子兵法》，未帶任何其他典籍。戰爭勝利後，他用《孫子兵法》中的「以佚待勞，以飽待饑」來總結戰勝俄軍的道理。

可以說，即使在世界軍事史上，孫子也稱得上是獨具鮮明特色的軍事家，其著作《孫子兵法》堪稱軍事學術上的一朵奇葩。

《孫子兵法》的各國譯本

《孫子兵法》已被翻譯成英、俄、德、日等二十多種語言文字，全世界有數千種關於《孫子兵法》的刊印本。不少國家的軍校把它列為教材。1991年波斯灣戰爭期間，交戰雙方都曾研究過《孫子兵法》，借鑑其軍事思想以指導戰爭。

**日本
（1660年）
吉備真備**

《孫子兵法》在外國的流傳，以日本最早。在唐朝，日本派遣各方面人才入唐留學。其中的一個留學生吉備真備，出身於軍人家庭，尤其喜歡鑽研軍事。他拜趙玄默為老師，單獨受業17年，不但精通六藝，而且諳熟兵法，尤其對《孫子兵法》、《吳子兵法》鑽研最深。他把從唐朝所得的全部錢款，都用來購置各種書籍，「所得錫賚，盡市文籍，泛海而還」，其中就包括《孫子兵法》。

**法國
（1772年）
約瑟夫・阿
米歐**

《孫子兵法》的西傳，以法國神父約瑟夫・阿米歐在1772年於巴黎翻譯出版的法文《中國軍事藝術》叢書為最早。此書共收六部中國古代兵書，《孫子兵法》是其中的第二部。

1750年，約瑟夫・阿米歐奉派來華。他在北京一住就是43年，這期間除了傳教以外，他把主要的精力都用在研究中國文化上面。《孫子兵法》的法譯本一問世，就引起法國民眾的重視，很多人建議將其作為「那些有志於統領軍隊的人和普通軍官的教材」。

**俄國
（1860年）**

1860年，俄國翻譯出版了《孫子兵法》。1955年，前蘇聯國防部軍事出版社出版的《軍事藝術史》說，《孫子兵法》是世界上「最早的軍事理論著作」。

**英國
（1905年）**

在西方世界中，英國對《孫子兵法》研究最深，譯著最多，因而影響最大。1905年，在日本學習語言的英國皇家野戰炮兵上尉卡爾思羅普首次把《十三篇》譯成英文，書名取《孫子》兩字，在東京出版。因為是由日文本轉譯，訛誤較多，兩年後又在倫敦出版了修訂本。

**德國
（1910年）**

1910年，出版了第一部德文版《孫子兵法》，書名為《兵法——中國古典軍事家論文集》，譯者為布魯諾・納瓦拉。

第二章

《計篇》詳解

《計篇》是《孫子兵法》的首篇。計,意為「全盤計劃」,就是在未戰之前,君臣必先運籌於廟堂之上,制訂戰爭計劃。篇,是以簡成章。

東漢以前,大多將字寫在竹簡上,每寫一個論題需要很多的竹簡,所以就將寫完一個論題用的所有竹簡叫作「篇」。「計篇」即總論戰爭的全盤計劃。

本篇是《孫子兵法》全書的總則,孫子的戰爭觀、謀略觀及戰術思想在本篇中都有十分精彩的闡述。全篇深入淺出,將戰爭的奧祕一一道來。以後十二篇,分別發揮,逐步闡述。讀者如果能夠熟讀本篇,明白其中的主旨要義,在讀其餘各篇的過程中,很容易做到一以貫之。

圖版目錄

計　篇

【原文】孫子曰：兵者，國之大事，死生之地，存亡之道，不可不察也。

故經之以五事，校之以計，而索其情：一曰道，二曰天，三曰地，四曰將，五曰法。道者，令民與上同意也，故可以與之死，可以與之生，而不畏危也。天者，陰陽、寒暑、時制也。地者，高下、遠近、險易、廣狹、死生也。將者，智、信、仁、勇、嚴也。法者，曲制、官道、主用也。凡此五者，將莫不聞，知之者勝，不知者不勝。故校之以計，而索其情，曰：主孰有道？將孰有能？天地孰得？法令孰行？兵眾孰強？士卒孰練？賞罰孰明？吾以此知勝負矣。

將聽吾計，用之必勝，留之；將不聽吾計，用之必敗，去之。計利以聽，乃為之勢，以佐其外。勢者，因利而制權也。

兵者，詭道也。故能而示之不能，用而示之不用，近而示之遠，遠而示之近；利而誘之，亂而取之，實而備之，強而避之，怒而撓之，卑而驕之，佚而勞之，親而離之。攻其無備，出其不意。此兵家之勝，不可先傳也。

夫未戰而廟算勝者，得算多也；未戰而廟算不勝者，得算少也。多算勝，少算不勝，而況於無算乎？吾以此觀之，勝負見矣。

【譯文】孫子說：戰爭是國家的大事，它關係到百姓的生死，國家的存亡，不能不認真地考察和研究。

因此，要透過對敵我五個方面的情況進行綜合比較，來探討戰爭勝負的情形：一是政治，二是天時，三是地勢，四是將領，五是制度。政治，就是要讓民眾和君主的意願一致，戰時他們才會與君主同生死、共患難，不存二心。天時，就是指晝夜、寒暑、四時節令的變化。地勢，就是指高陵窪地、路途遠近、險隘平坦、進退方便等條件。將領，就是指揮者所具備的智慧、誠信、仁愛、勇猛、嚴明等素質。制度，就是軍制、軍法、軍需的制定和管理。凡屬這五個方面的情況，將領都不能不知，充分了解這些情況的就能取勝，反之則會作戰失敗。所以要透過比較雙方的具體條件來探究戰爭勝負的情形，即：雙方君主哪一方施政清明？哪一方將帥更有才能？哪一方擁有更好的天時地利？哪一方軍紀嚴明？哪一方兵力強大？哪一方士

卒訓練有素？哪一方賞罰分明？經由這些分析、比較，就能夠判斷誰勝誰負了。

　　若聽從我的意見，用兵作戰就會取勝，我就留下來；若是不從，打仗就會失敗，我將會離開這裏。有利的作戰方略被採納後，還要設法造勢，以輔助作戰。所謂勢，就是憑藉有利的條件，制定臨機應變的策略。

　　戰爭，是一種變易之術。所以，能戰，卻示之軟弱；要打，卻裝作退卻；要攻近處，裝作攻擊遠處；要想遠襲，又裝作近攻；敵人貪利，就用小利引誘；敵人混亂，就要攻取；敵人力量充實，就要防備；敵人兵強卒銳，就避其鋒芒；敵人氣勢洶洶，就設法擾亂它；敵人謙卑，就要使之驕橫；敵人安逸，就要使之疲勞；敵人內部和睦，就要離間他們。總之，要在敵人沒有防備處攻擊，在敵人料想不到的時候採取行動。這是指揮家制勝的祕訣，不可預先講明。

　　作戰之前就能預料取勝，是因為籌劃周密，條件充分；未開戰而估計取勝把握小，是因具備取勝的條件少。條件充分，取勝的可能性就大，準備不充分就會失敗，何況一點條件也不具備的呢？我根據這些來觀察戰爭，勝負也就清楚了。

第一節

兵者，國之大事

用兵的重要性

孫子曰：兵者，國之大事，死生之地，存亡之道，不可不察也。

《孫子兵法》開篇第一句，講得非常有氣勢。孫子說：戰爭，是國家的大事，它關係到百姓的生死，國家的存亡，不能不認真地考察和研究。這句話直接把戰爭提到國家生死存亡的高度來認識，表達了對戰爭的慎重態度。如此，《孫子兵法》全篇就被定位在國家安全的戰略高度上，使我們認識和研究戰爭問題處在一個非常高的戰略起點上。

國家安全是一個國家生存的基礎，而戰爭卻是國家安全的最大威脅。它是解決政治問題的最後一種手段，也是最殘酷的一種方式。它冷酷無情，強迫失敗者以流血的方式向勝利者臣服。戰爭的結局，直接關係到國家或民族的命運，並且是用「生」與「死」、「存」與「亡」這種最極端的方式和最慘痛的代價，來決定一個國家或民族的命運。戰敗的一方，沒有討價還價的餘地，也沒有重來一次的機會，必須接受「死」與「亡」的命運。

縱觀世界歷史，從三國時代的劉玄德因意氣用事而命喪白帝城，到近代美國直接出兵介入朝鮮戰爭，從法國拿破崙遠征俄國的失敗到法西斯掀起的第二次世界大戰，無數的事例都說明了一個道理：國家的領導者和戰爭的決策者一定要慎重對待戰爭，充分考慮戰爭可能帶來的種種後果，不能有絲毫疏忽大意。

正是在這種「慎戰」思想的指導下，幾千年來，中華民族一直崇尚和平。我們曾經在很長一段時期內居於世界霸主地位，但我們從來不曾恃強凌弱，更沒有發動過一次侵略戰爭。鄭和七次下西洋就是典型的例子，當時鄭和率領世界上最強大的船隊遠涉亞、非三十多個國家和地區，帶去的是茶葉、瓷器、絲綢和工藝，沒有侵占他國一寸土地，充分反映了中華民族熱愛和平的傳統，以及中國人民樂意與世界人民交流的誠意。

慎重對待戰爭

《孫子兵法》開篇就說：戰爭，是國家的大事，它關係到百姓的生死，國家的存亡，不能不認真地考察和研究。這句話直接把戰爭提到國家生死存亡的高度來認識，表達了對戰爭的慎重態度。

● 兵者，國之大事

戰爭是解決政治問題的最後一種手段，也是最殘酷的一種方式。戰爭的結局，直接關係到國家或民族的命運。戰敗的一方，沒有討價還價的餘地，也沒有重來一次的機會，必須接受「死」與「亡」的命運。古往今來無數的事實都表明，國家的領導者和戰爭的決策者一定要慎重對待戰爭，不能有絲毫疏忽大意。

● 鄭和下西洋

人員	航海人數的多少，反映了一種實力，尤其是在古代社會，它需要各方面物質保障。根據史料可以初步判斷：鄭和每次下西洋人數在27000人以上。而當時西方哥倫布、達伽馬、麥哲倫航海的人數，最多不超過300人。
船隻	據《明史》記載，鄭和航海寶船共63艘，最大的長44丈4尺，寬18丈，是當時世界上最大的海船，折合現今長度為151.18公尺，寬61.6公尺。船有四層，船上9桅可掛12張帆，錨重有幾千斤，要動用二百人才能啟航，一艘船可容納千人。
技術	鄭和使用海道針經結合過洋牽星術（天文導航），在當時是最先進的航海導航技術。鄭和的船隊，白天用指南針導航，夜間則用觀看星斗和水羅盤定向的方法保持航向。

● 老子的反戰思想

老子在這裏再次表達了自己的反戰思想。他站在百姓的立場上，對於統治者接二連三發起的戰爭表示了莫大的不滿。

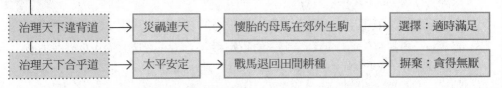

君王

治理天下違背道 → 災禍連天 → 懷胎的母馬在郊外生駒 → 選擇：適時滿足

治理天下合乎道 → 太平安定 → 戰馬退回田間耕種 → 摒棄：貪得無厭

決定戰爭的勝負

五事七計

> 故經之以五事，校之以計，而索其情：一曰道，二曰天，三曰地，四曰將，五曰法。
>
> 凡此五者，將莫不聞，知之者勝，不知者不勝。故校之以計，而索其情，曰：主孰有道？將孰有能？天地孰得？法令孰行？兵眾孰強？士卒孰練？賞罰孰明？吾以此知勝負矣。

《計篇》著重論述以「五事七計」預知勝負。其中五事是指：道、天、地、將、法。

道：政治，民心。

「道」，就是政治、民心。孫子將「道」放在「五事」之首，也是為了強調政治、民心的重要性。因為一個國家政治是否清明，民眾與君主是否同心同德，甚至是否願與君主同生死、共進退，是戰爭能否取得勝利的最重要條件。

天、地：自然條件

「天」、「地」是制約戰爭勝負的自然物質條件。「天」，是指晝夜、寒暑與四時節令的變化。「地」，是指道路之遠近、地勢之險易、高低向背等地理條件。《司馬法》曰「冬夏不興師，所以兼愛吾民也」，正是考慮了「天」、「地」自然條件對戰爭的制約。

將：智、信、仁、勇、嚴

《孫子兵法》要求將帥要具備智謀、誠信、仁愛、勇敢和嚴明五項品格。唯智能謀，唯信能守，唯仁能愛，唯勇能戰，唯嚴能臨，此五者相輔相成，缺一不可。

法：軍隊的制度

「法」，是指軍制、軍法、軍需的制定和管理。軍隊的法制嚴明，軍隊的戰鬥力才會得到提升；法制不嚴，士兵則會亂如散沙。

七計

由「五事」又演繹出「七計」，即：哪一方的君主施政清明？哪一方的將帥更有才能？哪一方占有天時、地利？哪一方軍紀嚴明？哪一方兵力強大？哪一方士卒訓練有素？哪一方賞罰分明？根據這些，就能判斷誰勝誰負。

在《計篇》中，《孫子兵法》強調作戰的「五事」與「七計」，這是打勝仗的前提。「五事」是「道、天、地、將、法」，「七計」是「主孰有道？將孰有能？天地孰得？法令孰行？兵眾孰強？士卒孰練？賞罰孰明？」

● 五事

「道」，就是政治、民心。打仗總是要由人去打，人民如果不願意效力，這場仗是無論如何也不會取勝的。

孟子在論述「天時、地利、人和」三者之間的關係時，將「人和」放到首位。孫臏也認為：「天地之間，莫貴於人。」孫子將「道」放在「五事」之首也是為了強調政治、民心的重要性。

天

地

道

《孫子兵法》要求將帥要具備智謀、誠信、仁愛、勇敢和嚴明五項品格。唯智能謀，唯信能守，唯仁能愛，唯勇能戰，唯嚴能臨，此五者相輔相成，缺一不可。

五事

將

「天」、「地」是制約戰爭勝負的自然物質條件。「天」，是指晝夜、寒暑與四時節令的變化。「地」，是指道路之遠近、地勢之險易、高低向背等地理條件。

「法」，是指軍制、軍法、軍需的制定和管理。法嚴則治，治則強；法疏則亂，亂則衰。法令行，士卒用命，軍隊戰鬥力會有顯著提升。

法

第三節

兵者，詭道也

詭道十二法

兵者，詭道也。故能而示之不能，用而示之不用，近而示之遠，遠而示之近；利而誘之，亂而取之，實而備之，強而避之，怒而撓之，卑而驕之，佚而勞之，親而離之。攻其無備，出其不意。此兵家之勝，不可先傳也。

《孫子兵法》中講了「十二篇」中變易之道。

能而示之不能。隱藏自己的實力，示弱於敵，讓敵人輕視疏忽，我軍則趁機韜光養晦，必要時予以致命的打擊。

用而示之不用。表面上向敵人示好，使之對我方毫無防備，在敵人完全沒有準備的情況下，突然攻擊，能夠使敵人在短時間內崩潰，取得最大的戰果。

近而示之遠，遠而示之近。透過製造假象，讓敵人對我方的進攻目標形成錯誤的判斷，進而將兵力調向錯誤的地方，此時我軍再攻擊敵人毫無防備或兵力薄弱的地方。

利而誘之。利誘是用得最多的方法之一。抓住敵方心中的欲望，投其所好，然後為我所用。利包括金錢、名譽、美人、地位、欲望、要地等，比如西施、貂蟬是以美人為誘餌，赤兔馬是以珍品為誘餌。

亂而取之。敵方發生內亂，我方可乘機攻擊，取得勝利；或者我方可以使用離間計，使敵主無道，軍隊渙散，人民怨聲載道，然後乘機取之。

實而備之，強而避之。如果敵方強大，我方應該積極準備，避其鋒芒，不能以硬碰硬，等到敵方士氣低落的時候再出擊。

怒而撓之，卑而驕之。如果敵方士氣高漲，就應該用計謀降低他們的士氣；如果敵方謹慎謙卑，就應該讓他們產生驕縱之氣，最後一舉發起進攻。

佚而勞之。敵人安逸的時候，就不斷地用小股兵力騷擾他，使其疲勞，達到敵勞我逸的效果。

親而離之。敵方內部和諧，將士上下同心、君臣一體，我方可以用計離間對方之間的關係，使親者疏，疏者仇，借敵之手，成我大事。

詭道十二法

「能而示之不能，用而示之不用，近而示之遠，遠而示之近；利而誘之，亂而取之，實而備之，強而避之，怒而撓之，卑而驕之，佚而勞之，親而離之」是孫子講的詭道十二法。在很多謀略中都能看到詭道的應用。

● 近而示之遠──暗度陳倉

明修棧道　暗度陳倉

《史記·高祖本紀》記載：項羽自封為西楚霸王後，就向各諸侯分封領地，其中把巴、蜀、漢中三郡分封給劉邦，立為漢王。

劉邦在去領地途中令部下燒毀了棧道，以表明自己沒有向東擴張的意圖。劉邦具備了一定的實力後，便抓住時機迅速揮師東進。陳倉是劉邦進入關中的必經之地，但此地有險山峻嶺阻隔，又有雍王章邯的重兵把守。

劉邦按韓信的計策派樊噲帶領一萬人去修五百里棧道，並以軍令限一月內修好。當然，這樣浩大的工程即使三年也不可能完成。但是，正是這一點迷惑了陳倉的守將章邯。章邯萬萬沒想到劉邦的精銳部隊摸著無人知曉的小道，翻山越嶺偷襲了陳倉。

劉邦透過「明修棧道，暗度陳倉」，順利挺進到關中，站穩了腳跟，從此拉開了他開創漢王朝事業的大幕。

「明修棧道，暗度陳倉」這個成語，在軍事上的含義是：從正面迷惑敵人，用來掩蓋自己的攻擊路線，而從側翼進行突然襲擊。這是聲東擊西、出奇制勝的謀略。引申開來，是指用明顯的行動迷惑對方，使人不備的策略，也比喻暗中進行活動。

● 利而誘之──王允除董卓

貂蟬是中國民間傳說中四大美女之一，《三國演義》記載她為了報答義父王允的養育之恩，而甘願獻身完成連環計的故事。

王允是漢獻帝時的司徒，他先將貂蟬許給董卓義子呂布，未及迎娶又獻於太師董卓，挑起董、呂兩人的衝突。貂蟬對王允的意圖心領神會，她在呂布面前扮成早已以心相許卻被董卓霸占的癡情人，又在董卓面前裝作受呂布調戲的無辜者，使董卓、呂布彼此嫉恨，終於反目成仇，最後呂布殺董卓，夷其三族。貂蟬的出色表演，使王允的計劃實施得天衣無縫，順利地鏟除了當時朝中一大禍害，後人歎曰：「司徒妙算托紅裙，不用干戈不用兵。三戰虎牢徒費力，凱歌卻奏鳳儀亭。」

貂蟬

第四節

戰前的準備

未戰先算，多算多勝

夫未戰而廟算勝者，得算多也；未戰而廟算不勝者，得算少也。多算勝，少算不勝，而況於無算乎？吾以此觀之，勝負見矣。

自夏朝開始，在國家遇到戰事的時候，要告於祖廟，議於廟堂，這已經發展演變成一種固定的儀式。帝王在廟堂祈求神靈護佑，用巫術來占卜吉凶，並假托神的旨意，迫使人們參與戰爭，這便是「廟算」的雛形。春秋時期，以相信天命和崇拜先祖為基礎的宗教觀受到了人們的質疑，「廟算」也隨之發生變化。到後來，「廟算」僅僅是在廟堂召開軍事會議、研究克敵制勝方法的代名詞了。

孫子認為，在戰爭開始前就應該進行周密的「廟算」。他在《孫子兵法》中講：「夫未戰而廟算勝者，得算多也；未戰而廟算不勝者，得算少也。多算勝，少算不勝，而況於無算乎？吾以此觀之，勝負見矣。」就是說，在作戰之前，將領們在廟堂謀劃戰略戰術，分析敵我雙方的情況，預測戰爭可能出現的結果，決定打還是不打、什麼時候打以及如何打等重大問題。計算周密，準備充分的能夠勝利；計算疏漏，準備不充分的，就不能取得勝利；那些不做戰前準備的必敗無疑！

戰爭是雙方軍事實力的較量，這種軍事實力是透過兵力、武器裝備等的數量和將帥的部署得到展現。比如，同樣是擁有一千名士兵和十輛戰車的軍隊，將一千名士兵和十輛戰車集中用於某個戰區，是一種效果；而將一千名士兵和十輛戰車分布在十個不同的地區使用，又是另一種效果。所以，戰爭的決策者一定要對戰爭中可能出現的各種情況進行估計和安排，做好周密的謀劃、準備，也就是說，要打有準備之仗。

但是，並非所有的統帥在「廟算」的時候，都有百分之百的把握能夠贏得戰爭。古人認為：「六十算以上為多算，六十算以下為少算。」所以，只要有六成以上的把握就要敢於決策、敢於行動；條件不充分，就要想辦法創造條件去贏得勝利，這才是高明的統帥。

廟算

先計後戰是用兵的基本原則，作戰必先有成熟的計謀，然後再去付諸實施。所以，孫子開卷論「計」，作為十三篇之首，從戰略全局上研究和謀劃戰爭的重要性。

● **未戰先算**

廟算

選將

量敵

度地

料卒

遠近險易

廟算是在未戰之前，君臣必先運籌於廟堂之上，分析敵我力量優劣，比較戰爭得失，預料戰爭的勝負，從而制訂戰爭計劃，訂定戰略戰術原則，以確保取得戰爭的勝利。

● **實現勝利的重要手段**

實現勝利的重要手段

選將 ▶ 選將就是挑選能執行「廟算」大計的將帥。《孫子兵法》說：「將聽吾計，用之必勝，留之；將不聽吾計，用之必敗，去之。」

造勢 ▶ 造勢就是要設法促成戰場上的有利態勢，輔助作戰的進行。《孫子兵法》說：「計利以聽，乃為之勢，以佐其外。勢者，因利而制權也。」

運用詭道 ▶ 孫子認為，用兵打仗必須遵循奇詐多變的原則，充分運用詭道十二法，以達到「出其不意，攻其不備」的目的。

第五節

著名戰役

吳越之戰

春秋末年越王勾踐攻滅吳國之戰，全面完整地展現了《孫子兵法・計篇》的戰略思想。

西元前494年，越國被吳國打敗，越王勾踐屈服求和。文種以珍寶賄賂吳國大臣伯嚭，透過伯嚭見到吳王夫差。文種將西施獻給吳王，說：「越王願意投降，做您的臣下伺候您，請您饒恕他。」雖然吳國名將伍子胥強烈反對，但是夫差認為此時的越國已不足為患，加上伯嚭在一旁為越國幫腔，他就接受了越國的投降條件，把軍隊撤回了吳國。

此後，勾踐就帶著妻子和大夫范蠡到吳國伺候吳王，最終贏得了吳王的信任。三年後，他們被釋放回國了。

勾踐回國後，立志發憤圖強，臥薪嘗膽，準備復仇。針對戰後財力盡耗、人口減少的情況，勾踐施行休養生息、發展生產的政策，逐漸使國家恢復了元氣。他和妻子也自耕自織，過著極其簡樸的生活。越國人民深深為之感動。同時，為了消除吳國對越國的戒備之心，勾踐時常給夫差送上豐厚的禮物，以示臣服。並用離間計挑起吳國的內部爭鬥，使夫差對伯嚭偏聽偏信，對伍子胥更加疏遠。

這種種的政策使得越國兵精糧足，轉弱為強；而吳王夫差則自以為沒有後顧之憂，從此沉迷於西施的美色，過著驕奢淫逸的生活。他越來越寵信伯嚭，並將忠臣伍子胥殺害。

西元前482年，夫差帶領大軍北上，與晉國爭當諸侯盟主。越王勾踐趁吳國精兵在外，突然襲擊，一舉擊敗吳兵，殺了太子友。夫差聽到這個消息後，急忙帶兵回國，並派人向勾踐求和。勾踐認為此時還不能消滅吳國，就同意了。西元前473年，勾踐再次攻打吳國，這時的吳國已是強弩之末，最終為越國所滅。

越國在十三年生養的過程中，採取的獲得民心、面對強敵避其鋒芒、對吳國君臣「利而誘之」「親而離之」「卑而驕之」、決戰時「攻其不備，出其不意」、計劃周密、準備充分等措施，都十分符合孫子的思想。

吳越之戰

　　勾踐在發起戰爭前，對吳國君臣採取「利而誘之」「親而離之」「卑而驕之」、決戰時「攻其不備，出其不意」等措施，都十分符合孫子的思想。

● 吳越之戰中的策略

親 而 離 之

　　詭道十二法中有「親而離之」的說法，意思是，敵人內部和睦，就要離間他們。勾踐在戰爭前就充分利用了這一點，他用離間計挑起吳國的內部爭鬥，使夫差對伯嚭偏聽偏信，對忠臣伍子胥更加疏遠。

　　西施天生麗質，是中國古代四大美人之一。越王勾踐將其獻給吳王夫差，成為吳王最寵愛的妃子，把吳王迷惑得眾叛親離，無心於國事，為勾踐的東山再起發揮了掩護作用。

利 而 誘 之

出 其 不 意

　　西元前482年，夫差帶領大軍北上，與晉國爭做諸侯盟主。越王勾踐趁吳國精兵在外，攻其不備，出其不意，發動突然襲擊，一舉擊敗吳兵，殺了太子友。

　　越王勾踐怕自己貪圖舒適的生活，消磨了報仇的意志，晚上就枕著兵器睡在稻草上，還在房子裏掛上一粒苦膽，每天早上起來後就嘗嘗苦膽，並要求士兵問他：「你忘了三年的恥辱了嗎？」經過十年的艱苦奮鬥，越國終於兵精糧足，轉弱為強。最終東山再起，一舉滅吳。

勾 踐 臥 薪 嘗 膽

延伸閱讀

　　沉魚　傳說西施在古越國溪邊浣紗，水中的魚兒看到她令人驚豔的容貌，忘記了游泳，漸漸地沉入河底。

　　落雁　傳說「昭君出塞」時，行於大漠途中，悲懷於自身即將遠離家鄉，在馬上彈《出塞曲》。天邊飛過的大雁，看到騎在馬上的這個美麗女子，聽到曲調的幽怨，忘記了拍動翅膀紛紛掉落在地。「落雁」由此得名。

　　閉月　傳說貂蟬在花園中拜月時，有雲彩遮住月光，被王允看到。此後王允就對人說貂蟬比月亮還漂亮，月亮比不過，趕緊躲到雲彩後面，稱為「閉月」。

　　羞花　傳說楊玉環在花園中賞花時悲歎自己的命運，用手撫花，花瓣收縮，花葉垂下。宮女看見後就說楊貴妃與花兒比美，花兒都羞得低下了頭。

攻其不備，出其不意

鄭成功收復臺灣

> 鄭成功（1624—1662），福建省南安市石井鎮人，明末清初軍事家，民族英雄。清兵入閩，其父鄭芝龍降清，他哭諫不聽，起兵抗清。後與張煌言聯師北伐，震動東南。鄭成功一生抗清驅荷，以趕走荷蘭殖民主義者、收復臺灣的光輝業績載入史冊，民間常見立像紀念。

1660年5月，鄭成功在廈門擊潰清軍的圍剿，他知道清軍肯定還會發動進攻，又聽說臺灣百姓在荷蘭殖民者的統治之下苦不堪言，於是決定撤離廈門，一舉收復臺灣島。

占據臺灣的荷蘭總督揆一分析局勢，認為鄭成功可能會進攻臺灣。於是建議荷蘭政府抽調樊特郎率領12艘戰艦和千餘名士兵增援臺灣。鄭成功則一方面招募士兵、修造船隻，積極做好東進準備；另一方面為了麻痺荷蘭統治者，他寫了一封信給揆一，表示自己絕不會對臺灣「採取敵對行動」。樊特郎看到鄭成功的信後，認為增援臺灣已經沒有多大的必要，於是，只留下3艘戰艦和600名士兵，率其餘的艦隻和人員撤離了臺灣。

在探知樊特郎撤離臺灣後，鄭成功感到機會難得，便於1661年3月22日率精兵3萬從料羅灣出發，直奔臺灣島。

當時由外海進入臺灣的水道有兩條。一條是大員港，這裏口寬水深，船容易駛入，但它完全處於荷軍的炮火控制之下。另一條是鹿耳門航道，此處水淺道窄只能通行小船，大船必須在漲潮的時候才能通過，這裏只有一名伍長率6名士兵駐守。

鄭成功決定避開大員港，取道鹿耳門航道直接在臺灣本島登陸。四月初一中午，鹿耳門海潮大漲。鄭成功的戰艦利用漲潮的機會順利穿過鹿耳門港，消滅了毫無戒備的6名荷蘭士兵，成功地駛抵臺灣本島。隨後，鄭成功迅速搶占了糧食倉庫，包圍了僅有200名荷軍士兵駐守的赤崁城。

揆一得到消息後大吃一驚。但是，對方的兵力遠遠多過自己，揆一心有餘而力不足。1662年2月，荷蘭人全部投降。

鄭成功收復臺灣

　　鄭成功避開大員港，取道鹿耳門航道直接在臺灣本島登陸，出其不意，攻其不備，一舉收復了臺灣島。

● 鄭成功收復臺灣

　　當時由外海進入臺灣的水道有兩條。一條是大員港，另一條航道是鹿耳門航道。大員港在北線尾與一鯤身之間，這裏口寬水深，船容易駛入，但它完全處於荷軍的炮火控制之下。

鄭成功選擇鹿耳門航道的原因

❶鹿耳門航道水淺道窄，只能通行小船，大船必須在漲潮的時候才能通過，但是這裏只有一名伍長率6名士兵駐守。

❷鄭成功掌握了鹿耳門的潮汛規律，即每月初一、十六兩日大潮時，水位要比平時高五、六尺，大小船隻均可駛入。

❸鄭成功早已探測了從鹿耳門到赤嵌城的港路。

　　所以，鄭成功實施登陸作戰的路線、地點都是正確的。最終，鄭成功順利避開大員港，取道鹿耳門航道直接在臺灣本島登陸。

● 民族英雄鄭成功

　　鄭成功是明末清初軍事家，弘光時監生，隆武帝賜姓並封忠孝伯，這也就是他俗稱「國姓爺」的由來。鄭成功一生，抗清驅荷，以趕走荷蘭殖民主義者、收復臺灣的業績載入史冊。鄭成功死後，其孫子鄭克塽於1683年降清。1684年4月，臺灣正式納入清朝版圖，隸屬福建省，設臺灣府，轄臺灣縣、鳳山縣與諸羅縣。

亂而取之

劉備渾水摸魚取南郡

劉備乘周瑜與曹仁混戰之際，輕易奪取了南郡，此戰正是《孫子兵法》計篇「詭道十二計」中「亂而取之」的成功運用。

赤壁之戰後，曹操為防止孫權北進，派大將曹仁駐守南郡（今湖北公安縣）。此時，孫權、劉備都想攻取南郡。周瑜說：「我東吳必取南郡，劉備休做美夢！」這一天，周瑜來到劉備的軍營，在酒席之中，他單刀直入地問劉備是不是打算取南郡。劉備說：「如果都督不取，那我就去占領。」周瑜大笑，說：「南郡唾手可得，如何不取？」劉備說：「曹仁勇不可當，能不能攻下南郡，還未可知。」周瑜一貫自負，他認為攻取南郡志在必得，於是便說：「我若攻不下南郡，就聽任豫州（即劉備）去取。」劉備於是按兵不動，讓周瑜先去與曹兵廝殺。

周瑜首先攻下彝陵（今湖北宜昌），然後乘勝攻打南郡，不料中了曹仁誘敵之計，自己中箭而返。曹仁見周瑜中箭受傷，非常高興，每日派人到周瑜營前叫戰；周瑜堅守不出。後來周瑜想出假死詐曹仁的計謀。趁著曹仁帶領大軍前來挑戰，周瑜率數百騎兵衝出營門大戰曹軍。不多時，忽聽周瑜大叫一聲，口吐鮮血，墜於馬下，眾將急忙將其救回營中，一時傳出周瑜箭瘡毒發而死的消息。周瑜營中奏起哀樂，曹仁聞訊，大喜過望，決定趁周瑜剛死，東吳沒有準備的時機前去劫營。

當天晚上，曹仁只留下陳矯帶少數士兵護城，自己親率大軍劫營。曹仁大軍趁著黑夜衝進周瑜大營，只見營中寂靜無聲，空無一人。曹仁驚覺中計，但是為時已晚，只聽一陣鼓聲，周瑜率兵從四面八方殺出。曹仁好不容易殺出重圍，退返南郡，又遇東吳伏兵阻截，只得往北逃去。

周瑜大勝曹仁，立即率兵直奔南郡。等他率部趕到南郡，只見南郡城頭遍插旌旗。原來趙雲已奉諸葛亮之命，乘周瑜、曹仁酣戰之時，輕易攻取了南郡。諸葛亮利用搜得的兵符，又連夜派人冒充曹仁救援，輕易詐取了荊州、襄陽。周瑜這一回自知上了諸葛亮的大當，氣得昏了過去。

渾水摸魚取南郡

　　「詭道十二法」中「亂而取之」是指敵人混亂時就要趁機攻取，劉備正是趁著東吳兵馬和曹軍廝殺的時候，輕而易舉占領了南郡。

● 亂而取之

東吳兵馬打敗了曹軍

　　周瑜設計詐死。曹仁信以為真，便決定去劫寨。他令牛金為先鋒，自為中軍，曹洪、曹純合後，連夜去劫寨。只令少數士兵守城。來到寨門，只見裏面空蕩蕩的不見一人，才知道中了周瑜設下的計，於是急忙退軍。這時東吳兵馬從四面殺來，曹仁敗走。

人物介紹——劉備

　　劉備（161—223），字玄德，漢族，涿郡涿縣（今河北涿州）人，漢中山靖王劉勝的後代，三國時期蜀漢開國皇帝。他為人謙和，禮賢下士，寬以待人，志向遠大，知人善用，素以仁德為世人稱讚，是三國時期著名的政治家。221—223年在位，諡號昭烈帝，廟號烈祖，史家又稱他為先主。

未戰先算

漢高祖取英布

劉邦是漢朝開國皇帝，史稱漢高祖。在攻打英布之前，他和薛公就對戰局進行了「廟算」，有了十足的把握之後一舉將叛軍剿滅。

西元前196年，淮南王英布興兵反漢。漢高祖劉邦向薛公詢問對策。

劉邦問薛公：「英布曾是項羽手下大將，能征善戰，我想親率大軍去平叛，你看勝敗會如何？」

薛公答道：「陛下必勝無疑。」

漢高祖道：「何以見得？」

薛公道：「英布興兵反叛後，一定知道陛下會發兵征討，他不會坐以待斃，所以有三種情況可供他選擇。第一種情況，英布東取吳，西取楚，北併齊、魯，將燕、趙納入自己的勢力範圍，然後固守自己的封地以待陛下。這樣，陛下就奈何他不得，此為上策。」

漢高祖急忙問：「第二種情況會怎麼樣？」

「東取吳，西取楚，奪取韓、魏，保住敖倉的糧食，以重兵守衛成皋，斷絕入關之路。這樣，勝負只有天知道。這是第二種情況，乃為中策。」

漢高祖說：「先生既然說朕能獲勝，英布就不會用此二策。那麼下策如何？」

薛公不慌不忙地說：「東取吳，西取下蔡，將重兵置於淮南。我料定英布必用此策，陛下長驅直入，定能大獲全勝。」

漢高祖面露喜色道：「先生如何知道英布必用下策呢？」

薛公道：「英布本是驪山的一個刑徒，雖有萬夫不當之勇，但目光短淺，只知道為一時的利害謀劃，所以我料他必出此下策！」

這一年十月，劉邦親率十二萬大軍征討英布。

如薛公所料，英布在叛漢之後，取了吳地和楚地，然後把軍隊布防在淮南一帶。兩軍在蘄西（今安徽宿縣境內）相遇，漢高祖見英布的軍隊氣勢很盛，於是堅守不戰，等到英布的軍隊疲憊之後，便揮師急進，一舉剿滅叛軍。

漢高祖未戰先算取英布

　　《孫子兵法》提出了中國古代最早的戰略概念——「廟算」。這裏的廟算即指戰役之前的戰略籌劃。「廟算」作為先秦時期對軍事決策實踐活動的概括和總結，主要呈現了這一時期軍事決策的特點。

● 廟算

劉邦

　　劉邦出身平民階級，秦朝時曾擔任泗水亭亭長，起兵於沛（今江蘇沛縣），稱沛公。秦亡後被封為漢王。後於楚漢戰爭中打敗西楚霸王項羽，成為漢朝（西漢）開國皇帝，廟號高祖。

英布

　　英布又名黥布，秦朝末期農民起義領袖之一，後投靠項羽，為項羽帳下五大將之一，被封為九江王，後叛楚歸漢，被封為淮南王。與韓信、彭越並稱漢初三大名將。

劉邦 ──封──→ 淮陰侯韓信（被誅殺）

　　　　　　　→ 梁王彭越（被誅殺）

　　　──封──→ 淮南王英布（被誅殺）

廟　算
↓
薛公（西漢開國功臣夏侯嬰的賓客）

　　在攻打英布之前，劉邦和薛公就對戰局進行了「廟算」。薛公認為，英布雖有萬夫不當之勇，但目光短淺，只知道為一時的利害謀劃，所以他一定會將重兵置於淮南。如此一來，漢軍必勝。

戰爭背景

　　漢初，異姓諸侯王據有關東廣大地區，擁兵自重，成為中央集權的嚴重障礙。齊王韓信、淮南王英布、梁王彭越更是劉氏王朝的心腹之患。為鞏固統治，劉邦與其妻呂雉及丞相蕭何等人合謀，於漢高祖十一年（西元前196年）春將韓信、彭越誅殺。英布為此震驚，懼禍及身，暗遣人調集兵員，探察鄰郡動靜，防朝廷掩襲。此事被人告為謀反。朝廷未深信，遣使查詢。英布愈懼，於七月發兵反。劉邦聞訊，帶病親征。

第九節

能而示之不能

司馬懿詐病奪權

司馬懿在形勢不利的情況下，故意裝作不久於世的樣子，麻痺對方，使之放鬆對自己的戒備，從而消滅了政敵，用的正是孫子所說「能而示之不能」。

三國時期，魏國的明帝去世，繼位的曹芳年僅八歲，朝政由太尉司馬懿和大將軍曹爽共同執掌。

曹爽是宗親貴冑，飛揚跋扈，不容讓異姓的司馬氏分享權力。他用明升暗降的手段剝奪了司馬懿的兵權。司馬懿立過赫赫戰功，如今卻大權旁落，心中十分怨恨。但他看到曹爽現在勢力強大，恐怕一時鬥不過他。於是，司馬懿稱病不再上朝。曹爽當然十分高興，他心裏也明白，司馬懿是他當權的唯一潛在對手。一次，他派親信李勝去司馬家探聽虛實。其實，司馬懿看破了曹爽的心思，早有準備。李勝被引到司馬懿的臥室，只見司馬懿滿面病容，頭髮散亂，躺在床上，由兩名侍女服侍。李勝說：「好久沒來拜望，不知您病得這麼嚴重。現在我被任命為荊州刺史，特來向您辭行。」司馬懿假裝聽錯了，說道：「并州是邊境要地，一定要做好戰備。」李勝忙說：「是荊州，不是并州。」司馬懿還是裝作聽不明白。這時，兩個侍女給他餵藥，他吞得很艱難，湯水還從口中流出。他裝作有氣無力地說：「我已命在旦夕，我死之後，請你轉告大將軍，一定要多多照顧我的孩子們。」李勝回去向曹爽稟報，曹爽喜不自勝，說道：「只要這老頭一死，我就沒有什麼好擔心的了。」司馬懿見李勝已去，隨即便起身對兩個兒子說：「李勝此去報告消息，曹爽必定會打消對我的顧慮，現在只等他出城遊獵，我們即可動手！」

幾天後，曹爽果然請魏主曹芳去拜謁高平陵，祭祀先帝。大小官員都隨駕出城，曹爽還帶著三個弟弟及何晏等一班人領著御林軍護駕。當天，司馬懿見曹爽傾巢出城，心中大喜，立即與兩個兒子率領一班人馬，直搗宮禁，先占據了曹爽大營，繼而又占據了曹羲的軍營，隨後逼著郭太后與魏主曹芳將曹爽幽禁問罪，接著誅殺了他的全家。從此，司馬懿大權獨攬，為建立司馬氏的天下打下了基礎。

司馬懿詐病奪權

　　司馬懿並非家喻戶曉的人物，其名聲不及曹操、劉備，其武藝不及關羽、張飛，其智謀不及臥龍、鳳雛，然而就是這麼一個人卻讓諸葛亮畏懼三分。當諸葛亮聽說司馬懿總領雍、涼兵馬時大驚：「吾豈懼曹睿？平生所患者獨司馬懿一人而已。」

● 能而示之不能

能而示之不能

　　曹爽用明升暗降的手段剝奪了司馬懿的兵權。司馬懿心中十分怨恨，但他看到曹爽勢力強大，恐怕一時鬥不過他，於是，便稱病不再上朝。

　　沒多久，曹爽請魏主曹芳出城拜謁高平陵，祭祀先帝。司馬懿趁機與兩個兒子率領一班人馬，直搗宮禁。後來，他以謀反的罪名，殺曹爽及其黨羽何晏、丁謐等，並滅三族。從此曹魏的軍政大權完全落入司馬懿的手中，為司馬氏取代曹魏奠定了基礎。

● 司馬懿的功績

司馬懿

軍事　　在軍事上，司馬懿為魏國鎮守襄、樊、宛城一帶，平定了孟達的叛亂，曹真死後在西線對抗了諸葛亮的北伐，之後又平定了遼東公孫家族的叛亂。

政治　　在政治上，司馬懿發動了「高平陵之變」，誅殺曹爽，使魏國的大權落入司馬氏手中，為晉國的建立奠定了基礎。

經濟　　在經濟上，司馬懿實施屯田制度，使魏國的經濟實力大幅度增強，為後來滅蜀平吳奠定了基礎。

第十節

用而示之不用

楊行密詐瞎誅叛

《孫子兵法》說：「用而示之不用。」楊行密正是使用這一計，能打卻裝作不能打，要打卻裝作不想打，最終一舉將叛軍鏟除。

　　唐朝末年，楊行密被昭宗封為吳王，任淮南節度使。後來他擁兵自重，建立了以淮南（今江蘇揚州）為中心的割據地盤。手下的諸多小軍閥都很聽話，唯有自己的妻舅朱延壽不太聽從節制。朱延壽大力培植勢力，欲圖謀不軌。他的姐姐，即楊行密的夫人，常有信使去朱延壽處傳遞消息。楊行密聞知後，暗中派人監視。唐末的戰亂局勢是明擺著的，各大節度使都擁兵自重，不聽朝廷調遣。為了除去朱延壽這個禍患，楊行密想出一條計謀。於是他稱自己患了眼疾，看東西一片模糊。朱延壽派使者來送信，他故意念得顛三倒四，說自己看不清字；後來，幹脆讓別人代念來信。使者將此情況匯報給朱延壽，朱延壽一聽大喜，但仍不放心，不知楊行密是真瞎還是設計騙人。思量再三，朱延壽決定讓姐姐為自己試探一下，若真的瞎了眼，自己馬上帶兵進駐淮南王府，淮南這塊地盤就姓朱了。

　　楊夫人接到消息，便用心窺探、觀察，見楊行密不管幾時回家都摸索探路，看來確有眼疾。但她仍不放心，怕一旦楊行密有詐，送了弟弟的性命，於是生出一計來。這天風和日麗，楊夫人陪伴丈夫楊行密去湖邊踏青。那湖邊種了很多柳樹，密密匝匝，很難走。楊夫人攙著楊行密，故意把他領到一棵柳樹前。楊行密見狀明白了夫人的用心，將計就計向柳樹撞去，一下子撞得趴在地上，昏迷了過去。楊夫人見丈夫真撞昏了，定是眼瞎無疑，趕忙呼救。眾人圍來救了半日，楊行密方甦醒。楊行密哭著對夫人講：「原想成就一番大業，哪知天不遂人願，讓我失明了。幾個兒子都不爭氣，看來這吳王的位子只有交給延壽了。」楊夫人聞聽大喜，忙送信給朱延壽。朱延壽以探疾為名來到淮南府。楊行密裝作不能出門迎接，傳朱延壽來臥室單獨相見。楊行密早在枕頭下藏好匕首，乘朱延壽俯下身來看眼疾時，一刀刺死了他。朱延壽一死，楊行密便發兵去潤州，擒獲了安仁義，粉碎了一場正在醞釀著的叛亂。

十國第一人——楊行密

楊行密（852—905），字化源，廬州合肥（今安徽省長豐縣）人。唐末江淮地區割據勢力，有「十國第一人」之譽，為五代十國「南吳」的實際開國者。

● 楊行密詐瞎誅叛

楊夫人想查探楊行密是否真有眼疾，楊行密將計就計，故意撞向柳樹，使楊夫人確信他眼瞎了。

楊行密的妻舅朱延壽大力培植勢力，欲圖謀不軌。為了除去朱延壽這個禍患，楊行密稱自己患了眼疾。他以計謀迷惑了楊夫人，引朱延壽來到淮南府，趁機將其刺死。

● 楊行密崛起的原因

楊行密

❶ 選賢任能、重視人才

能否招賢納才是決定一個政權興亡的重要條件。楊行密在廬州時就招納了一批人才，其中比較傑出的有袁襲、高勗、戴友規等人。史稱「袁襲運謀帷幄、舉無遺算，殆良、平之亞邪？以覽濟寬，事非得以，蓋時會有固然爾。高勗志務農桑，仁者之言藹如也。戴友規數言決策，獨探本源，可謂謀臣之傑出矣」。

❷ 順應民心、發展生產

楊行密出身孤貧，少時歷經艱苦，因此比較了解民間疾苦。他明白只有順應民心才能夠確保自己的長期統治。戰火平息後，楊行密及時採取有效的政策，使人民得以在比較安定的環境下生產，從而順應了民心，也有利於經濟的恢復發展。

▌▌▌▌▌▶ 楊行密其人 ◀

在治理江淮時非常注意維護百姓的利益。他分給百姓田地，讓他們耕種，收的租賦也很輕，百姓們從此安居樂業。他很有謀略，而且與將士們能同甘共苦，推心置腹，從而贏得了眾人的愛戴。楊行密的度量很大，所以對待將士和身邊的人非常寬容。有人反叛，將楊行密的祖墳給毀掉了，這在封建社會是奇恥大辱；當叛將被擊敗後，有人就提出將叛將的祖墳也給毀掉，報先前之仇。楊行密歎道：「他以此作惡，我怎麼能再和他一樣做這種惡事呢？」楊行密有個非常信賴的親從張洪，楊行密經常讓他背劍隨行。有一次張洪竟用劍行刺，但沒有擊中楊行密，張洪被其他侍從殺死。楊行密又讓和張洪關係極好的陳紹貞背劍隨行，一點也不猜疑他。

第三章

《作戰篇》詳解

「作戰」，就是「發動戰爭」。發動戰爭絕非小事，無論從人力、物力、財力，都是對國家的巨大消耗。如果各方面準備都不充分，就貿然發動戰爭，即使作戰計劃完美無缺，仍然不能取得最後的勝利。因此，孫子在第一篇提出全盤計劃之後，接著闡述「作戰」問題，討論發動戰爭的利害得失和興師動眾的種種成本。

本篇論出國遠征，應當力求速勝速決。孫子在大計既定以後，即統計作戰所需的各項費用，並陳述利害，告誡兵家應以「速勝」為勉，「久暴」為戒。為了強調速戰速決，孫子創「巧久不如拙速」一語，希望能夠引起後人的注意，其用意至為深遠。

圖版目錄

作戰篇

【原文】孫子曰：凡用兵之法，馳車千駟，革車千乘，帶甲十萬，千里饋糧，則內外之費，賓客之用，膠漆之材，車甲之奉，日費千金，然後十萬之師舉矣。

其用戰也勝，久則鈍兵挫銳，攻城則力屈，久暴師則國用不足。夫鈍兵挫銳，屈力殫貨，則諸侯乘其弊而起，雖有智者，不能善其後矣。故兵聞拙速，未睹巧之久也。夫兵久而國利者，未之有也。故不盡知用兵之害者，則不能盡知用兵之利也。

善用兵者，役不再籍，糧不三載，取用於國，因糧於敵，故軍食可足也。

國之貧於師者遠輸，遠輸則百姓貧。近師者貴賣，貴賣則百姓財竭，財竭則急於丘役。力屈財殫，中原內虛於家，百姓之費，十去其七；公家之費，破車罷馬，甲冑矢弩，戟盾矛櫓，丘牛大車，十去其六。

故智將務食於敵，食敵一鐘，當吾二十鐘；萁稈一石，當吾二十石。

故殺敵者，怒也；取敵之利者，貨也。故車戰，得車十乘已上，賞其先得者，而更其旌旗，車雜而乘之，卒善而養之，是謂勝敵而益強。

故兵貴勝，不貴久。

故知兵之將，民之司命，國家安危之主也。

【譯文】孫子說：按一般的作戰規律，出動戰車千乘，運輸車千輛，軍隊十萬，越地千里運送糧草，那麼前後方的軍需、賓客使節的招待費、膠漆器材的補充、車輛盔甲的供給等，每天都要耗資巨萬。只有做好了準備，十萬大軍才能出動。

用此軍隊作戰，要求速勝，曠日持久就會使軍隊疲憊，挫折銳氣，攻城就會耗盡人力，久駐在外會使國家財政發生困難。如果軍隊疲憊、銳氣挫傷，戰鬥力下降，財力不足，那麼諸侯國就會乘機舉兵進攻，儘管有足智多謀的人，也難以收拾這種局面。所以在用兵上，雖笨拙的指揮官也要速戰速決，沒有見過講究指揮技巧而追求曠日持久的現象。戰爭久拖不決而對國家有利的事情，自古至今，都未曾聽說過。因此說，不能全面了解戰爭害處的人，也就不能真正懂得戰爭的有利之處。

善於用兵打仗的人，兵員不再次徵調，糧餉不多次轉運，武器裝備在國內準備充足，糧草補給在敵國解決，這樣，軍隊的糧草就能滿足了。

　　國家由於興兵而造成貧困的原因在於長途運輸；長途轉運軍需則百姓就會貧困。臨近駐軍的地方物價必然飛漲，物價飛漲就會使國家的財政枯竭，國家因財政枯竭就會加重賦役。軍力衰弱、財政枯竭，國內百姓窮困潦倒，每家資財耗去了十分之七；政府的經費，亦因車輛的損耗、戰馬的疲憊，盔甲、箭弩、戟盾、矛櫓的製作補充及輜重車輛的徵用，而損失了十分之六。

　　所以，高明的指揮將領務求在敵國內解決糧草供應問題。就地取食敵國一鐘的糧食，等於從本國運出二十鐘；奪取當地敵人一石飼草，相當於從本國運出二十石。

　　要使戰士勇於殺敵，就要激勵軍隊的士氣；要使軍隊奪取敵人的軍需物資，就必須用財物獎勵。因此在車戰時，凡繳獲戰車十輛以上的，獎賞最先奪得戰車的士卒，換上我軍的旗幟，將其混合編入自己的車陣之中；對於敵人的俘虜，要善待、撫慰和使用他們，這樣就會戰勝敵人而使自己日益強大。

　　所以，用兵貴在速戰速決，不宜曠日持久。

　　深知用兵之法的將領，是民眾命運的掌握者，是國家安危的主宰。

第一節

戰爭依賴於經濟

日費千金

> 孫子曰：凡用兵之法，馳車千駟，革車千乘，帶甲十萬，千里饋糧，則內外之費，賓客之用，膠漆之材，車甲之奉，日費千金，然後十萬之師舉矣。

　　戰爭是使用武力來達到政治目的，但是如果沒有強大的經濟基礎作後盾，不要說取得勝利，連發動戰爭都很難。《作戰篇》對戰爭與經濟的關係有較深的闡述。

　　在軍事實務中，孫子認識到戰爭對國家人力、物力、財力帶來的巨大消耗，尤其是久拖不決的戰爭，帶給國家的是更大的危害。他列舉了戰爭所需人、財、物方面的保障，「馳車千駟，革車千乘，帶甲十萬，千里饋糧，則內外之費，賓客之用，膠漆之材，車甲之奉」，由此得出「日費千金，然後十萬之師舉矣」的結論。

　　這些論述展現了孫子對戰爭與經濟關係的認識：戰爭對經濟有著很強的依賴性。一個國家如果沒有充足的物質儲備和強大的經濟實力，就沒有進行戰爭的資本。曠日持久的戰爭會嚴重損害國家的經濟，甚至可能傷及國家的命脈，所以一旦發動戰爭就要力求速勝。

　　孫子指出：「不盡知用兵之害者，則不能盡知用兵之利也。」正是由於看到了戰爭對國家的巨大消耗，孫子能夠從辯證的角度看待戰爭。他認為，戰爭是一把雙刃劍，不能全面了解戰爭害處的人，也就不能真正懂得戰爭的有利之處。

　　現代戰爭對經濟的依賴更為強烈。以波斯灣戰爭為例，在戰前準備階段，在空運上，美國動用軍用運輸機和租用國內外商用運輸機共800餘架；在海運上，動用軍用運輸船和租用國內外商用運輸船383艘；在陸運上，動用本土7個州的2400節火車車廂和在沙特阿拉伯的5000輛運輸車，晝夜不停地從美國和歐亞地區向海灣運送軍隊和物資裝備。到波斯灣戰爭爆發前，美國及多國部隊向海灣地區集結的總兵力超過70萬，共耗資100多億美元。

　　戰爭爆發後，交戰雙方的人力、物力、財力的消耗更是十分驚人，主要表現在人員的傷亡和補充、武器彈藥的消耗和補給、裝備器材的保養和維修及地面設施的毀壞等方面。

戰爭與經濟

　　孫子指出，「凡用兵之法，馳車千駟，革車千乘，帶甲十萬，千里饋糧，則內外之費，賓客之用，膠漆之材，車甲之奉」，由此得出「日費千金，然後十萬之師舉矣」，戰爭對經濟有著強烈的依賴。

● 老子論理想國

理想國

| 使國家變小，讓人民稀少 | 使人民重視生命而不向遠方遷移 |

| 器具較多，卻並不使用 | 雖有船隻車輛，卻沒有乘坐的必要 |

雖然有武器裝備，卻沒有地方布陣打仗

回歸到自然狀態　享有甘甜美味的食物　穿著保暖舒適的衣飾　有安適的住所快樂地生活

第二節

作戰宜速戰速決

兵貴神速

> 其用戰也勝，久則鈍兵挫銳，攻城則力屈，久暴師則國用不足。夫鈍兵挫銳，屈力殫貨，則諸侯乘其弊而起，雖有智者，不能善其後矣。故兵聞拙速，未睹巧之久也。夫兵久而國利者，未之有也。

在上一節中我們已經講到，戰爭會對國家人力、物力、財力帶來巨大的消耗。孫子同時指出，戰爭還會加重人民的負擔。國家長期陷於戰爭之中，就會造成財力枯竭，這樣一來就必然向百姓加徵賦役，從而使人民的負擔加重：「百姓之費，十去其七」。

戰爭還可能使自己陷入兩面作戰的不利境地。春秋時期，諸侯列國戰爭頻繁，互相覬覦，互相兼併。在這樣的形勢下，孫子告誡制定戰爭政策的君主，一定要警惕「諸侯之難」，強調避免兩線作戰的問題。他明確指出，如果軍隊長期於外，就會造成「鈍兵挫銳，屈力殫貨，則諸侯乘其弊而起，雖有智者，不能善其後矣」。

針對這些問題，孫子提出兵貴神速、因糧於地的策略來避免以上三方面的不利因素。本節主要闡述兵貴神速的道理。

戰爭拖得越久，對國家的消耗就越大。所以，最好的辦法就是速戰速決。孫子說：「故兵聞拙速，未睹巧之久也。夫兵久而國利者，未之有也。」在用兵上，雖笨拙的指揮官也要速戰速決，沒有見過講究指揮技巧而追求曠日持久的現象。戰爭久拖不決而對國家有利的事情，自古至今，都未曾聽說過。

所以，是速戰速決還是持久作戰取決於戰爭攻防雙方的政治目的、經濟條件和軍事力量等基本條件。縱觀古今中外的戰爭，凡是實力強大、採取戰略進攻的一方，無不主張速戰速決，反對持久作戰；反之，凡是力量較弱、實行戰略防禦的一方，都主張持久抗擊，並且反對急於求勝。

兵貴勝不貴久

　　戰爭消耗巨大，所以在對待戰爭的問題上，古今中外無不要求速戰速決，曠日持久總是被認為不利。孫子「兵貴勝，不貴久」正是展現了這一思想。

● 速戰速決

戰爭會給國家帶來巨大的消耗，所以孫子提出，作戰必須速戰速決，就像圖中的萬箭齊發一樣，銳利的箭來勢洶湧，一經射出就如狂風般直擊目標，一擊即中。

兵久四危

| 鈍兵挫銳 | 國用不足 | 中原內虛於家 | 諸侯乘其弊而起 |

　　戰爭久拖，對軍事形勢不利。孫子認為，戰爭久拖不決，傷亡不斷增加，武器裝備大量損耗，會使軍隊在精神和物質方面受到極大的損傷，最終陷入師勞兵疲的被動地位。

　　戰爭久拖，經濟不能支持。「公家之費，十去其六」，會造成「國用不足」的不利形勢。

　　若國家財政不足就會向百姓加徵賦稅，使百姓窮困潦倒，每家資財耗去了十分之七。

　　戰爭久拖，對政治形勢不利。孫子認為，在諸侯兼併，列國爭霸，國無定主，邦無定交，政治形勢變化急劇的形勢下，如果戰爭久拖，其他的國家可能趁機入侵。

因糧於敵，以戰養戰

以敵方資源補充自己

善用兵者，役不再籍，糧不三載，取用於國，因糧於敵，故軍食可足也。

縱觀古今中外的歷次戰役，為將者無不重視後勤補給，甚至將其視為生命之源、勝利之本。拿破崙遠征莫斯科失敗的原因，正是因為俄國人堅壁清野，法軍在缺衣少食的情況下，被迫慘敗而歸。

孫子非常反對把戰爭的負擔轉嫁到百姓身上，但是，戰爭又無法避免。為了解決這個問題，他提出了「因糧於敵」的策略。因糧於敵就是以戰養戰，指在戰爭的過程中，掠奪對方的各種資源，並以這些資源作為下一步戰爭的消耗補充，使自己的軍隊在戰爭中不斷壯大。

孫子認為，善於指揮戰爭的將帥不會多次徵兵，因為他們能夠制訂完全出人意料的計策，使戰爭速戰速決，並將自己的犧牲控制到最小。他們不會動員全國的力量來準備戰車、甲冑、兵器，他們也不會讓百姓千里迢迢地不斷運送糧草；他們只需要制訂周密的謀略來繳獲敵人的糧草，奪取敵國的軍需物質，就能保證己方有充足的糧草和軍需。

戰爭往往需要大量的軍需物資，並將其透過長途運輸確保軍隊的後勤供給，而長途運輸的艱苦勞動往往都轉嫁到百姓身上。而且，軍隊駐地附近的區域往往物價飛漲，又使當地百姓的財力大量消耗，國家的財力也隨之枯竭，這樣國家就會增加賦稅，如此一來百姓的負擔更加重了。戰爭往往給國家造成重大的經濟損失，百姓的家產耗去十分之七，國家因為損失人馬、器械、運輸車輛，財力也會消耗十分之六。

所以，智慧的將帥會取用敵國的糧草，食敵一鐘，相當於本國供應二十鐘；取用敵國草料一石，相當於本國運送二十石。

在論述了「因糧於敵」的重要性之後，孫子又提出，應該鼓勵士兵奪取敵方物資的積極性。「故車戰，得車十乘已上，賞其先得者」，就是說在車戰時，凡繳獲戰車十輛以上的，獎賞最先奪得戰車的士卒。這樣就能夠充分調動將士的積極性，使他們在戰爭中奮勇爭先。

因糧於敵

　　為解決後方補給和戰場需要的矛盾，孫子提出了「就地取材、以戰養戰」的方法，這樣有助於減輕本國的財政開支和人民負擔，使戰爭順利地進行下去。

● 諸葛亮隴上割麥

　　諸葛亮隴上割麥是一個典型的因糧於敵的例子。

　　西元231年2月，諸葛亮率10萬大軍四出祁山攻伐魏國，司馬懿率張郃、費曜等大將迎戰蜀軍。諸葛亮兵至祁山，糧草供應不上。諸葛亮便打算掠取敵人的糧秣來補充自己。

　　當時隴上的麥子已經成熟，諸葛亮用計使得司馬懿不敢出戰，自己則乘機命令3萬精兵，手執鐮刀、駄繩，把隴上的新麥一割而光。

● 堅壁清野

　　因糧於敵的反制戰術就是「堅壁清野」。「堅壁清野」出自《三國志・魏書・荀彧傳》，是指使敵人攻不下據點又得不到任何東西，從而困死、餓死敵人的作戰方法。

　　三國時，曹操想派兵爭奪徐州，曹操的謀士荀彧勸曹操說：「今東方皆以收麥，必堅壁清野以待將軍，將軍攻之不拔，略之無獲，不出十日，則十萬之眾未戰而自困耳。」就是說，眼下正值麥收季節，徐州方面已經加緊搶割城外麥子，這表明他們對可能發生的戰爭有所準備。收盡麥子，對方必然還要加固防禦工事，對方「堅壁清野」，到那時，我軍攻不能克，掠無所得，不出十天，全軍就要不戰自潰。

「二戰」中的第一場戰役

德國閃擊波蘭

在「二戰」中，德國用閃擊戰出其不意對波蘭發起進攻，並在短短一個月時間內就全面攻破波蘭，體現了《孫子兵法》中「兵貴神速」的思想。

為了避免兩線作戰，1939年8月23日，德國與蘇聯簽訂了《蘇德互不侵犯條約》。希特勒決定首先攻占波蘭，打垮英、法兩國。

在經過周密的準備後，德國在波蘭邊境的前沿陣地部署了150萬軍隊。1939年9月1日拂曉，德國首先出動轟炸機，目標是波蘭的部隊、軍火庫、機場、鐵路、公路和橋梁。約1小時後，德軍地面部隊從北、西、西南三面發起了全線進攻。波蘭一直都盲目地認為德軍不會貿然挑起戰爭，等到德國軍隊真的發起進攻，波軍毫無防備，無數火炮、汽車及其他輜重還沒來得及撤退就被摧毀，500架戰機還未起飛就被炸毀在機場，交通樞紐和指揮中心也遭到破壞，部隊陷入一片混亂。德軍趁勢以裝甲部隊和摩托化部隊為前導，很快從幾個主要地段突破了波軍防線。

在突破波軍防線之後，德軍在波蘭境內橫衝直撞，如入無人之境，每天以30多英里的速度向前推進，就連摩托化重炮也能在波蘭坎坷不平的道路上，以每小時40英里的速度迅速挺進。

在德軍「閃電」般的攻擊下，波蘭軍隊的抵抗顯得弱不禁風，波軍完全陷入了被動挨打的境地。這不僅是波蘭人，也是全世界首次領教「閃擊戰」的厲害。波蘭統帥原本以為戰爭會像以往那樣徐徐拉開帷幕，他們料想德軍會以輕騎兵進行前衛活動，再以重騎兵進行衝擊，因此便把兵力全部部署在德、波邊境，認為只要實施反擊，就能取得勝利。波軍對德軍大量使用坦克和轟炸機的「閃擊戰」毫無準備，導致防線很快就土崩瓦解。

這是人類戰爭史上空前規模的機械化部隊大進軍。波蘭戰役是第二次世界大戰爆發後的第一場戰役，德軍僅用了一個月的時間就結束了戰役。在這場戰爭中，波軍傷亡20萬人，被俘40餘萬人；德軍亡1.06萬人，傷3.3萬人，失蹤3400人。

閃擊戰

閃擊戰是一種典型的先發制人戰略，自一開始便集中所有力量，突然給對方沉重打擊。其優勢是速戰速決，以弱勝強，集中了有限的武裝力量強力創造勝利；劣勢是後勤不足，對於情報和後勤補給的要求較高。

● 閃擊波蘭

德國閃擊波蘭

1939年9月1日凌晨，波蘭邊境大地上非常寂靜，而德國各大空軍基地卻燈火通明。飛行員被急促的哨聲叫起，指揮官向他們宣布了閃擊波蘭的作戰計劃。當天，德軍突然出動58個師，2800輛坦克，2000架飛機和6000門大炮，向波蘭發起「閃擊式」進攻。

德國空軍飛抵波蘭上空，對波蘭的軍火庫、部隊集結點以及橋梁、鐵路線，進行了第一輪轟擊。第一輪空襲之後，波蘭的指揮和交通系統基本癱瘓。隨即，德國陸軍對波蘭軍隊的正面陣地發起了全線突擊。波蘭的一線陣地在炮擊和炸彈中搖晃，士兵們完全被眼前的景象所震驚了。

● 閃擊戰三原則

❶ 集中

閃擊戰中的「集中」，即在一條漫長的戰線上，將重兵集團集結在某一點或幾點，實施「重點突破」。一拳致命的作用，遠強於對敵人分散力量的攻擊。

❷ 突襲

突襲就是出敵不意給對方以打擊。它多在戰爭初期達成，目的是讓對方驚慌失措，難以進行有組織的抵抗。

❸ 速度

速度和閃擊戰的「閃擊」最為吻合。利用集中的重兵集團的突襲突破敵人防禦過後，裝甲部隊才算正式登臺表演。裝甲部隊的使命就是利用高速運動搶占敵人的補給基地、工業重心、交通樞紐、指揮中樞和政治中心。

● 突襲三階段

突襲三階段

攻擊	滲透	圍剿
第一階段	第二階段	第三階段

第五節

兵貴勝，不貴久

秦、趙邯鄲之戰

邯鄲之戰是戰國時期諸侯國合縱抗秦取得的第一次大勝利，此戰導致秦國對六國施行全面打擊的政策徹底破產。此後，秦國開始改變策略，採取遠交近攻、分化瓦解、各個擊破的外交方針，來分化離間各諸侯合縱國之間的關係，為統一六國產生了關鍵性作用。

西元前259年10月，秦國派遣五大夫王陵率20萬大軍伐趙，直攻趙都邯鄲。秦軍很快就進抵趙國國都邯鄲，接著又增派援軍，圍攻邯鄲。

鑑於敵強我弱，趙軍在軍事上採取了堅守疲敵的戰略。趙國大將廉頗帶領10萬趙軍頑強抵抗，趙相平原君也將妻妾編入行伍，散家財於士卒，鼓勵軍民共赴國難。在這種情勢下，王陵戰至第二年仍不能取勝。

秦昭襄王命白起接替王陵為帥，白起分析了戰爭的形勢和雙方的主客觀條件，認為秦軍無法攻下邯鄲，於是稱病推辭。秦昭襄王只得改令王齕接替王陵為主將，增兵10萬繼續圍攻邯鄲。王齕攻打了八、九個月，依然是無所作為。

趙國一方面頑強抵抗秦國的進攻，一方面積極展開外交活動。平原君趙勝帶領20名隨行人員出使楚國，在毛遂的幫助下，成功說服楚王出兵10萬救趙。同時，魏信陵君魏無忌也率8萬精兵進擊秦軍。

西元前257年12月，魏、楚兩國軍隊先後進抵邯鄲城郊，進擊秦軍。趙國守軍配合城外魏、楚兩軍出城反擊。在三國軍隊內外夾擊之下，秦軍大敗，損失慘重。王齕率殘部逃回汾城（今山西省侯馬市北），秦將鄭安平所部2萬餘人被聯軍團團包圍，只好降趙，邯鄲之圍遂解。

孫子在《作戰篇》中指出：「其用戰也勝，久則鈍兵挫銳，攻城則力屈。」在邯鄲之戰中，秦昭襄王一意孤行，長期屯兵於堅城之下，曠日持久，終於師勞兵疲，違背了「兵貴勝，不貴久」的基本原則，最終導致秦國慘敗，並且嚴重消耗了秦國的實力。邯鄲之戰留給我們的啟示，至今仍然值得我們深思。

邯鄲之戰

　　邯鄲之戰中，秦軍違背了「兵貴勝，不貴久」的基本原則，長期屯兵於堅城之下，終於師勞兵疲。邯鄲之戰嚴重地消耗了秦國的實力，造成秦國軍隊近30萬人的傷亡，推遲了秦國統一六國的步伐。

● 秦、趙邯鄲之戰

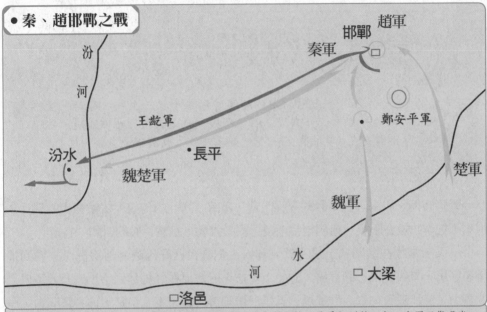

　　西元前259年10月，秦國派遣五大夫王陵率20萬大軍伐趙。戰爭打到第二年，秦軍死傷過半，仍不能攻下。邯鄲城內也是兵困糧盡，趙孝成王被迫向魏、楚兩國求救。

　　平原君趙勝奉命出使楚國，其門客毛遂自薦隨往。在說服楚考烈王的過程中，毛遂拔劍而前向考烈王說明利害關係，最終楚國出兵10萬救趙。信陵君魏無忌依靠魏安釐王寵妃如姬盜得虎符，奪了晉鄙的兵權，並挑選8萬精兵救趙。楚春申君黃歇亦率軍救趙。

　　魏、楚兩國軍隊先後進抵邯鄲城郊，進擊秦軍。趙國守軍配合魏、楚兩軍出城反擊。在三國軍隊內外夾擊之下，秦軍大敗，損失慘重。王齕率殘部逃回汾城。

魏 信 陵 君

　　魏無忌，號信陵君，「戰國四公子」之一。魏無忌於魏國走向衰落之時，效仿孟嘗君田文、平原君趙勝的輔政方法，延攬食客，養士數千人，自成勢力。他禮賢下士、急人之困，曾在軍事上兩度擊敗秦軍，分別挽救了趙國和魏國危局，但屢遭魏安釐王猜忌而未能予以重任。

齊 孟 嘗 君

　　孟嘗君，媯姓，田氏，名文，「戰國四公子」之一。以廣招賓客，食客三千聞名。孟嘗君寧肯捨棄家業也要給食客豐厚的待遇，因此天下的賢士無不傾心向往。他的食客有幾千人，待遇不分貴賤，一律與田文相同。

趙 平 原 君

　　趙勝，號平原君。在趙惠文王和趙孝成王時任相，是當時著名的政治家之一，以善於養士而聞名，門下食客曾多達數千人。秦軍進圍趙都邯鄲，平原君散盡家財，發動士兵堅守城池。

楚 春 申 君

　　春申君，本名黃歇，中國戰國時期楚國公室大臣，是著名的政治家、軍事家。黃歇學識淵博，善於辭令，而且他有遇事臨危不懼、處變不驚的大臣風範。楚考烈王元年（前262年），以黃歇為相，封為春申君。

戰
國
四
公
子

第六節

讓敵人的物資為我所用

李牧巧施「美馬計」

李牧（？－前229），戰國時期的趙國將領。李牧一生戰功顯赫，生平未嘗一次敗仗。他的一生大致可劃分為兩個階段，先是在趙國北部邊境，抗擊匈奴，後以抵禦秦國為主。與白起、王翦、廉頗並稱「戰國四大名將」。

戰國時期，將軍李牧奉命駐守雁門關。當時，塞北的匈奴人依仗強大的騎兵，根本不把李牧放在眼裏，他們經常南侵，縱橫奔馳，掠奪百姓的財物、牲畜。

一天，李牧在雁門關上遠遠望見匈奴人把數百匹好馬趕到河邊洗澡，看到這麼多好馬，李牧饞得心頭直癢，心想：「如果能把這些好馬奪到手，既壯大了自己的實力，又能殺殺匈奴人的威風，真是一舉兩得的美事！」但是，他心裏明白，一旦他將雁門關的城門打開，匈奴人就會把馬群趕回去。而且，匈奴大軍離小河也不是很遠，所以用武力奪馬恐怕行不通。有沒有別的辦法可以將馬匹奪過來呢？李牧左思右想，猛地從數百匹馬的歡騰嘶叫聲中悟出一條妙計來：「匈奴人養的全是雄馬，何不用幾百匹母馬將牠們引過河來，再把牠們趕入城中，豈不是白白得到數百匹駿馬？」

城內有很多母馬，不需遠求。於是，李牧下令挑選了幾百匹母馬，讓士兵們牽到城外，繫在隔河的樹蔭下。沒過多久，一匹匹母馬就仰頭向著河那邊嘶叫起來，匈奴人的數百匹公馬聽到母馬的叫聲，一個個都抬起頭來張望。接著，牠們也開始嘶叫起來，似乎是在回應母馬的「召喚」。隨後，有幾匹公馬率先游過河，向樹蔭下的母馬奔去。見此情景，其他的公馬一陣狂嘶，紛紛渡河狂奔而去，看馬的匈奴人想攔也攔不住。趙軍將士早已守候在河岸旁，看到數百匹好馬游到岸上，他們一湧而出，趁機將馬趕入雁門關中。

《孫子兵法・作戰篇》強調奪取對方的各種資源，為我所用，使自己的軍隊在戰爭中不斷壯大。李牧以「美馬」奪得匈奴人數百匹好馬，正是孫子「以戰養戰」思想的完美展現。

戰國四大名將

　　南朝梁武帝時期，周興嗣奉皇命編撰《千字文》，其中以「起翦頗牧，用軍最精」來形容戰國時期這四位戰功赫赫的名將，他們代表了戰國時期實戰的最高水準。

● 戰國四大名將簡介

　　李牧（？—前229），嬴姓，李氏，名牧。漢族，戰國時期的趙國將領，「戰國四大名將」之一。李牧戰功顯赫，生平未嘗敗績。他是戰國末年東方六國中唯一能與秦軍抗衡的最傑出將領，在士兵和人民中有崇高的威望。在作戰中，他屢次重創敵軍而未嘗戰敗，顯示了高超的軍事指揮藝術。

　　李牧奉命駐守雁門關的時候，用計謀巧妙地奪得匈奴人數百匹好馬，體現了孫子「以戰養戰」的思想。

白起

王翦

廉頗

　　白起（？—前257年），羋姓，白氏，名起，楚白公勝之後。白起一生領兵百戰百勝，共殲滅六國軍隊100餘萬。攻六國城池大小約90餘座。他是戰國時期最為顯赫的大將之一，征戰沙場35年，因為白起的存在，六國不敢攻秦。

　　王翦，戰國末期秦國著名戰將，也是繼白起之後秦國的又一位名將。與其子王賁在輔助秦始皇兼滅六國的戰爭中立有大功，除韓之外，其餘五國均為王翦父子所滅。

　　廉頗是戰國末期趙國的名將，其征戰數十年，攻城無數，殲敵數十萬，而未嘗敗績。他為人襟懷坦白，敢於知錯就改。他的一生，正如司馬光所言：「廉頗一生用與不用，實為趙國存亡所繫。此真可以為後代用人殷鑑矣。」

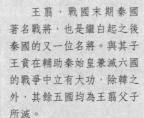

第七節

久暴師則國用不足

秦始皇勞民傷財遭滅亡

戰國時期，秦國以摧枯拉朽之勢橫掃六國。但是，正如孫子所說，「久暴師則國用不足」，在緊接著進行的征討匈奴、修築長城的過程中，秦國國庫積蓄耗盡，苛捐雜稅壓得老百姓不堪重負，社會矛盾極為尖銳。

發動戰爭或被迫參與戰爭都是為了謀求一定的利益，藉由戰爭去擴充疆土、鞏固政權、占有資源、擄掠財物，或者爭得有利地位、掌握主動權等是有利可圖的。但是，戰爭也有其有害的一面：人員的傷亡、財力的消耗，必然破壞經濟，久戰不決更會增加賦役，影響人民的正常生產和生活，最終導致國力枯竭、人民貧困（「力屈財殫，中原內虛於家」），國運將難以為繼。

秦始皇在經過多年征戰，統一全國後，並沒有在一段時間內採取休養生息的政策，讓長期飽受兵役、徭役和賦役重壓的廣大民眾有喘息之機，而是隨即準備攻打匈奴。丞相李斯對此存有異議：討伐匈奴雖然是鞏固邊防的必要措施，但從目前來看有害無益，而且會使國家遭受重大消耗。秦始皇不聽勸告，執意派將軍蒙恬率三十萬大軍進攻匈奴，奪取了大漠南部方圓千里的地方，在黃河河套北部與匈奴劃界，繼而在全國範圍內調集大批成年男子修築長城、戍守邊塞。戍邊將士風餐露宿，苦不堪言，十多年中死傷無數。為保障邊塞軍民生活，朝廷還徵發百姓，用車船輸送糧草。從沿海郡縣北上邊塞，路途遙遠，三十鐘糧食中僅有一石可以運到目的地。全國上下男耕女織、拼命勞作，供給軍需，許多百姓因此傾家蕩產，或餓死路旁，或逃入山林沼澤。秦王朝的國力遭到極大削弱。

西元前209年，即秦始皇死後，由他的兒子秦二世即位的第二年，被徵發到北方守邊的陳勝、吳廣等人在蘄縣大澤鄉揭竿而起，得到全國人民的熱烈響應。在短短兩年的時間裏，秦軍主力一一被殲，新繼位的秦王子嬰再無任何抵抗能力，出城向起義軍投降。

秦始皇勞民傷財遭滅亡

《孫子兵法》說：「久暴師則國用不足。」就是說，如果國家長期處於征戰狀態，必定會耗盡國家的財力。征討匈奴、修築長城等大量消耗了秦國的財力，成為秦國滅亡的原因之一。

● 秦滅亡的原因

阿房宮

在統一全國後，秦始皇忽略了與民休息的道理，不讓長期飽受兵役、徭役和賦役重壓的廣大民眾有喘息之機，隨即便進軍匈奴。繼而在全國範圍內調集大批成年男子修築長城、戍守邊塞，還有修馳道、蓋阿房宮、求長生藥斥巨資支持徐福東渡等都在短短幾十年間發生，使得民眾拼命勞作，不堪其苦。秦王朝的國力遭到極大削弱。

陳勝吳廣起義

秦始皇死後，由他的兒子秦二世即位的第二年，被徵發到北方守邊的陳勝、吳廣等人在蘄縣大澤鄉揭竿而起，得到全國人民的熱烈響應。大澤鄉起義沉重打擊了秦朝政權，揭開了秦末農民大起義的序幕，是中國歷史上第一次大規模的農民起義。

卒善而養之

李愬優待戰俘為己所用

《孫子兵法》中說：「更其旌旗，車雜而乘之，卒善而養之，是謂勝敵而益強。」就是說在戰勝敵人之後，換上我軍的旗幟，將其混合編入自己的車陣之中，並優待敵人的俘虜，這樣就會戰勝敵人而使自己日益強大。李愬就是一個善於優待俘虜的將帥。

　　唐憲宗元和九年（814年），彰義節度使吳少陽去世後，其子吳元濟藉機反叛朝廷。唐憲宗命李愬平定叛亂，負責西路官軍的指揮。當時唐軍將士普遍懼戰，士氣低落，李愬因而決定暫時不主動出擊。他首先慰問將士，讓部隊進行休養。淮西叛軍由於連敗官軍，滋生輕敵情緒，又見新任的統帥李愬未採取軍事行動，因而不做任何準備。

　　西線官軍經過幾個月的休整，已經可以作戰了，李愬便著手進攻蔡州。一天，李愬的部將馬少良在巡邏時與叛軍丁士良相遇，展開一場惡戰。最後，丁士良戰不過馬少良被生擒，隨即被押到李愬跟前。李愬問他有何話說，丁士良鎮定自若地說：「大丈夫死則死耳，囉唆什麼？」李愬歎道：「好一個大丈夫！」即令部下給他鬆綁，並任為將。於是丁士良感激李愬不殺之恩，甘願以死相報。

　　在丁士良的幫助下，西線官軍攻下了蔡州西南重要的外圍據點文城柵。對於敵軍的俘虜，李愬下令官軍士兵去留自便，那些家有父母的，還特別發給衣帛路費。不少降卒感激不已，願意留下為李愬打仗。敵軍守將李祐是吳元濟的健將，一日，李愬趁其率領士卒割麥之際，設下三百伏兵，活捉了李祐。由於李祐在以往的戰鬥中殺死不少官軍，眾將都非常恨他，紛紛要求把他殺死。李愬連忙勸退眾將，親自為李祐鬆綁，待為上賓，並向朝廷上了一道密奏，說：「李祐是討伐吳元濟不可缺少的將才，如若殺了他，平定蔡州恐怕難以成功。」唐憲宗十分讚賞李愬善待降將的做法，下詔赦免了李祐。李祐見李愬如此優待降將，願棄暗投明，與李愬一起籌劃攻取蔡州。其他降將見此，更加願意拼死效力。沒多久，李愬採用李祐的計策，雪夜攻破了蔡州。

善待戰俘

《孫子兵法》提到善待俘虜的議題，孫子認為這樣能夠使自己更加強大。李愬就是一個善待俘虜的將領，他是唐朝著名大將李晟的兒子，青年時代即受朝廷的重用，歷任多種官職，政績卓著。

● 李愬優待戰俘

丁士良被俘後，李愬令部下給他鬆綁，並任為將。於是丁士良感激李愬不殺之恩，甘願以死相報。西線官軍攻下了文城柵後，對於敵軍的俘虜，李愬下令官軍士兵去留自便，那些家有父母的，還特別發給衣帛路費。不少降卒感激不已，願意留下為李愬打仗。活捉李祐後，李愬親自為其鬆綁，待為上賓。李祐見李愬如此優待降將，願棄暗投明，與李愬一起籌劃攻取蔡州。

贈李愬僕射
王 建
和雪翻營一夜行，神旗凍定馬無聲。
遠看火號連營赤，知是先鋒已上城。

雪夜下蔡州

李愬從降將口中得知，叛軍主力不在蔡州而在洄曲。十月初十，風雪交加，李愬以九千人祕密進兵蔡州。李愬等將身先士卒，掘土為坎，登上外城。最終將叛亂平定。

堅壁清野

拿破崙兵敗俄國

法軍遠離本土進攻俄國，其後方供給對戰爭的勝利有著關鍵性的作用。俄國正是利用這一點，實施堅壁清野的策略，最終將法軍拖垮。

1812年6月24日夜晚，法皇拿破崙突然向俄國發起大規模的進攻。俄國腹地維爾諾、明斯克、波拉次克等地很快就被法軍占領了。8月，俄皇亞歷山大被迫起用庫圖佐夫為總司令。

庫圖佐夫雖年事已高，但仍神勇多謀，而他最擅長的策略就是逐漸地將敵人拖垮。面對拿破崙的大勢進攻，庫圖佐夫在抓緊整頓軍隊，提高戰鬥力的同時，又作出撤退戰略，實行堅壁清野，消耗和遲滯法軍，尋機殲敵。拿破崙急於和俄軍主力決戰，想一舉拿下俄國，氣勢洶洶，長驅直入，很多地方迅速被其占領；不過占領的地方越多，可用於進攻的兵力就越少。當斯摩倫斯克被法軍占領後，在數量上法軍已失去了優勢。但是由於俄軍兵力仍不敵法軍，庫圖佐夫決定進一步作退卻戰略，他率部向俄國腹地撤退。拿破崙的軍隊為尋求戰機則窮追不捨。狂風暴雨使道路變得十分泥濘，人和馬車深陷其中，行動極為不便。行軍途中不時地可以看到田野裏的火堆，這也是俄軍故意點燃的，目的是不把糧食留給法軍。法國人的供給線拉得太長，已近乎崩潰，加上他們的裝備極差，許多傷員無法得到救治。

1812年9月7日，法、俄在博羅金諾打響了生死之戰，戰鬥中俄軍死傷無數，損失約4萬人。為了保存俄軍的有生力量，庫圖佐夫決定放棄莫斯科向後方轉移，伺機再同法軍作戰。9月14日，莫斯科城裏部分居民隨同軍隊一道撤離莫斯科。9月15日清晨，拿破崙騎馬帶隊浩浩蕩蕩進入莫斯科城。但是令他們意外的是，俄軍命令大多數市民撤離莫斯科，後來這座城市經過數日的大火吞噬早已成了一片廢墟。莫斯科這座城市沒有給拿破崙的軍隊留下一片瓦，甚至一粒米。隨著俄國的嚴冬正步步逼近，拿破崙只好於10月19日開始撤離莫斯科。

拿破崙東征俄國

拿破崙東征俄國是19世紀最重要的戰爭之一，這場戰爭宣告了拿破崙帝國走向末日，有著劃時代的歷史意義。

● 俄國堅壁清野

遠征俄國，路途遙遠，後勤供應不上，給養困難，很多法國士兵被餓死。

寒潮將俄羅斯大地變成一片冰天雪地，法國軍隊在嚴寒天氣中每天凍死數千兵馬。

九月十五日入夜，莫斯科滿城燃起了大火。因為俄軍撤退時破壞了一切消防設施，法軍想滅火卻無能為力。熊熊大火四處蔓延，吞噬了大半個城區。這場火直燒到二十日方息，莫斯科這座俄國故都幾乎化為一座空城、死城。

法軍給養已消耗殆盡，還經常受到小股俄軍和游擊隊的襲擾，弄得軍力疲憊，士氣衰退。

法軍的傷員不能得到及時的治療。

● 戰爭背景

19世紀初，法、俄兩國為爭奪歐洲大陸霸權，矛盾日趨尖銳。1804年拿破崙創建法蘭西第一帝國後，開始了同英、俄等「反法同盟」國家的交戰。拿破崙的主要目標是英國，但由於強大的英國難以一下被消滅，他決定先對俄國展開攻勢。在他看來，只要戰勝俄國，就等同打掉英國的一隻翅膀，也將取得對英國的最後勝利。1812年6月24日，拿破崙率領近60萬軍隊侵入俄國。俄國實施堅壁清野的策略，最終將法軍拖垮。

第四章

《謀攻篇》詳解

「謀」，指計謀，「攻」，指攻擊，孫子把這兩個字合在一起，初看似乎不倫不類，但對於兵攻來說，實則平凡。曹操注曰：「欲攻敵必先謀。」在做好謀劃和各方面的作戰準備之後，下一步就要對敵人發起進攻了。但若只知道兩軍相見於刀刃，即使能夠全殲敵人，也不能保證我軍無一傷亡。正如俗話所說「殺賊一千，自損八百」，這句話就是警告人們，戰爭不論勝敗，雙方都會傷亡很大。孫子繼《作戰篇》後，提出「謀攻」議題，具有重大的意義。

本篇論用兵貴以全策取勝，「不戰而屈人之兵」。若要不戰而勝，必須在戰前做好一切有關的軍事準備，並同時運用外交、經濟、文化等手段，如此，在戰爭爆發的時候才能不戰而勝。

圖版目錄

謀攻篇

【原文】孫子曰：凡用兵之法，全國為上，破國次之；全軍為上，破軍次之；全旅為上，破旅次之；全卒為上，破卒次之；全伍為上，破伍次之。是故百戰百勝，非善之善者也；不戰而屈人之兵，善之善者也。

故上兵伐謀，其次伐交，其次伐兵，其下攻城。攻城之法為不得已。修櫓轒轀，具器械，三月而後成，距闉，又三月而後已。將不勝其忿而蟻附之，殺士三分之一，而城不拔者，此攻之災也。

故善用兵者，屈人之兵而非戰也，拔人之城而非攻也，毀人之國而非久也，必以全爭於天下，故兵不頓而利可全，此謀攻之法也。

故用兵之法，十則圍之，五則攻之，倍則分之，敵則能戰之，少則能逃之，不若則能避之。故小敵之堅，大敵之擒也。

夫將者，國之輔也，輔周則國必強，輔隙則國必弱。

故君之所以患於軍者三：不知軍之不可以進而謂之進，不知軍之不可以退而謂之退，是謂縻軍；不知三軍之事，而同三軍之政者，則軍士惑矣；不知三軍之權而同三軍之任，則軍士疑矣。三軍既惑且疑，則諸侯之難至矣，是謂亂軍引勝。

故知勝有五：知可以戰與不可以戰者勝，識眾寡之用者勝，上下同欲者勝，以虞待不虞者勝，將能而君不御者勝。此五者，知勝之道也。

故曰：知彼知己，百戰不殆；不知彼而知己，一勝一負；不知彼，不知己，每戰必殆。

【譯文】孫子說：大凡用兵的原則，使敵人舉國屈服，不戰而降是上策，擊破敵國就次一等；使敵全軍降服是上策，打敗敵人的軍隊就次一等；使敵人一個「旅」的隊伍降服是上策，擊破敵人一個「旅」就次一等；使敵人全「卒」降服是上策，擊破敵卒就次一等；使敵人全「伍」投降是上策，擊破敵伍就次一等。因此，百戰百勝，不算是最好的用兵策略，只有不戰而使敵屈服，才算是高明中最高明的。

所以上等的用兵策略是以謀取勝，其次是以外交手段挫敵，再次是出動軍隊攻敵取勝，最下策才是攻城。攻城為萬不得已時才使用。製造攻城的蔽櫓、轒轀，準

圖解孫子兵法

備各種攻城器械，需要花費三個月的時間，構築攻城的土山又要三個月。將帥控制不住憤怒的情緒，驅使士卒像螞蟻一樣去爬梯攻城，使士卒傷亡三分之一而不能攻克，這便是攻城所帶來的危害。

因此，善於用兵的人，使敵人屈服而不是靠戰爭，攻取敵人的城池而不是靠硬攻，消滅敵國而不是靠久戰，用完善的計策爭勝於天下，兵力不至於折損卻可以獲得全勝，這就是以謀攻敵的方法。

用兵的原則是：有十倍的兵力就包圍敵人，五倍的兵力就進攻敵人，兩倍的兵力就分割消滅敵人，有與敵相當的兵力則可以抗擊，兵力少於敵人就要避免與其正面接觸，兵力弱小就要撤退到遠地。所以弱小的軍隊頑固硬拚，就會變成強大敵軍的俘虜。

將帥，是國家的輔佐，輔佐周密國家就會強大；輔佐疏漏，未盡其職，國家必然衰弱。

國君對軍隊造成的危害有三種情況：不知道軍隊在什麼條件下可戰而使其出擊，不了解軍隊在什麼情況下可退而使其撤退，這就束縛了軍隊的手腳；不通詳三軍內務，而插手三軍的政事，就會使部隊將士不知所從；不了解軍中的權變之謀而參與軍隊的指揮，就會使將士們疑慮重重。軍隊既迷惑又疑慮，諸侯國軍隊乘機而進攻，災難就降臨到頭上，這就是自亂其軍而喪失了勝利。

預知取勝的因素有五點：懂得什麼條件下可戰或不可戰者能取勝；懂得兵多兵少不同用法的能取勝；全軍上下一心的能取勝；以有備之師待無備之師的能取勝；將帥有才幹而君主不從中干預的能取勝。這五點是預知勝利的道理。

所以說，既了解敵方也了解自己的，百戰不敗；不了解敵方而熟悉自己的，勝負各半；既不了解敵方，又不了解自己，每戰必然失敗。

作戰的最高境界

不戰而屈人之兵

> 孫子曰：凡用兵之法，全國為上，破國次之；全軍為上，破軍次之；全旅為上，破旅次之；全卒為上，破卒次之；全伍為上，破伍次之。是故百戰百勝，非善之善者也；不戰而屈人之兵，善之善者也。

　　孫子認為，「不戰而屈人之兵」是戰爭的最高境界。最好的戰略是以最小的代價取得最大的勝利，也就是在取得勝利的時候，天下還能保持「完整」。孫子認為，「百戰百勝，非善之善者也；不戰而屈人之兵，善之善者也」這並不是否定「百戰百勝」，而是更注重強調不要一味貪求交兵取勝，決策者應該時刻以追求最高的謀攻原則和最好的用兵效果為目的，以減少甚至避免戰爭造成的損失。孫子之所以不主張打勝負未卜的消耗戰，是因為在消耗戰中己方的資源一定要能夠比敵方支撐更多的時間。這就意味著己方不僅要有更多的資源，而且要有足夠的意志堅持到敵方認輸。但是在戰爭中，敵方往往更願意抵抗而不是認輸。

　　孫子首先提出「全勝」的思想並非偶然。春秋是諸侯紛爭、弱肉強食的時代，諸侯列國之間有著錯綜複雜的矛盾，中、小諸侯國頻繁地締結各種攻守盟約以抗衡大國。比如衛國和陳國就締結盟約，宣示如果有其他國家前來征討，雙方都會以死抵抗。這種以武力為後盾的外交戰爭，常常能夠制止即將爆發的戰爭。位於晉、楚兩大國中間地帶的鄭國，因其特殊的地理位置造就了它是最善於應用外交謀略的國家。西元前630年，秦、晉合攻鄭國，燭之武巧妙地利用秦、晉之間的矛盾，說服秦穆公撤離鄭國，成功地解除了鄭國的危機。西元前598年，鄭國公子子良提出兩面應付晉、楚的策略，使鄭國得以生存。到子產執掌鄭國國政的時候，鄭國在開展反抗強權的外交戰爭中更是功績卓著。

　　正是在這樣的歷史條件和環境下，孫子在繼承前人「謀攻」經驗的基礎之上，結合當時諸侯國之間的外交戰爭，提出了嶄新的「全勝」思想。

《孫子兵法》的謀略思想

孫子希望達到的最理想境界，是不經過直接交戰而使敵人屈服的「全勝」戰略思想。全勝的計謀，就是本篇中所說的「百戰百勝，非善之善者也；不戰而屈人之兵，善之善者也」。孫子強調不與敵人直接交戰，這並不是放棄武裝，反對戰爭的意思。

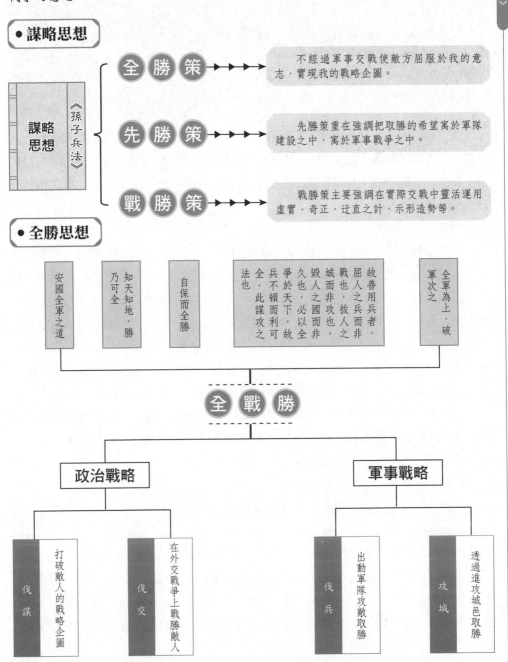

以智謀取勝的方法

伐謀和伐交

> 故上兵伐謀，其次伐交，其次伐兵，其下攻城。

為了獲得勝利，孫子提出了四種策略：「上兵伐謀，其次伐交，其次伐兵，其下攻城」。孫子認為，用兵的上策是以謀略勝敵，其次是透過外交手段取勝，這兩種都屬於以智謀取勝；用兵的第三種策略是發兵戰勝敵人，最下策是攻城，這兩種方法屬於以武力取勝。

伐謀：以謀略勝敵

所謂「伐謀」，指以己方之謀略挫敗敵方，打破敵人的戰略企圖，不戰而屈人之兵。孫子認為伐謀是最為有利的手段，故稱之為「上兵」。唐朝杜牧認為伐謀分為兩種情況，一種情況是敵人正謀劃攻我，我則運用適當的策略，制止敵人的進攻。他以春秋時晏嬰禦敵於千里之外為例，當時晉平公想攻打齊國，便派范昭到齊國觀察虛實。在宴席上，齊相晏嬰挫敗了范昭的挑釁，從而阻止了晉國的戰爭。另一種情況是我打算攻打敵方，但是敵方已經做好了防禦工作，我則挫敗其防禦，使敵方無法抵抗。杜牧以河曲之戰為例說明這種情況。西元前615年，秦國發兵攻晉。晉國將軍趙盾高築營壘，準備以逸待勞。秦國求戰不得，部將士會獻策說，晉將趙穿為人驕狂，且不懂軍事，可以發兵攻擊趙穿所在的上軍，誘其出戰。這一計策實施之後，成功打破了晉軍持久防禦的預定方針。

伐交：透過外交手段勝敵

所謂「伐交」，就是透過外交戰爭戰勝敵人。西元前656年，齊桓公糾合八國之軍欲伐楚國的盟國蔡國。雙方陳兵百萬，劍拔弩張。屈完奉楚成王之命質問齊桓公，作了有理有節、不卑不亢的外交戰爭，最終使雙方在召陵結盟修好。

「伐謀」與「伐交」都是以智謀取勝的方法，二者雖有區別，但經常同時出現在對敵的謀略中。在著名的晉、楚城濮之戰中，晉文公在戰前謀劃了種種行動，比如爭取齊、秦參戰，拆散楚國與曹國、衛國的同盟，扣留楚使宛春激怒楚將子玉等，都融匯了「伐謀」與「伐交」的戰爭。

伐交的方法

對於「全勝」的內容及其方法，孫子作了詳盡的分析。在政治戰略上，他主張「全國為上」，即使敵國完整地降服為上策，實現的方法就是「伐謀」和「伐交」。

●四種伐交之法

1. 用淫靡之樂，消散敵君的志向，厚送珠玉，娛以美女，使之沉迷生色不顧國事，社稷必然危險。

2. 順從敵君的意志，做出委曲聽從的樣子，他就不會對我有所顧慮，最終產生驕狂之情。

3. 暗中賄賂敵君左右之近臣，使之與我建立深厚的情誼，這樣，他身處國內而情卻在國外，其國必定受他的災禍。

4. 對於敵國的忠臣，他有使命來時，故意拖延時間不予答覆；敵若改派他人，就迅速以誠意的答覆，以和兩國之好，敵君就會疏遠忠臣。如果能這樣做，其國就可以謀了。

●伐謀、伐交和伐兵的關係

在《九地》篇中，孫子對「伐謀」、「伐交」和「伐兵」的關係及其具體運用作了進一步的闡述。他說：「是故不知諸侯之謀者，不能預交。」認為如果不了解諸侯的戰略意圖，就不能與他們結交。這句話可以看作孫子對「謀」與「交」二者關係的闡發。他又說：「夫霸王之兵，伐大國，則其眾不得聚；威加於敵，則其交不得合。是故不爭天下之交，不養天下之權，信己之私，威加於敵，故其國可拔，其城可隳。」這段話是孫子對於謀略、外交以及訴諸武力諸關係的更深入、更明晰的表述。

第三節

以武力取勝的方法

伐兵和攻城

> 攻城之法為不得已。修櫓轒輼，具器械，三月而後成，距闉，又三月而後已。將不勝其忿而蟻附之，殺士三分之一，而城不拔者，此攻之災也。

伐兵：透過發兵勝敵

與「伐兵」相比較，「伐謀」、「伐交」要容易得多，巧妙得多，有四兩撥千斤之效。所以，很多軍事家往往更重視「伐謀」、「伐交」。但是在戰爭中，伐謀」、「伐交」並不總能使問題得到解決，在這種情況下，「伐兵」便成為解決問題的唯一方式。所以從某種程度上說，在戰爭中「伐兵」才是最重要的，只不過「伐兵」代價重大，要慎之又慎。

漢武帝對匈奴就採取了「伐交」和「伐兵」並舉的策略。在東面，著力打擊陰山一帶匈奴部落，鞏固長城內外防線，切斷匈奴左臂；在西面，派使節出使西域，宣揚國威、擴展聯盟，力爭切斷匈奴與青海羌族的聯繫，斷其右臂；同時在隴西集中力量重點打擊匈奴主力，以求徹底制服。最終使用「伐兵」大破匈奴，解決了自西漢初期以來匈奴對中原的威脅。

攻城：透過攻打敵人的城池勝敵

春秋時代，城邑在經濟和政治上的價值並不像戰國時代那樣重要。所以，盡管孫子不反對攻城，但卻明確表示「攻城之法為不得已」，只有在迫不得已的情況下才會去攻打敵人的城池，孫子把它列為「下策」。因為攻城需要準備各種攻城器械，包括蔽櫓、轒 等，這就需要花費三個月的時間，而構築攻城的土山又要三個月。如果將帥不能控制憤怒的情緒，驅使士卒像螞蟻一樣去爬梯攻城，使士卒傷亡三分之一而不能攻克，這些都是攻城所帶來的危害。

釣魚城之戰是非常典型的攻城戰役。1259年，蒙古大軍進攻合州釣魚城。釣魚城南、北、西三面環水，壁壘懸江，易守難攻。蒙古大軍損失慘重，蒙哥也在此戰中命喪黃泉。此役不僅創造了中外戰爭史上罕見的以弱勝強的奇蹟，而且因蒙哥之死影響和改寫了整個世界中古史。

古代攻城器械

在中國古代，攻守城池的戰鬥是主要的戰爭形式之一。中國古代的城池，城牆高大厚實，城門堅固嚴密，所以在攻城的時候會用到很多相關的攻城器械。

●攻城器械列舉

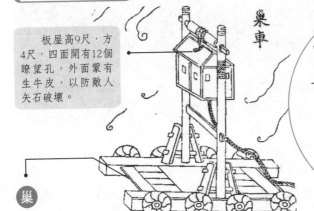

巢車

板屋高9尺，方4尺，四面開有12個瞭望孔，外面蒙有生牛皮，以防敵人矢石破壞。

巢車

巢車是一種專供觀察敵情用的瞭望車，車底部裝有輪子，可以推動，車上用堅木豎起兩根長柱，柱子頂端設一轆轤軸（滑車），用繩索繫一小板屋於轆轤上。屋內可容納兩人，藉由轆轤車升高數丈，攻城時可觀察城內敵兵情況。西元前575年鄢陵之戰時，楚共王曾在太宰伯州犁的陪同下，親自登上巢車察看敵情。

弓

弓是拋射兵器中最古老的一種彈射武器。當把拉弦張弓過程中積聚的力量在瞬間釋放時，便可將扣在弓弦上的箭或彈丸射向遠處的目標。弓箭在春秋戰國時期應用相當普遍，被列為兵器之首，貴族將門之子從小就學習射箭。在古代戰爭中，「兩軍相遇，弓弩在先」。無論是攻守城鎮，還是伏擊戰、陣地戰都可以弓箭為利器。

盾牌

盾牌是古代作戰時一種手持格擋，用以掩蔽身體，抵禦敵方兵刃、矢石等兵器進攻的防禦性兵械，呈長方形或圓形，其尺寸不等。盾牌的表面一般都包有一層或者是數層皮革，可以防止箭、矛和刀劍的攻擊。通常還繪有各種彩色的圖案、標誌、徽章等。

第四節

用兵的原則

敵我兵力不同應採取的方法

故用兵之法，十則圍之，五則攻之，倍則分之，敵則能戰之，少則能逃之，不若則能避之。故小敵之堅，大敵之擒也。

十則圍之：有十倍的兵力就包圍敵人

曹操認為，採取對敵人包圍的策略，本來不需要十倍的兵力。「十則圍之」是孫子針對雙方的將領智謀及士兵戰鬥力勢均力敵的情況下採取的打法。以下邳之戰為例，雖然曹操只有兩倍於呂布的兵力，但是考慮到呂布的軍隊在武器裝備和士氣上都不及曹軍，曹操仍然對其採取包圍戰法取得了勝利。

五則攻之：有五倍的兵力就進攻敵人

曹操對「五則攻之」作了進一步的發揮。他認為，如果有五倍於敵的兵力，就要以五分之三的兵力（主力）為正兵，以五分之二的兵力（次要兵力）為奇兵，實施鉗形攻擊。這為我們學習《孫子兵法》提供了有益的啟示。

倍則分之：有兩倍的兵力就分割消滅敵人

孫子指出，在兩倍於敵的情況下，要盡量分散敵人的兵力，達到以眾擊寡、以多勝少的效果。對此曹操也提出了自己的看法，他指出，如果兵力兩倍於敵，就拿出一半的兵力從正面攻擊，另一半的兵力用來側擊。

敵則能戰之：有與敵相當的兵力則可以抗擊

歷來注家對「敵則能戰之」的看法不一而同。曹操認為，此句中的「戰」字，應當解釋為「善者猶當設伏奇以勝之」，意為在敵我勢均力敵的時候，就要善戰。「善戰」即是能夠根據戰爭的形勢，變化戰略戰術，出奇設伏，使敵人看不透我方的意圖。比之將「善戰」釋為「力戰」、「激戰」、「戰勝」，曹操的「善戰」無疑更符合孫子「全勝」的思想。

少則能逃之：兵力就要避免與其正面接觸

「少則能逃之」，是說兵力、戰力相等而數量上少於敵人就要避免與其正面交鋒。「不若則能避之」，是說兵力數量相等而戰力弱於敵人就要避免決戰。

攻戰五法

在戰場上如何爭取「全勝」，孫子在以後幾篇中分類進行了精闢的論述。在本篇，他也原則性地提出了敵我兵力對比不同所應採取的方法：十則圍之，五則攻之，倍則分之，敵則能戰之，少則能逃之，不若則能避之。

●曹操注攻戰五法

十則圍之

曹操認為，採取對敵人包圍的策略，本來不需要十倍的兵力。「十則圍之」是孫子針對雙方的將領智謀及士兵的戰鬥力勢均力敵的情況下採取的打法。這裏的「十」是虛數，意指兵力眾多。

五則攻之

曹操認為，如果有五倍於敵的兵力，就要以五分之三的兵力（主力）為正兵，以五分之二的兵力（次要兵力）為奇兵，實施鉗形攻擊。

倍則分之

曹操指出，如果兵力兩倍於敵，就拿出一半的兵力從正面攻擊，另一半的兵力用來側擊。

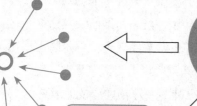

攻戰五法

敵則戰之

少則逃之

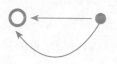

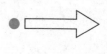

曹操認為，這裏的「戰」字，應當解釋為「善者猶當設伏奇以勝之」，意指在敵我勢均力敵的時候，就要善戰。

「少則能逃之」，是說兵力對比，戰力相等而數量上少於敵人就要退卻，避免與其正面交鋒。

第五節

具有普遍意義的戰爭指導原則

知彼知己，百戰不殆

故君之所以患於軍者三：不知軍之不可以進而謂之進，不知軍之不可以退而謂之退，是謂縻軍；不知三軍之事而同三軍之政者，則軍士惑矣；不知三軍之權而同三軍之任，則軍士疑矣。

故知勝有五：知可以戰與不可以戰者勝，識眾寡之用者勝，上下同欲者勝，以虞待不虞者勝，將能而君不御者勝。此五者，知勝之道也。

故曰：知彼知己，百戰不殆；不知彼而知己，一勝一負；不知彼，不知己，每戰必殆。

為了求得達到「全勝」的目的，孫子不僅提出了在敵我兵力不同情況下的各種作戰方法，而且對明君提出了要求。

「不知軍之不可以進而謂之進，不知軍之不可以退而謂之退，是謂縻軍；不知三軍之事而同三軍之政者，則軍士惑矣；不知三軍之權而同三軍之任，則軍士疑矣。」對於明君在軍事上的表現，孫子從三個方面提出了批評。他認為，不知道軍隊在什麼條件下可戰而使其出擊，不了解軍隊在什麼情況下可退而使其撤退，這就束縛了軍隊的手腳；不通詳三軍內務，而插手三軍的政事，就會使部隊將士不知所從；不了解軍中的權變之謀而參與軍隊的指揮，就會使將士們疑慮重重。反之，如果能夠按照軍事戰爭的特點對將帥進行正確領導，則是孫子所主張的明君。

孫子又從對敵我雙方進行偵察判斷的角度，提出了爭取「全勝」的五個條件：「知可以戰與不可以戰者勝，知眾寡之用者勝，上下同欲者勝，以虞待不虞者勝，將能而君不御者勝。」根據這五條「知勝之道」，他得出的結論是：「知彼知己，百戰不殆；不知彼而知己，一勝一負；不知彼，不知己，每戰必殆。」孫子首次用簡明扼要的語言概括出「知己知彼，百戰百勝」這一具有普遍意義的戰爭指導原則。

「知己知彼，百戰百勝」包括學習和使用兩個階段，包括從認識客觀實際中的發展規律，並按照這些規律去決定自己的行動攻克當前敵人。

孫子提出了爭取「全勝」的五個條件：「知可以戰與不可以戰者勝，知眾寡之用者勝，上下同欲者勝，以虞待不虞者勝，將能而君不御者勝。」這五條「知勝之道」，孫子是從對敵我雙方進行偵察判斷的角度提出的，他的結論是：「知彼知己，百戰不殆。」

● 知勝有五

1 知可以戰與不可以戰者勝

戰前了解敵我情況，透過廟算，知道什麼條件下可以打和不可以打，能夠取勝。

2 知眾寡之用者勝

懂得兵多兵少的各種應戰方法，能取勝。

3 上下同欲者勝

全國上下同仇敵愾，同心協力外禦其侮的，可以勝利。

4 以虞待不虞者勝

以有戒備的軍隊防禦弛戒無備的軍隊，可以勝利。

5 將能而君不御者勝

統帥有指揮軍隊的才能而國君不加牽制，可以勝利。

第六節

經由外交戰勝敵人

燭之武伐交退秦師

《孫子兵法》說：「上兵伐謀，其下伐交，其次伐兵，其下攻城。」「伐交」即用外交手段戰勝敵人，這樣就能不戰而勝。燭之武夜入秦營，為秦穆公分析當前的局勢，曉之以理，動之以情，終使秦穆公退師。

　　西元前630年，秦國和晉國兩個大國聯合圍攻鄭國，秦、晉兩國的軍隊很快就進逼鄭國國都城下。晉軍駐紮在函陵，秦軍駐紮在氾南。鄭國危在旦夕。

　　佚之狐推薦燭之武去說服秦穆公退軍，燭之武推辭說：「我年輕時尚且不如別人；現在老了做不成什麼了。」鄭文公說：「我早先沒有重用您，現在危急之時求您，這是我的過錯。然而鄭國滅亡了，對您也不利啊！」燭之武就答應了。

　　燭之武趁夜來到秦軍軍營，見到秦穆公時燭之武說：「秦、晉兩國圍攻鄭國，鄭國已經知道要滅亡了。如果滅掉鄭國對您有好處，我怎敢拿這件事情來麻煩您？我們鄭國和貴國並不相連。我們在東，貴國在西，中間隔著晉國。如果鄭國滅亡了，貴國很難越過晉國領土來占領鄭國的土地，所以我們的疆土只能被晉國占去。秦、晉兩國本來勢均力敵，如果晉國得到鄭國土地，勢必會增強它的實力，而貴國的實力也就相應地減弱了。您現在幫助晉國強大起來，這真是養虎為患，將來秦國一定會反受其害的。況且，晉國向來言而無信。您曾經有恩於晉惠公，他也曾答應把焦、瑕二邑割讓給您；然而，他早上渡河歸晉，晚上就築城拒秦，這您是知道的。晉國的野心很大，它今天滅了鄭國，難保它明天不會向西邊的秦國擴張。假如您能放棄滅鄭的打算，我們鄭國願與秦國結好，今後貴國使者經過鄭國的時候，我們一定盡主人之道，隨時供給他們所缺乏的東西。這對你們沒有什麼不利啊！」

　　燭之武一席話講得入情入理，讓秦穆公明白滅鄭只能增強晉國的實力，對秦國則有百害而無一利。於是，秦穆公就與鄭國簽訂了盟約，並留下三位將軍守衛鄭國，自己則率軍回國。秦國撤軍之後，晉國也只好偃旗息鼓，撤軍回國了。

燭之武退秦師

　　西元前630年，秦、晉圍鄭。燭之武臨危受命，不畏艱險，隻身說服秦君，解除國難，表現了他機智善辯的外交才能。燭之武退秦師也成為以外交手段戰勝敵人的典型案例之一。

● 燭之武的論辯藝術

燭之武隻字不提鄭國利益，而是站在秦國的立場上，曉之以理，動之以利，分析亡鄭對晉有利，而存鄭對秦有利。他運用智慧最終化解了鄭國的危難，是一個有義有勇有智謀的愛國之士。

1 從地理位置加以分析 ▶

　　從地理位置上看，秦在西，鄭在東，晉處其間。如果晉得鄭國之地，無疑是增加了晉的地盤，這樣秦國要想再強過晉國就很困難。這是言「亡鄭無益」。

2 用相對主義的觀點來加以分析 ▶

　　設想晉得鄭地，相對於秦而言，顯然是晉國增強了勢力，而自己變得弱小了。厚人而薄己，在諸侯國家都想稱霸的時代，顯然是於己不利的。這是言「亡鄭有害」。

3 鄭存有益無害 ▶

　　秦國如果留著鄭國為東方道路上的主人，則當秦國的使者往來鄭國糧資缺乏之時，鄭國可以給予供給。這是說「存鄭有益無害」。

4 晉國對秦國背信棄義 ▶

　　晉國在惠公之時，曾經許秦以河外的焦、瑕兩座城邑，但是晉國並未兌現承諾，晉國慣於背秦，秦與晉國聯合，斷無有益之處。

5 晉國貪得無厭 ▶

　　晉國滅鄭的意圖是為了擴大東方的疆域，在此之後它必將致力於西方疆土的擴張，而秦在晉之西，將來晉國必定也要侵占秦國領土。這是說晉國雖然在目前是為了得到鄭國，但是它也有吞併秦國的野心，它更遠的目的是兼有天下，其危害是非常大的。

● 事件背景

　　秦、晉圍鄭發生在僖公三十年（西元前630年），導致事情發生的原因有兩點。其一，鄭國曾兩次得罪晉國，一是晉文公當年逃亡路過鄭國時，鄭國沒有以禮相待；二是西元前632年晉楚之戰中，鄭國出兵助楚國，結果城濮之戰以楚國失敗告終，後鄭國雖然隨即派人出使晉國，與晉結好，但最終沒有感化晉國。其二，秦、晉兩國聯合攻鄭國，是因為秦、晉都要爭奪霸權，均需要向外擴張，晉國發動對鄭國的戰爭，自然要尋找這樣得力的夥伴，秦、晉歷史上關係一直很好，所以秦、晉聯合也就成為自然的事了。

第七節

使用智謀戰勝敵人

墨子伐謀救宋國

墨子（西元前468─前376年），名翟，春秋末戰國初期宋國（今河南商丘）人，一說魯國（今山東滕州）人，是戰國時期著名的思想家、教育家、科學家、軍事家、社會活動家，墨家學派的創始人，並有《墨子》一書傳世。

公輸般（魯班）是春秋時期的能工巧匠，他發明了專門用於攻城的雲梯，楚王想藉助它來攻打宋國。墨子聽到消息後非常著急，他馬上安排大弟子禽滑釐帶領三百名精壯弟子，幫助宋國守城，自己則趕往楚國。

墨子見到楚王後問楚王：「現在有一個人，不要自己的彩飾馬車，卻想偷鄰居的破車子；不要自己的華麗衣裳，卻想偷鄰居的粗布衣，這是個什麼人呢？」楚王不假思索地答道：「這個人一定有偷竊病吧！」墨子趁機對楚王說：「楚國方圓五千里，土地富饒，物產豐富；而宋國疆域狹窄，資源貧困，兩相對比，正如彩車與破車、錦繡與破衣。大王攻打宋國，與那位生病之人有什麼不同呢？」

楚王理屈詞窮，藉公輸般已造好攻城器械為由，拒絕放棄攻宋的計劃。墨子說：「雲梯固然可以攻城，但成敗與否還很難說。不信，請讓我與公輸般先生比試一下。」楚王答應後，墨子就用腰帶模擬城牆，以木片表示各種器械，與公輸般演習各種攻守戰陣。公輸般組織了九次進攻，結果九次均被墨子擊破。公輸般攻城器械用盡，墨子守城器械還有剩餘。

公輸盤技窮了，但他說：「我知道怎麼對付你，可是我不說。」

墨子也說：「我也知道你要怎麼對付我，可是我也不說。」

楚王問這是怎麼回事。

墨子說：「公輸般的意思，只不過是想要殺死我。可是我的學生禽滑釐等三百人已經拿著我的防守器械，在宋國城上等待楚軍來進攻了。即使殺了我，也不能殺盡保衛宋國的人。」

這番話徹底打消了楚王攻宋的念頭，楚王知道取勝無望，被迫放棄了攻打宋國的計劃。墨子憑智謀制止了一場以強凌弱的戰爭。

墨子止楚攻宋

墨子救宋的故事，是墨子憑藉勇敢與智慧成功制止大國進犯小國的著名案例之一，是墨家學派「兼愛，非攻」思想主張的具體實踐，也展現了孫子「不戰而屈人之兵」的軍事思想。

● 墨子其人

墨子是歷史上唯一一個農民出身的哲學家，他是墨家創始人。墨家學派的主要思想為兼愛、非攻、尚賢、尚同、節用、節葬、非樂、天志、明鬼、非命等項，以兼愛為核心，以節用、尚賢為支點。

墨子精通手工技藝，可與當時的巧匠公輸般相比。墨子擅長防守城池，據說他製作守城器械的本領比公輸班還要高明。墨子一生的活動主要在兩方面：一是廣收弟子，積極宣傳自己的學說；二是不遺餘力地反對兼併戰爭。

公輸般是春秋時期的能工巧匠，他發明了專門用於攻城的雲梯，楚王想藉助它來攻打宋國。墨子來到楚國，先說得楚王理屈詞窮，然後和公輸般模擬攻守。公輸般組織了九次進攻，結果九次均被墨子擊破。公輸般攻城器械用盡，墨子守城器械還有剩餘。最終，墨子憑智謀制止了一場以強凌弱的戰爭。

● 雲梯

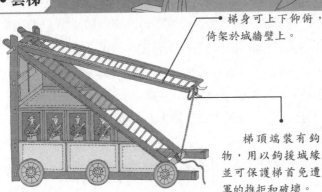

梯身可上下仰俯，倚架於城牆壁上。

梯頂端裝有鉤狀物，用以鉤援城緣，並可保護梯首免遭守軍的推拒和破壞。

雲梯是中國古代戰爭中用以攀登城牆的攻城器械。《淮南子·兵略訓》許慎注說：「雲梯可依雲而立，所以瞰敵之城中。」故登高偵察敵情，是雲梯的另一功用。一般認為，雲梯的發明者是春秋時期的魯國巧匠公輸般。

第八節

伐謀、伐交、伐兵的綜合應用

鳴條之戰

鳴條之戰是中國古代透過「伐謀」、「伐交」、「伐兵」、「用間」達到戰爭速勝的最早的成功戰例,對於後世戰爭的發展、軍事理論的構築,都產生了深遠的影響。

夏桀是著名的暴君,他在位時對民眾及所屬各國、部落進行殘酷地壓榨奴役,引起了民眾普遍的憎恨與反對。

商湯看到夏王朝的統治,就積極謀劃攻夏立國的計劃。在這個過程中,商湯充分運用「伐謀」、「伐交」、「伐兵」、「用間」的策略,為最終滅夏奠定基礎。

在政治上,商湯積極展開揭露夏桀暴政罪行的攻勢,爭取民眾和所屬國的支持,為戰爭的勝利做好政治準備。

在軍事上,商湯採取先弱後強、斷其羽翼的策略,起兵逐個消滅了夏的屬國,以此孤立夏,達到削弱夏朝實力的目的。

同時,商湯派遣伊尹充當間諜,進入夏都,查明夏王朝的內部情況,做到知己知彼。商湯最終掌握了夏王朝「上下相疾,民心積怨」的狀況。

在完成對夏桀的戰略包圍後,商湯對最後決戰仍持十分慎重的態度。他決定採取抗貢(不給桀送貢品)的手段,看看夏桀的軍力和號召力還有多大。在商湯第一次停止向夏桀納貢的時候,夏桀震怒,立即調九夷之兵伐湯。商湯認為夏桀還有號召力,不宜作戰,於是趕快賠禮道歉,補送更加優厚的貢品,以息桀怒。不久傳來了夏桀誅殺重臣、眾叛親離的消息,商湯乃再行停止向夏桀納貢。夏桀又想調九夷之兵伐湯,但這一次九夷不聽調動了,最後只徵集了三夷之兵伐湯。此時,商湯方才認為伐桀的時機已完全成熟,於是果斷下令起兵。

大約在西元前1600年,商湯正式興兵伐夏。雙方在鳴條(今山西運城夏縣之西,一說在河南封丘東)一帶展開戰略決戰。在決戰中,商湯軍隊奮勇作戰,一舉擊敗了夏桀的主力部隊。夏桀率少數殘部倉皇逃奔南巢(今安徽巢湖),不久病死在那裏,夏王朝宣告滅亡。

商湯滅夏

鳴條之戰是大約西元前1600年商湯在鳴條滅夏朝的戰爭，是影響中國的經典之役，古籍上多有記載。如《尚書‧序》說：「湯與桀戰於鳴條之野，作湯誓。」此戰對後世戰爭的發展、軍事理論的構築，都產生了深遠的影響。

● 商湯為滅夏所做的準備

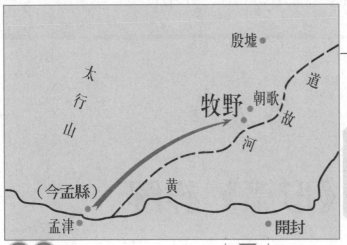

夏桀與商湯軍隊在鳴條一帶展開戰略決戰。在決戰中，商湯軍隊奮勇作戰，一舉擊敗了夏桀的主力部隊。

商湯滅夏的準備

用間

為了徹底查明夏王朝的內部情況，商湯大膽派遣伊尹數次打入夏王朝內部，充當間諜，掌握了夏王朝「上下相疾，民心積怨」的混亂狀況。做到知彼知己，然後有針對性實施自己的戰略方針。

伐謀

在完成對夏桀的戰略包圍後，商湯對最後決戰仍持十分慎重的態度，幾經試探和權衡方才作出決定。在夏桀的指揮棒完全失靈，九夷之師不起時，商湯才認為伐桀的時機完全成熟，於是果斷下令起兵。

伐兵

當時夏王朝總體力量仍然大於商部族。在這種情況下，商湯不馬上正面進攻夏王朝，而採取先弱後強、斷其羽翼的正確方針，為最後決戰創造條件。他以替童子復仇的名義起兵滅葛。繼而他又集中兵力逐次滅亡了韋、顧，並攻滅夏桀最後一個支柱，即實力較強的昆吾。這樣商湯就完成了對夏桀的戰略包圍，打通了最後滅桀的道路。

伐交

商湯積極展開揭露夏桀暴政罪行的攻勢，爭取民眾和所屬國的支持，為戰爭的勝利做好政治準備。

● 戰爭背景

夏桀驕奢淫逸，寵用嬖臣，對民眾及所屬各國部落進行殘酷的壓榨奴役，引起民眾普遍的憎恨與反對。夏桀把自己比作太陽，說：「天上有太陽，正像百姓有我一樣，太陽會滅亡嗎？太陽滅亡，我才會滅亡。」民眾憤慨地詛咒他：「時日曷喪？予及汝偕亡！」這表明夏的統治風雨飄搖，已經走到了歷史的盡頭。

在這樣的歷史背景下，商湯制定了滅夏的戰略方針，並最終攻克夏邑，建立商朝。

第五章

《形篇》詳解

　　《形篇》之「形」，就是形體之意，在軍事上就表現為兵力數量的多少、軍隊戰鬥力的強弱和軍事素質的優劣。全篇以不打無把握之仗為中心，主要論述戰略防禦及由防禦轉入進攻所必須具備的軍事實力。

　　「先為不可勝，以待敵之可勝」一句為全篇的主旨，其關鍵全在修道保法。至於如何修道，怎樣保法，《計篇》已有提示。孫子之所以繼《謀攻篇》之後又專門說明，是因為外交需以武力為後盾，平時能夠發展強大的軍事實力至為重要。孫子叫人先求自保，次圖全勝，其精義入神之處，全在求己，而不把希望寄托在敵人身上。人們無論平時治軍，還是戰時用兵，如果能恪守孫子所示，雖然不能保證獲得全勝，但肯定能夠免於大敗。

圖版目錄

形　篇

【原文】孫子曰：昔之善戰者，先為不可勝，以待敵之可勝。不可勝在己，可勝在敵。故善戰者，能為不可勝，不能使敵之可勝。故曰：勝可知，而不可為。

不可勝者，守也；可勝者，攻也。守則不足，攻則有餘。善守者，藏於九地之下；善攻者，動於九天之上，故能自保而全勝也。

見勝不過眾人之所知，非善之善者也；戰勝而天下曰善，非善之善者也。故舉秋毫不為多力，見日月不為明目，聞雷霆不為聰耳。古之所謂善戰者，勝於易勝者也。故善戰者之勝也，無智名，無勇功。故其戰勝不忒，不忒者，其所措必勝，勝已敗者也。故善戰者，立於不敗之地，而不失敵之敗也。是故勝兵先勝而後求戰，敗兵先戰而後求勝。善用兵者，修道而保法，故能為勝敗之政。

兵法：一曰度，二曰量，三曰數，四曰稱，五曰勝。地生度，度生量，量生數，數生稱，稱生勝。故勝兵若以鎰稱銖，敗兵若以銖稱鎰。勝者之戰民也，若決積水於千仞之溪者，形也。

【譯文】孫子說：從前善於打仗的人，總是先創造條件使自己立於不敗之地，然後捕捉戰機戰勝敵人。做到不可戰勝，就會掌握戰爭的主動權；等敵人出現空隙，就乘機擊破它。因而，善於作戰的人，能夠創造不被敵人戰勝的條件，不一定使敵人被我戰勝。所以說：勝利可以預測，但不可強求。

若要不被敵人戰勝，就先要做好防守工作；能戰勝敵人，就要進攻。採取防守，是因為條件不充分；進攻敵人，是因為時機成熟。所以善於防禦的人，隱蔽自己的軍隊如同深藏在地下；善於進攻的人，如同神兵自九天而降，攻敵措手不及。這樣，既保全了自己，又能獲得全面的勝利。

預見勝利不超過一般人的見識，不算高明中最高明的。打敗敵人而普天下都說好，也不算是高明中最高明的。這就好像舉起秋毫不算力大，看見太陽、月亮不算眼明，聽見雷霆不算耳聰一樣。古代善於作戰的人，總是戰勝容易戰勝的敵人。因此，善於打仗的人打了勝仗，既沒有卓越的智慧，也沒有勇武的名聲。他們進行戰爭的勝利不會有差錯，之所以不會出現差錯，是因為他們作戰的措施建立在必勝的基礎上，是戰勝了在氣勢上已失敗的敵人。善於作戰的人，總是使自己立於不敗之

地，而不放過進攻敵人的機會。因此，勝利之師是先具備必勝的條件然後再交戰，失敗之軍總是先同敵人交戰，然後企圖從苦戰中僥倖取勝。善於用兵的人，必須修明政治，確保法制，這樣就能夠主宰戰爭勝負的命運。

兵法上有五項原則：一是度，二是量，三是數，四是稱，五是勝。度產生於土地的廣狹，土地幅員廣闊與否決定物資的多少，軍賦的多寡決定兵員的數量，兵員的數量決定部隊的戰鬥力，部隊的戰鬥力決定勝負的不同。所以勝利之師如同以鎰對銖，是以強大的軍事實力攻擊弱小的敵人；而敗軍之師如同以銖對鎰，是以弱小的軍事實力對抗強大的敵方。高明的指揮將領領兵作戰，就像在萬丈懸崖決開山澗的積水一樣，這就是軍事實力中的「形」。

第一節

先為不可勝，以待敵之可勝

先自保而後求勝

> 孫子曰：昔之善戰者，先為不可勝，以待敵之可勝。不可勝在己，可勝在敵。故善戰者，能為不可勝，不能使敵之可勝。故曰：勝可知，而不可為。

先為不可勝

「先為不可勝」，是指先做到自己不被別人戰勝。在戰爭中，我們必須努力做好自己這一面的工作，不讓敵人有可乘之機。這需要我方除了做好軍事準備之外，在內政、外交、輿論宣傳、經貿政策等方面都要做足準備，實際上包括治理國家的所有方面。儒家說「天時不如地利，地利不如人和」，強調「仁者無敵」，這是很有道理的。但是，仁政只是一方面，屬於理想狀態。軍事實力作為後盾，也是保證國家安全的重要力量。

以待敵之可勝

「以待敵之可勝」，是指等待時機戰勝敵人。這裏最關鍵的一個字就是「待」。中國人做事喜歡講「待」。孔子說「待價而沽」，莊子也講世間萬物皆「有所待」，孟子主張「雖有鎡基，不如待時」。這些都是說要耐心等待條件的成熟，等待時機的到來。這裏講「待」，並非無所事事一味等待，而是先要調查、分析清楚當前的各種情況，如此才能知道什麼是成熟的條件和正確的時機。

在戰爭中，人們最容易犯兩個錯誤，其一便是急躁，耐不得長久的等待，總是希望畢其功於一役，結果反倒是欲速則不達；其二就是驕傲，不能冷靜分析敵我雙方的真正實力對比，打了一場小勝仗就得意忘形，看不清自己真正的分量。「二戰」時德國進攻蘇聯、日本進攻珍珠港，都是犯了這兩種錯誤。敵不可勝，貿然攻之，焉能不敗？

當然，在時機真正到來的時候，如果不及時抓住，同樣也是很大的錯誤。吳越爭戰時，范蠡曾這樣勸說勾踐：「得時無怠，時不再來，天予不取，反為之災。」於是越王抓住最好的機會打敗了吳軍。是否能夠抓住機會出擊，是一個將帥能否成為名將的試金石。如果不能拿捏好其中的分寸，將會付出慘重的代價。

先為不可勝：防守

　　孫子在本篇提出了一個重要的作戰指導思想，即「勝兵先勝而後求戰，敗兵先戰而後求勝」。他反對僥倖求勝、魯莽滅敵的作戰指導，明確地提出「不打則已，打則必勝」這樣一種不打無把握之仗的思想。

● 防守的好處

楚

不 可 勝 在 己

　　知彼與知己二者比較，當然知己容易知彼難。自己能夠充分掌握己方的兵力、地形等各方面條件，因而有把握、有條件作出正確的防禦部署。

守 則 有 餘

　　攻與防所用兵力的比例大致是2：1。這是因為防禦的一方有工事可以依托，有良好的陣地可以阻遏敵人進攻，俗語所謂「一夫當關，萬夫莫開」。所以，同樣的兵力用於防禦，還有富餘。

地 位 主 動

　　孫子說：「先為不可勝，以待敵之可勝。」「以待」二字說的就是待機的意思。由於防禦者處於主動的進攻地位，而進攻者處於被動的地位，防禦者可以從容地觀察進攻者的部署和行動，然後趁機予以打擊。

● 守城器械——夜叉擂

　　夜叉擂這種武器通常以直徑1尺、長1丈多的濕榆木為滾柱，周圍密釘「逆鬚釘」，釘頭露出木面5寸，滾木兩端安設直徑2尺的輪子，繫以鐵索，連接絞車上。當敵兵聚集城腳時，投入敵群中，絞動絞車可將敵人碾壓致死。

作戰的兩種基本形式

攻與守

> 不可勝者，守也；可勝者，攻也。守則不足，攻則有餘。善守者，藏於九地之下；善攻者，動於九天之上，故能自保而全勝也。

攻與守是戰爭的兩種基本形式，孫子說：「不可勝者，守也；可勝者，攻也。守則不足，攻則有餘。」意思是說，若要不被敵人戰勝，就先要做好防守工作；能戰勝敵人，就要進攻。採取防守是由於取勝的條件不足，採取進攻是由於取勝的條件有餘。善於運用攻、守兩種作戰形式，就「能自保而全勝」，達到保存自己、獲得勝利的目的。

孫子說：「善守者，藏於九地之下（如同藏在很深的地下）；善攻者，動於九天之上（如同神兵自九天而降）。」他又在《虛實篇》中講：「故善攻者，敵不知其所守；善守者，敵不知其所攻。」孫子認為，攻守要著眼於迷惑對方造成錯覺。進攻時，變化無常，使敵人不知道怎樣防守好；防禦時，隱祕莫測，使敵人不知道怎樣進攻好。

防禦只是「自保」的作戰形式，要取得消滅敵人的勝利，還必須採取進攻的作戰形式，所謂「可勝者，攻也」。在本篇中，孫子提出「勝於易勝」的指導原則，進一步完善了「全勝」的戰略思想。「勝於易勝」就是在容易取勝的條件下與敵人作戰，打那些好打的敵人，這樣打起仗來就像石頭砸雞蛋一樣容易。他說：「見勝不過眾人之所知，非善之善者也；戰勝而天下曰善，非善之善者也。」預見勝利不超過一般人的見識，不算高明中最高明的；打敗敵人而普天下都說好，也不算是高明中最高明的。那麼怎樣的勝利才是他所企求的標準呢？那就是：「無智名，無勇功。故其戰勝不忒，不忒者，其所措必勝，勝已敗者也。」所以，要做到「勝於易勝」，將帥應該採取各種措施，「修道而保法」——修明政治，確保法制——從各方面修治「不可勝」之道，掌握戰爭的主動權，從而做到「能為勝敗之政」。

勝於易勝

「勝於易勝」，不是主觀隨意想像所能實現的，必須有具體的措施。孫子提到了「修道而保法」。從這裏也可看出孫子對於修明政治、確保法治是十分重視的。

● 勝於易勝

「勝於易勝」就是打好打的敵人。在容易取勝的條件下同敵人作戰，打起仗來就會像石頭砸雞蛋一樣容易。孫子認為，善於指揮作戰的人，之所以「戰勝不忒」，是因為建立在必勝的基礎上，打的是已經處於失敗的敵人（勝已敗者也）。要做到「勝於易勝」，就要依靠將帥充分發揮能動作用，採取各種措施，使自己「立於不敗之地」，做到「先勝而後求戰」。

勝於易勝

● 古代善守和善攻的將領

常遇春

常遇春是明朝開國名將。元順帝至正十五年歸附朱元璋，自請為前鋒，力戰克敵，嘗自言能將十萬眾，橫行天下，軍中稱「常十萬」。

常遇春戎馬生涯的最大特點就是勇猛敢戰。至正十五年（1355年）六月，常遇春投奔朱元璋不久，朱元璋即率軍渡江南下。在著名的采石磯戰役中，面對著元朝水軍的嚴密防守，常遇春乘一小船在激流中冒著亂箭揮戈勇進，縱身登岸，衝入敵陣，左右衝突如入無人之境，朱元璋隨即揮軍登岸，元軍紛紛潰退。朱元璋乘勝率軍攻占太平。

張巡

張巡是「安史之亂」時期著名的英雄。他從小就聰敏好學，博覽群書，為文不打草稿，落筆成章，長成後有才幹，講氣節，傾財好施，扶危濟困。

至德二年（757年），安慶緒派部將尹子琦率十三萬精銳軍南下攻打江淮屏障——睢陽（今河南商丘睢陽區），張巡和許遠等數千人，在內無糧草、外無援兵的情況下死守睢陽，殺傷敵軍數萬，並堅守到至德二年（757年）十月，有效阻遏了叛軍南犯之勢、遮蔽了江淮，但終究寡不敵眾，最後英勇就義。

第三節

實力決定勝負

兵法的五項原則

兵法：一曰度，二曰量，三曰數，四曰稱，五曰勝。地生度，度生量，量生數，數生稱，稱生勝。故勝兵若以鎰稱銖，敗兵若以銖稱鎰。勝者之戰民也，若決積水於千仞之谿者，形也。

　　孫子在《形篇》的最後把數量分析引進到軍事領域之中，提出了十分重要的戰鬥力計算問題。他認為，「地生度，度生量，量生數，數生稱，稱生勝」，軍隊的戰鬥力可以按照度、量、數、稱、勝依次進行計算。由戰地地形的險易、廣狹等情況，可以判斷出地形，也就是「度」；由戰地地形可以判斷出戰場容量的大小，也就是「量」；由戰場的容量可以判斷雙方可能投入兵力數量的多少，也就是「數」；根據敵對雙方可能投入兵力的數量進行衡量對比，也就是「稱」；由雙方兵力的對比判斷作戰的勝負，這就是「勝」。

　　孫子如此周密的戰術計算，是與當時生產力的發展水平相一致的。據《左傳·昭公三十二年》載：晉國的士彌牟修築成固城，他對整個工程溝渠的深度、用土的數量、運輸的遠近、需用的人工及所要消耗的糧食數量等，進行了精確的計算，使得工程在三十天內如期完成。由此可以看出當時對數學的運用已有較高的水平，這也必然反映在戰爭上。成書於戰國的《管子》，就大量地論述了數學計算在軍事上的運用。到了戰國時代，兵學家們對於戰術計算更加重視。《六韜》中所談到「法算」這一職掌，就是專門進行戰術計算的參謀人員。

　　孫子把力量對比建立在科學計算的基礎上，而且他要求這種強弱對比要如同「以鎰稱銖」那樣占有絕對優勢。因此，這樣優勢的兵力一旦向敵發起進攻，就如同萬丈懸崖蓄積的水一樣，一經決開，奔騰而下，不可抵禦。

　　正如陳皞在注釋中所說，按照孫子的觀點去指導戰爭，可以做到「籌不虛運，策不徒發」。每戰都仔細計劃，慎重行動，沒有十分把握絕不貿然用兵，自能戰必勝，攻必克。

實力決定勝負

　　孫子提出了兵法的五個原則：地域面積、物質資源、出兵數量、兵力強弱、最後的勝利。這五個原則相互關聯，共同決定了戰爭的勝負。

● 實力的強弱對比

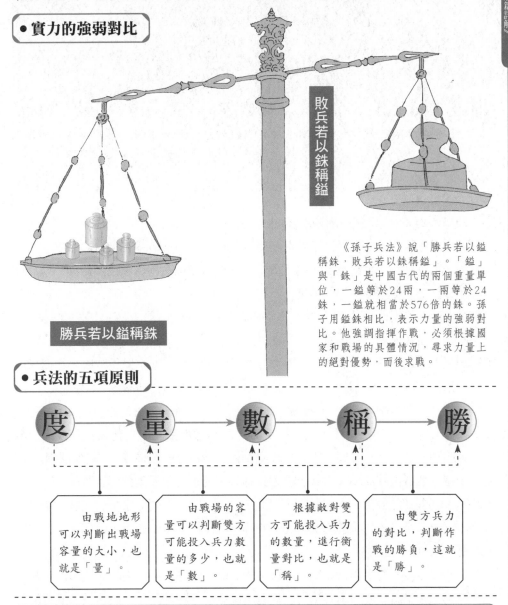

敗兵若以銖稱鎰

勝兵若以鎰稱銖

　　《孫子兵法》說「勝兵若以鎰稱銖，敗兵若以銖稱鎰」。「鎰」與「銖」是中國古代的兩個重量單位，一鎰等於24兩，一兩等於24銖，一鎰就相當於576倍的銖。孫子用鎰銖相比，表示力量的強弱對比。他強調指揮作戰，必須根據國家和戰場的具體情況，尋求力量上的絕對優勢，而後求戰。

● 兵法的五項原則

度 → 量 → 數 → 稱 → 勝

度	量	數	稱	勝
由戰地地形可以判斷出戰場容量的大小，也就是「量」。	由戰場的容量可以判斷雙方可能投入兵力數量的多少，也就是「數」。	根據敵對雙方可能投入兵力的數量，進行衡量對比，也就是「稱」。	由雙方兵力的對比，判斷作戰的勝負，這就是「勝」。

　　孫子把力量對比建立在科學的基礎上，而且他要求這種強弱對比要如同「以鎰稱銖」那樣占有絕對優勢。因此，占絕對優勢的兵力一旦向敵發起進攻，就如同蓄積於高山之水，一經決開，奔騰而下，莫可抵禦。

　　按照孫子這樣去指導戰爭，就如同陳皞在注釋中所說的，可以做到「籌不虛運，策不徒發」。每戰都仔細計劃，慎重行動，沒有十分把握絕不貿然用兵，自能戰必勝，攻必克。

第四節

先為不可勝，以待敵之可勝

鎮南關大捷

鎮南關大戰是中法戰爭中清軍在廣西鎮南關（今友誼關）大敗法國侵略軍的一次戰鬥。法國艦隊在全殲南洋水師之後轉而進攻臺灣，騷擾浙江鎮海，形勢對中國不利。老將馮子材在鎮南關重創法軍，保護了中國的領土完整。

1885年2月，法軍集中兩個旅團約萬人的兵力向諒山清軍發動進攻。清政府任命賦閒在家年近七旬的老將馮子材幫辦廣西軍務，領導鎮南關前線的抗法戰爭。

馮子材赴任後，仔細偵察了當地的情況。根據當前敵情和鎮南關周圍的地形條件，馮子材選定關前隘為預設戰場。

關前隘在鎮南關內約4公里處，東西兩面高山夾峙，中間為寬約1公里的隘口。馮子材命令部隊在關前隘築起一道長1.5公里、高2公尺多、寬1公尺多的土石牆，橫跨東西兩嶺之間，牆外挖掘1米多深的塹壕，東西嶺上修築堡壘數座，從而形成一個較為完整的山地防禦體系。在兵力部署上，前線兵力約60餘營，3萬餘人。

一切準備就緒後，為了打亂法軍的進犯計劃，馮子材決定先發制人。3月21日，馮子材率部出關夜襲法軍占據的文淵，擊毀敵炮臺兩座、斃傷法軍多人，取得較大勝利。法軍惱羞成怒，不等援軍趕到便對清軍發動了進攻。法軍沿東嶺、西嶺、中路谷地猛撲關前隘。當敵人逼近長牆時，馮子材率領兩個兒子躍出長牆，衝入敵陣。全軍為之振奮，一齊湧出，與敵人白刃格鬥，戰鬥異常慘烈。戰至中午，中路法軍敗退。馮子材乘勝追擊，連破文淵、諒山，殲敵千餘人，重傷法軍指揮官尼格里，取得重大勝利。

鎮南關之戰，是中國近代反侵略戰爭史上戰果顯赫的戰役之一。老將馮子材身先士卒，並顯示出高超的用兵藝術。他首先堅固防禦陣地待敵，而後轉入反攻的作戰方針，並採用主動出擊、陣前伏擊、連續追擊等靈活有效的戰術，始終掌握著戰場主動權，此役在中國戰爭史上占有重要地位。

鎮南關大捷

　　鎮南關—諒山大捷是中法戰爭中的最後一次戰役。老將馮子材憑藉高超的指揮藝術，在廣大將士和民眾的支持下，重創法軍。鎮南關大捷在中外近代歷史上都產生了巨大的影響。

● 先為不可勝，以待敵之可勝

1 先為不可勝

　　關前臨東西兩面高山夾峙，地勢險要，易守難攻。馮子材命令部隊在關前隘築起一道長1.5公里、高2米多、寬1米多的土石長牆，橫跨東西兩嶺之間，牆外挖掘1米多深的塹壕，東西嶺上修築堡壘數座，從而形成一個較為完整的山地防禦體系。在兵力配置上，馮子材把士氣高、戰鬥力強的軍隊放在主陣地上。

2 以待敵之可勝

　　做好防禦工作之後，馮子材主動出擊文淵，取得較大勝利，使得法軍惱羞成怒，不等援軍趕到，倉促對清軍發動了進攻。當敵人逼近長牆時，馮子材率領兩個兒子躍出長牆，衝入敵陣。全軍為之振奮，一齊湧出，與敵人白刃格鬥，戰鬥異常慘烈。戰至中午，中路法軍敗退，清軍取得重大勝利。

戰爭背景

　　1883年，法國進攻越南，強迫越南訂立《順化條約》，意使越南脫離中國的藩屬，越南的外交事務由法國掌管。此舉引起清朝政府的不滿，慈禧太后下詔向越南派兵，中法戰爭開始。

　　1883年12月，清軍在越南北部失敗，受此影響，後來廣西前線的清軍軍心渙散，全線瓦解，法國趁勢占領鎮南關。當時形勢對清朝相當不利，此時馮子材應兩廣總督張樹聲的邀請督辦廣東高、雷、欽、廉四府團練，參加抗法戰爭。

┤知識鏈接├

馮子材

馮 子 材 其 人

　　馮子材（1818—1903），晚清抗法名將。字南幹，號萃亭，漢族，廣西欽州人。咸豐年間從向榮、張國樑鎮壓太平軍，同治間累擢廣西提督。中法戰起，起用為廣西關外軍務幫辦，大敗法軍於鎮南關，攻克文淵、諒山，重創法軍司令尼格里，授雲南提督。甲午戰爭間奉調駐守鎮江。馮子材治軍四十餘年，寒素如故。卒諡勇毅。

第五節

創造條件，尋機制勝

伍子胥疲楚敗楚

在戰場上，很多時候敵人的兵力、物力往往要強於己方。孫子認為，在這種情況下，首先要積極創造條件，積蓄作戰實力，這是戰勝敵人的客觀基礎，然後，在這個基礎上，尋找戰機，以弱制強。

春秋時期，吳國在大將孫子、大夫伍子胥的輔佐下，國力大增。西元前512年，吳王闔閭認為可以攻打楚國了，於是召集孫子、伍子胥共議出兵大事。

孫子道：「大王要遠征楚國，時機尚不成熟。楚國地大物博、兵多將廣，而我們吳國是個小國，人口少，資源也不夠富足，要想打敗楚國，還需要幾年的準備。」

伍子胥在同意孫子意見的同時，又提出了一個「疲楚」的妙計：把吳國的士兵分為三軍，輪流襲擾楚國的邊境，這樣，吳國的軍隊可以得到充分的休整，而使楚國的軍隊疲於奔命，勞苦不堪。

於是，闔閭開始實施伍子胥的「疲楚」計劃：派一支部隊襲擊楚國的六城和潛城，在楚國急急忙忙調兵援救潛城的時候，吳兵則已離開潛城攻破了六城。過了一些日子，吳兵又攻擊楚國的弦，楚國慌忙調兵奔走數百里援救弦，但是，援軍還沒有趕到弦，吳兵已撤退回國了。一連六年，吳國用此「疲楚」之計使楚國士卒疲於奔走，消耗了大量實力。

西元前506年，楚國令尹囊瓦攻打蔡國，蔡國聯合唐國向吳國求救，闔閭認為這是一個出兵攻楚的大好時機，再次召集伍子胥、孫子商議出兵之計。伍子胥和孫子一致同意闔閭的意見。這一年冬天，闔閭親自出征，傾全國的軍隊計六萬多人誓師伐楚。

楚軍連年奔走作戰，實在是「疲勞」已極。因此，吳軍長驅直入，迫近漢水方才遇到囊瓦的「阻擋」。決戰時刻，吳軍士氣旺盛，而楚軍戰戰兢兢，勉強應戰。雙方軍隊一接觸，楚軍就土崩瓦解，囊瓦率先逃走，吳軍乘勝追擊，然後渡過漢水，迅速攻占楚國都城郢，楚昭王跑快了一步，才沒有成為吳軍的俘虜。

創造條件，尋機制勝

在己方的兵力、物力不及敵方的時候，就要積極地創造條件，等到時機成熟就一舉出擊，戰勝敵人。伍子胥疲楚的戰例很好地詮釋了這種思想。

● 伍子胥疲楚

針對楚國執政者眾而不合，且互相推諉的弱點，伍子胥提出分吳軍為三部輪番擊楚，以誘楚全軍出戰，彼出則歸，彼歸則出。

待楚軍疲敝，再大舉進攻。此後數年間，吳軍連年擾楚，迫楚軍被動應戰，疲於奔命，實力大為削弱。

隨後，吳國展開大舉攻楚的準備，爭取與楚有矛盾的蔡、唐兩國作為吳的盟國。西元前506年，楚國令尹囊瓦攻打蔡國，蔡國聯合唐國向吳求救。闔閭親自出征，傾全國的軍隊計六萬多人誓師伐楚。楚軍連年奔走作戰，實在是「疲勞」已極。吳軍趁機長驅直入，打敗楚軍。

┤知識鏈接├ ←

伍子胥（？—前484年），名員，字子胥，春秋時楚國人。

伍子胥出生於楚國貴族家庭，史書稱他「少好於文，長習於武」，有「文治邦國，武定天下」之才。伍子胥的父親伍奢和哥哥伍尚被楚平王殺害，伍子胥逃到吳國，成為吳王闔閭的重臣。

伍子胥具有雄才大略，又深得吳王闔閭信任。為使吳國能內可守禦，外可應敵，他建議吳王闔閭「先立城郭，設守備，實倉廩，治兵革」。

西元前506年，吳王親率伍子胥、孫子攻下楚國都城郢。伍子胥掘楚平王墓，鞭屍三百，報得殺父兄之仇。伍子胥幫助吳王西破強楚，北威齊晉，南服越人，吳國國力達到了鼎盛之勢。

第六節

善守者，藏於九地之下

袁崇煥築城禦金兵

《形篇》中論述的「善守者，藏於九地之下」這種自保而全勝的法則，自古亦為兵家、商家所借鑑。如明朝後期，袁崇煥築城禦金兵就是恰到好處用此兵法的一例。

明朝後期，後金在努爾哈赤的統領下，國力日益增強，軍隊能征善戰。努爾哈赤看到明王朝統治日益腐朽，邊防日益廢弛，一再向明發動進攻，並一直打到山海關。

袁崇煥到山海關上任後，經過詳細了解、分析，認為應在山海關外八里設重關，採取堅守關外、保衛關內的方針。但此舉遭到朝廷一些人的反對，袁崇煥只得撤除關外大部防線，僅留下寧遠這最後一道防線。努爾哈赤聽說朝廷撤除了關外的大部駐軍，滿心歡喜。1626年1月14日，努爾哈赤率十三萬精兵，浩浩蕩蕩直奔山海關，進逼寧遠。當時寧遠守軍只有一萬餘人，袁崇煥決定採取堅壁清野的方法，把自己的兵力深深地隱藏於城內，不讓努爾哈赤知道寧遠城內兵力的底細。為鼓舞士氣，袁崇煥又刺血為書，表示自己與寧遠共存亡。在他的帶領下，全城軍民上下齊心，誓死保衛寧遠。

第一天，金兵來攻城，袁崇煥下令城中官兵只許在城牆上還擊，不得出城作戰。第二天，努爾哈赤重新調整隊伍，選拔高大強壯的士兵披著鐵甲，頂著盾牌，分幾十處進攻寧遠。袁崇煥指揮士兵沉著鎮定，等努爾哈赤的軍隊快到城下時，他一聲令下，城上將士一齊開炮，致使對方死傷過半，陣腳大亂，努爾哈赤亦受重傷。努爾哈赤懼怕袁崇煥採取其他計策，於是下令撤軍。袁崇煥率領明軍將士殺出城去，一直追殺金兵三十里，殲敵一萬多人，然後得勝回城。

袁崇煥之所以打了勝仗，主要因為是他在敵我條件懸殊的情況下，將所有的將士深深地隱藏在城內，讓金兵不知底細。否則，如果知道寧遠只有一萬餘人的話，努爾哈赤決不會收兵。當清兵撤退、陣腳大亂時，袁崇煥又抓住機會，讓全城將士傾城而出，造成百萬雄師從天而降的假象，狠狠地打擊金兵。

袁崇煥守寧遠

　　《孫子兵法》說：「善守者，藏於九地之下。」就是說，善於防禦的人，隱蔽自己的軍隊如同深藏在地下。在寧遠之戰中，袁崇煥就深深隱藏了己方的兵力情況，讓金兵不知底細。

● 善守者，藏於九地之下

▶ 袁崇煥取得勝利的原因

1　　袁崇煥把自己的兵力深深地隱藏於城內，不讓努爾哈赤知道寧遠城內兵力的底細。否則，如果知道寧遠只有一萬餘人的話，努爾哈赤決不會收兵。

2　　袁崇煥刺血為書，表示自己與寧遠共存亡，極大地鼓舞了將士的士氣。在他的帶領下，全城軍民上下齊心，誓死保衛寧遠。

3　　當清兵撤退、陣腳大亂時，袁又抓住機會率領明軍將士殺出城去，造成百萬雄師從天而降的假象，狠狠地打擊金兵。

袁崇煥

袁崇煥，字元素，號自如。萬曆四十七年（1619年）中進士。明末著名政治人物、文官將領。天啟年間單騎出關，考察形勢，還京後自請守遼。築寧遠等城，多次打退後金軍的進攻。授遼東巡撫。崇禎初年，被任為兵部尚書，督師薊、遼。崇禎二年，後金軍進圍北京，他星夜馳援，後金設反間計，謂與袁有密約。崇禎帝下令捕之，以誅殺毛文龍、己巳之變護衛不力以及擅自與後金議和等罪名正法。也有人認為，清乾隆大興「文字獄」，清政府為貶損明朝君臣，杜撰了皇太極以「反間計」構陷袁崇煥的故事，對此史學界至今爭議頗大。

第六章

《勢篇》詳解

　　本篇「勢」字，是指戰勢。第二段裏有「戰勢不過奇正」的話。所以劉邦驥說：「奇正二字，即勢之確詁。」根據以上解釋，「勢篇」的意思，即論奇正的變化。

　　本篇以「戰勢不過奇正」一句為主，其餘都是借物明意，推演第一篇「因利而制權」和十二種「詭道」之意。「詭道」有二：一為「奇正」，一為「虛實」。孫子在下一篇會專門說明「虛實」。本篇專門闡明奇正的變化無窮，教人要活用奇正之術。篇中先取天地、江河、日月、四時和五聲、五色、五味的變化無窮，藉以比喻奇正相生，無窮無盡。然後以激水漂石、鷙鳥搏擊為喻，藉以說明勢險節短，動不可當，發必中的。最後，更取「轉圓石於千仞之山」為喻，用以證明「擇人而任勢」。

圖版目錄

勢 篇

【原文】孫子曰：凡治眾如治寡，分數是也；鬥眾如鬥寡，形名是也；三軍之眾，可使畢受敵而無敗者，奇正是也；兵之所加，如以碫投卵者，虛實是也。

凡戰者，以正合，以奇勝。故善出奇者，無窮如天地，不竭如江河。終而復始，日月是也；死而復生，四時是也。聲不過五，五聲之變，不可勝聽也；色不過五，五色之變，不可勝觀也；味不過五，五味之變，不可勝嘗也；戰勢不過奇正，奇正之變，不可勝窮也。奇正相生，如循環之無端，孰能窮之？

激水之疾，至於漂石者，勢也；鷙鳥之擊，至於毀折者，節也。是故善戰者，其勢險，其節短。勢如彍弩，節如發機。

紛紛紜紜，鬥亂而不可亂也；渾渾沌沌，形圓而不可敗也。亂生於治，怯生於勇，弱生於強。治亂，數也；勇怯，勢也；強弱，形也。故善動敵者，形之，敵必從之；予之，敵必取之。以利動之，以卒待之。

故善戰者，求之於勢，不責於人，故能擇人而任勢。任勢者，其戰人也，如轉木石。木石之性，安則靜，危則動，方則止，圓則行。故善戰人之勢，如轉圓石於千仞之山者，勢也。

【譯文】孫子說：管理兵員多的部隊和管理兵員少的部隊道理一樣，抓住編制員額不同這一特點即可；指揮大部隊作戰與指揮小分隊作戰的基本原理是一樣的，掌握部隊的建制規模及其相應的指揮號令就行了。統率三軍將士，能讓他們立於臨敵而不敗的地位，就在於巧用奇兵，變化戰術。進攻敵人如同以石擊卵，這是以實擊虛的效果。

一般作戰都是用正兵交戰，以奇兵取勝。因此，善於出奇兵的人，其戰法變化如同天地那樣無窮無盡，像江河一樣不會枯竭。終而復始，如同日月的運行；去而又回，像四季的更迭。樂聲不過五個音階，但其演奏的樂章卻變化無窮，聽不勝聽；顏色不過五種色素，可是五色的變化，就看不勝看；滋味不過五種，可五味的變化，更令人嘗不勝嘗；戰術不過奇正，但奇正的變化，卻是無窮無盡的。奇與正互相轉化，就像順著圓環旋繞，無始無終，沒有盡頭，又有誰能窮盡它呢？

湍急的流水飛快地奔瀉，以至於能沖走石頭，這便是「勢」；鷙鳥疾飛，搏

擊食物，這就是短促急迫的「節」。因而，善於作戰的人，他所造成的態勢是險峻的，發動攻勢的節奏是短促的。勢就像張滿待發的弓弩，節就是觸發的弩機。

旗幟交錯，人馬紜紜，要在混亂中作戰而使軍隊行陣不亂；混混沌沌，迷迷濛濛，行陣周密就不會打敗。在作戰中，混亂產生於整治，怯懦產生於勇敢，軟弱產生於剛強。嚴整與混亂，是由組織編制好壞決定的；勇敢與怯懦，是由勢態優劣造成的；強大與弱小，是由實力大小對比顯現的。因此，善於調動敵人的將帥，容易給敵人造成一種假象，敵人就會上當受騙；給敵人一點甜頭，敵人必然會貪利進攻。以小利引誘，用精銳的部隊來等待敵人進入圈套。

善於作戰的指揮官，總是從勢中尋找取勝的戰機，而不苛求部屬，因而他能恰當地選擇人才，巧妙地運用勢。善於運用勢的將帥，他指揮軍隊作戰，就像滾動木石一樣。木頭、石塊的特性，放在安穩平坦的地方就靜止，放在險陡傾斜的地方就滾動；方的容易靜止，圓的滾動靈活。所以，善於指揮作戰的將帥所造成的有利態勢，就像從千仞高山上滾下的圓石那樣，這就是所謂的「勢」！

用兵作戰必須掌握四個環節

分數、形名、奇正、虛實

孫子曰：凡治眾如治寡，分數是也；鬥眾如鬥寡，形名是也；三軍之眾，可使畢受敵而無敗者，奇正是也；兵之所加，如以碫投卵者，虛實是也。

「勢」，兵勢，就是根據一定作戰意圖而部署兵力，和掌握運用作戰方法所造成的一種客觀作戰態勢。《勢篇》是承接《形篇》而來。在《形篇》中，孫子講強弱，講如何能成為「勝兵」，使我方具有戰勝敵方的可能性。要想使這種可能性變成現實性，就必須具有一種不可阻擋的態勢。因此，在《形篇》之後，孫子緊接著就講「勢」。「形」和「勢」既有區別又有聯繫。孫子說：「強弱，形也。」所以「形」講的是強弱問題，而「勢」講的則是勇怯問題，孫子又明言：「勇怯，勢也。」如果一個軍隊既強且勇，如何能不百戰百勝？

在《勢篇》中，孫子首先提出了四個範疇：分數、形名、奇正、虛實。這四者的先後順序，不能隨意打亂。孫子認為，從指揮關係上說，分數（組織編制）是第一位，其次才是「形名」。杜牧認為，「形」指陣形，「名」指旌旗。所以說「形名」就是作戰隊形的排列之法。在冷兵器時代，作戰隊形的排列組合確實是一個關鍵問題。只有做到陣形嚴整有序，攻防兼備，機動性強，才能真正把《形篇》所計算的「稱勝」（優勢兵力）表現出來。孫子所謂「鬥眾始鬥寡，形名是也」，其意正如杜牧所注「戰百萬之兵，如戰一夫」。對付兵力多的敵人如同對付兵力少的敵人一樣。再次是「奇正」，也就是變換戰術和使用兵力，這是孫子在本篇所要論述的中心。最後是「虛實」，即避實擊虛的作戰指導，這是下一篇所要論述的問題。

總結起來，孫子的思想邏輯是，要取得勝利，首先軍隊必須有嚴格的編制；其次要有一個訓練有素、嚴肅整齊、善於機動的堂堂之陣；然後要有善於變換戰術的將領；最後是選定正確的主攻方向，從而實現戰爭的勝利。

分數和形名

　　孫子強調掌握有效發揮軍隊作戰力量的四個環節，即「分數」、「形名」、「奇正」、「虛實」。透過合理的編組，統一的指揮，奇正的配合，虛實的運用，發揮軍隊的整體實力，達到以實擊虛的必勝目的。

● 分數詳解

　　孫子所說的「分數」，即是軍隊的組織編制。據《周禮》記載，步兵每5名編為「伍」，由伍長指揮；5個「伍」編為「兩」，由「兩司馬」指揮；4個「兩」編為「卒」，由「卒長」指揮；5個「卒」編為「旅」，由「旅帥」指揮；5個「旅」編為「師」，由「師帥」指揮；5個「師」編為「軍」，由「軍將」指揮。由此算出，每個軍有12500人。

軍師旅卒兩伍

5個「師」
5個「旅」
5個「卒」
4個「兩」
5個「伍」
步兵5名

● 形名詳解

鉤形陣
性質：攻擊性軍陣
特色：正面是矩形陣，兩翼向後彎成鉤形，以保障翼側的安全。

箕形陣
性質：攻防兼備的軍陣
特色：是雁行陣的變形

　　孫子所說的「形名」，即是作戰隊形的陣法。陣法是古代冷兵器時代的一種戰鬥隊形的配置，具有重要的實戰意義。以戚繼光的「鴛鴦陣」為例，此陣以12人為最基本的戰鬥單位，最前為隊長，次為兩個牌手，分別是長牌手、藤牌手，然後是跟著狼筅手兩名，再次是四個長槍手，再跟進的是兩個短兵手，最後一名是鏜夫。作戰時以藤牌防護遠程射擊兵器，以狼筅為進攻主力，以長槍取人性命，短兵用以防止敵人進身，或在長兵疲憊時進攻。此陣運用靈活機動，正好抑制住了倭寇優勢的發揮。戚繼光率領「戚家軍」，經過「鴛鴦陣」法的演練後，在與倭寇的作戰中每戰皆捷。

靈活運用戰術

奇正變幻無窮

> 凡戰者，以正合，以奇勝。故善出奇者，無窮如天地，不竭如江河。

　　後世軍事學家非常重視孫子的「奇正」思想。孫子指出，戰勢不過奇正。無論攻，還是守、追、退，從作戰指揮上說只有「奇」和「正」兩種形式。孫子說：「凡戰者，以正合，以奇勝。」又說「奇正相生，如循環之無端」，點出了「奇」和「正」既相互區別又相互聯繫的關係。那麼，這個變幻無窮的「奇正」到底包括哪些內容呢？

　　首先，奇正之變既可以對戰略範疇而言，也可以對戰術範疇而言。舉例來說，在戰略範疇內，公開向敵方宣戰是正，對敵方發起突然襲擊是奇；從戰略（廟算）上權衡敵強我弱是正，而在戰場上做出敵弱我強的態勢就是奇。在戰術範疇內，方陣各種隊形的變換如方、圓、曲、直、銳等本身就是奇正的變化。

　　其次，正與奇的關係也體現在主要兵力與次要兵力的關係上。在《謀政篇》中，我們已經用曹操注說明了這一點。如果兵力五倍於敵，就以三倍於敵的主要兵力為正兵，兩倍於敵的次要兵力為奇兵。但這不是刻板的規定，「奇正相生」，正兵與奇兵之間的主從關係是可以轉化的。孫子說：「凡戰者，以正合，以奇勝。」正兵用於當敵，以奇兵取勝，是就一般情況而言。實際上，無論正兵還是奇兵都可以取勝。

　　最後，「奇正」除指奇兵、正兵以外，還用於作戰指揮。「正」指一般的指揮原則和方法，「奇」指臨敵制變、慧心獨創的指揮原則和方法。比如「十則圍之」是正，「圍師遺闕」是奇；「絕地無留」是正，「陷之死地而後生」是奇等。唐太宗對孫子的「奇正」有著出人意表的理解，在《李衛公問對》中，他說：「以奇為正，使敵視以為正，則吾以奇擊之；以正為奇，使視以為奇，則吾以正擊之。」透徹地闡述了奇正的辯證關係和在實務中的靈活運用。

作戰中靈活運用奇正

　　奇正，是中國古代常用的軍事術語，指的是軍隊作戰普遍運用的常法和變法。《孫子兵法》說：「凡戰者，以正合，以奇勝。」這是奇正運用的一般規律。

● 奇正相生

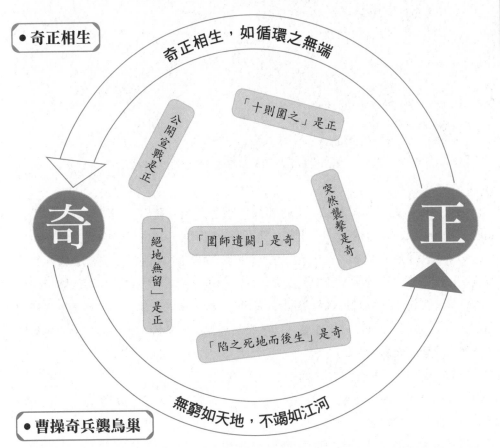

奇正相生，如循環之無端

「十則圍之」是正

公開宣戰是正

突然襲擊是奇

「圍師遺闕」是奇

奇

正

「絕地無留」是正

「陷之死地而後生」是奇

無窮如天地，不竭如江河

● 曹操奇兵襲烏巢

　　東漢末年，曹操和袁紹陳兵官渡，雙方相持了三個月，互有傷亡，不分勝負。

　　袁紹派大將淳于瓊率萬人運送糧食，並將糧食屯積在距自己大營以北四十里的烏巢。許攸是袁紹手下的謀士，他因故和袁紹爭辯了幾句，袁紹大怒，將其逐出軍營。許攸一氣之下投降了曹操，並把袁紹的軍糧全集中在烏巢一事報告給曹操。

　　曹操正在為如何才能出奇制勝而大傷腦筋，聽完許攸的話，頓時胸有成竹。他連夜採取行動，命令曹洪留守大營，親自率領五千精兵，打著袁軍的旗號，騙過巡邏的袁軍，在破曉之前趕到烏巢。五千精兵，人人帶有引火的柴草，眾人一齊動手，烏巢頓時火光沖天，而負責守護烏巢的淳于瓊還來不及上馬，就已成為曹操的俘虜。

　　烏巢的軍糧被焚毀後，袁軍軍心動搖。曹操抓住戰機，發起猛攻，袁軍折損七萬餘人，袁紹和兒子袁譚落荒而逃。

第三節

充分利用有利態勢

造　勢

> 激水之疾，至於漂石者，勢也；鷙鳥之擊，至於毀折者，節也。是故善戰者，其勢險，其節短。勢如彍弩，節如發機。
>
> 故善動敵者，形之，敵必從之；予之，敵必取之。以利動之，以卒待之。

　　奇正之變畢竟不是變戲法，要把軍隊的戰鬥力充分發揮出來，真正做到出奇制勝，孫子提出了「勢險」和「節短」兩個重要原則，這也就是古代兵家所說的「造勢」。孫子用「激水之疾，至於漂石」作比喻來講「勢險」，強調軍隊運動的速度，指出速度是發揮戰鬥威力的重要條件。孫子又用「鷙鳥之疾，至於毀折」作比喻來講「節短」，強調軍隊發起衝鋒的距離，指出軍隊發起衝鋒時應像雄鷹搏擊小鳥那樣，以迅猛的速度在短距離上突然發起攻擊。「勢險」、「節短」就是孫子「造勢」思想的要義所在。

　　對於如何做到「勢險」、「節短」，孫子提出了一個著名的作戰原則，即「以利動之，以卒待之」。注家們稱之為「動敵」，就是實施機動，調動敵人。成功的機動是「造勢」的關鍵。

　　孫子接著論述了「動敵」的兩個辦法。第一，示形。孫子說：「形之，敵必從之。」意思是以假象迷惑敵人，敵人必定上當。第二，誘敵。孫子說：「予之，敵必取之。以利動之，以卒待之。」意思是，予敵以利，敵人心為其所誘，以小利引誘調動敵人，以伏兵待機破敵。例如西元前700年，楚國攻打絞國，絞人守城不出，楚使用無兵保衛的打柴人前往誘敵，使絞人俘獲三十人。絞人見有利可圖，於次日大批出動。這時，預先埋伏於山下的楚兵突然出擊，大敗絞人。

　　這樣的戰法能否巧妙地運用，關鍵在於「能擇人而任勢」，孫子說：「故善戰者，求之於勢，不責於人，故能擇人而任勢。」意思是，善於指揮打仗的將帥，他的注意力放在「任勢」上，而不苛求部屬，因而能恰當地選擇人才，巧妙地運用「勢」。

造勢與任勢

「形之，敵必從之；予之，敵必取之」是作戰的一般規律。將帥應該充分掌握此規律，運用「示形」、「動敵」等手段，創造有利形勢。同時，還要針對不同的形勢、不同的任務，選用適當的將帥，這樣才能更有效地打擊敵人。

●「勢險」、「節短」

勢 險

「勢險」、「節短」是孫子「造勢」思想的要義所在。

「勢險」意在說明軍隊運動速度，孫子用「激水之疾，至於漂石」作比喻，強調速度是發揮戰鬥威力的重要條件。

「節短」意在說明軍隊發起衝鋒的距離，孫子用「鷙鳥之疾，至於毀折」作比喻，要求軍隊發起衝鋒時要像雄鷹搏擊小鳥那樣，以迅猛的速度在短距離上突然發起攻擊。

節 短

● 擇人而任勢

孫子提出了「擇人而任勢」的觀點。「擇人」即選擇優秀的指揮員，「任勢」即創造有利的戰場態勢。他用方木與方石、圓木與圓石來比喻「任勢」。方木、方石呆板不動，圓木、圓石則能靈活滾動。孫子在最後說，「故善戰人之勢，如轉圓石於千仞之山者，勢也」，機動靈活的指揮，就像使沉重的圓石從高山上飛滾而下一樣，用力很小而戰果輝煌。

第四節

以利動之

假道滅虢

假道滅虢之戰，是春秋初年晉國誘騙虞國借道，先後攻滅虢、虞兩個小國的戰役。這次戰爭雖然規模不大，卻揭示了軍事戰爭中的一些重要規律，給後世留下了很多啟示和教益。

　　春秋初期，諸侯並立。位處中原地帶的晉國，在兼併大戰中不斷征服小國，勢力迅速崛起。晉獻公在位期間，想要吞併晉國南面的兩個小國——虢國和虞國。但是虢、虞兩國雖然國力弱小，卻是唇齒相依，結有同盟。晉國同其中任何一國開啟戰端，都意味著要同時和兩國之師相抗衡。如何避免兩線作戰，瓦解虢、虞兩國的同盟關係，是晉國在吞併兩國軍事行動中首先要解決的問題。

　　晉國大夫荀息想出了一條一石二鳥的妙計，即以厚禮賄賂收買虞君，拆散虢、虞之間的同盟，向虞國借道攻打虢國，待虞國中計、虢國敗亡後再圖後舉。不久，荀息帶著良馬、美玉等奇珍異寶出使虞國，覲見虞君之時即獻上珍寶，並向虞君正式提出借道攻虢的要求。虞君貪利收下了良馬、美玉，又不敢開罪於晉國，於是便應允晉國軍隊通過虞國土地去征伐虢國，並表示願意出兵協助晉國作戰。虞國大夫宮之奇認為此事大為不妥，在一旁加以諫阻，但虞君根本聽不進去。

　　晉軍在虞軍的積極配合下，進展順利，很快攻占了虢國的下陽，一舉控制了虢、虞之間的戰略要地，並進一步摸清了虢、虞兩國的虛實，為下一步行動創造了條件。晉軍滅掉了虢國後，從原路回師，虞君親自到城外迎接晉軍，慶賀勝利。晉軍乘其不備，蜂擁而上，將虞君及大臣們活捉，輕而易舉地滅掉了虞國。

　　假道滅虢之戰深刻展現了軍事戰爭中的一條重要規律：戰爭領導者利用敵人貪圖小利、畏怯等弱點，蓄意掩蓋自己的真實意圖，然後順勢滲透自己的勢力，控制局勢，最終出其不意地發起攻擊。晉國的勝利，正是因為其恰當地運用了「以利動之，以卒待之」的策略，並以假象巧妙地掩蓋了自己的真實意圖。

假道滅虢

　　晉獻公運用「以利動之」的策略，送給虞君以美玉、良馬，最終滅掉虞國。虞君貪圖小利而遭受亡國之災，留給後人很多啟示。

● 虞公貪利滅國

　　荀息將良馬、美玉等奇珍異寶獻給虞君，並向虞君正式提出借道攻虢的要求。虞君貪利收下了良馬、美玉，便應允晉國軍隊經過虞國土地去征伐虢國，並表示願意出兵協助晉國作戰。晉軍在虞軍的積極配合下，進展順利，很快攻占了虢國的下陽，並摸清了虢、虞兩國的虛實，為下一步行動創造了條件。

　　晉軍滅掉了虢國後，從原路回師，虞君親自到城外迎接晉軍，慶賀勝利。晉軍乘其不備，蜂擁而上，將虞君及大臣們活捉，輕而易舉滅掉了虞國。

● 晉獻公

　　晉獻公（？—前651年），姬姓，晉氏，名詭諸。春秋時代的晉國君主。在位26年。晉獻公攻滅驪戎、耿、霍、魏等國，擊敗狄戎，又採納荀息假道伐虢之計，消滅強敵虞、虢，史稱其「併國十七，服國三十八」。

　　獻公五年（前672年），晉伐驪戎，得驪姬及其妹，二人受到獻公寵幸。十二年，驪姬生奚齊。獻公寵愛驪姬，逼死太子申生，逼走重耳、夷吾，而立奚齊為太子。西元前651年，獻公病危，囑托大夫荀息主政，輔助幼子姬奚齊繼位。獻公死後，諸公子爭位，晉國大亂。姬奚齊被里克所殺，荀息又立驪姬妹之子卓子，又被里克所殺，里克迎立公子夷吾，是為惠公。

第五節

善戰者，求之於勢，不責於人

曹操擇人而任勢

《孫子兵法‧勢篇》中說：「善戰者，求之於勢，不責於人，故能擇人而任勢。」三國時期的曹操就是一個知人善任的軍事家、謀略家。

西元215年，曹操要親自征討張魯，命令張遼、李典、樂進率七千餘人守合肥。臨行前，他留下信函一封，囑張遼等人，如果孫權來攻，可依信中之計行事。

不久，孫權率兵十萬進圍合肥。張遼等打開信函，函中寫道：「若孫權至，張、李將軍出戰，樂將軍守城，勿得與戰。」三將軍按照既定分工，張遼、李典乘東吳軍立足未穩，挑選了八百多名勇猛將士，突然衝入孫權所在的軍營，殺得吳軍措手不及。孫權出師不利，銳氣大損，圍城十餘日不能得逞，只好撤退。

按理說，曹操飽讀兵書，深知「將在外，君命有所不受」的用兵思想，不必對合肥作戰作出如此具體的安排。但曹操不僅知道張遼、李典、樂進平時互有隔閡，而且對這三位將軍的用兵特點、性格修養等都瞭如指掌，所以，他在出征之前就已預料到大敵當前，三位將軍不會互相合作，為此曹操先設此密函。果然，拆開密函後，張遼堅決執行曹操的指令，他提出自己親自出擊，「決一死戰」。李典起初沉默，後被張遼的行為所感動，表示「願聽指揮」。而樂進也樂於守護軍營。曹操的密函使得三人之間由「素皆不睦」變成了團結對敵。

既然三位將軍「素皆不睦」，那麼，當初曹操為什麼還讓他們一起守合肥呢？對此，東晉史學家孫盛作了回答。他說：「夫兵，詭道也。至於合肥之守，懸弱無援，專任勇者，則好戰生患；專任怯者，則懼心難保。且彼眾我寡，眾者必懷貪惰；我以致命之師，擊貪惰之座，其勢必勝。」可見，李、張、樂三人雖不和，他們的性格可以互相補充，一旦團結起來，就會形成一個最佳的指揮結構。這件事反映了曹操擇人任勢的高超才能。

曹操知人善任

孫子說「擇人而任勢」，就是選擇適當的人，充分利用有利態勢，才能更有效地打擊敵人。曹操就是一位能夠擇人任勢的軍事家。

● 曹操知人善任

曹　　操

曹操令張遼、李典、樂進率七千餘人守合肥，並留下信函：「若孫權至，張、李將軍出戰，樂將軍守城，勿得與戰。」

這一安排充分體現了曹操知人善任。他對三位將軍的用兵特點、性格修養等都瞭如指掌，所以設下密函，最終使得三人團結對敵。

張遼

史書說，張遼「少為郡史，武力過人」。張遼率眾歸降了曹操後，曾不避大險隻身到敵營勸昌豨投降成功，又在敗袁紹、攻袁譚、征柳城等大戰中屢建功勳，深得曹操的賞識。曹操把張遼放在合肥的目的，就是要發揮他組織和協調守軍的核心作用。張遼果然不負曹操所望。

樂進

樂進以膽識英烈而從曹操，為其帳下吏。隨軍多年，南征北討，戰功無數。他性情如烈火，曹操封給他一個雅號叫「折衝將軍」。曹操之所以讓樂進守城，是因為樂進出戰的話，很難保證不與張遼爭功鬥氣，如此一來，三人就不能形成一個整體。

李典

史載李典深明大義，不與人爭功，「典好學問，貴儒雅。不與諸將爭功，敬賢士大夫，恂恂若不及，軍中稱其長者」。李典三十六歲就去世了，但卻得到了長者的美譽，說明他是個高貴儒雅、顧全大局的人。正因為有「不與諸將爭功」的品格，他配合張遼肯定沒有問題。

● 合肥之戰

張遼親率八百敢死之士突襲孫權軍。張遼率先衝陣殺數十人，並斬吳將兩員。他高呼自己的名字，一直殺入孫權麾下。孫權不敢交戰；後來看到張遼兵少，便集結部下包圍張遼。張遼率數十人突出重圍，但陣中尚有餘眾未出，他們大呼「將軍要捨下我們嗎？」於是張遼再次衝入吳軍中，救出其餘部下，吳軍中無人敢擋。

第六節

出奇制勝

太原之戰

在太原之戰中，李光弼採用頑強堅守與不斷尋機出擊相結合的戰法，靈活運用地道、拋石機等守城戰術和技術，出奇制勝。

西元757年，叛將史思明、蔡希德帶領十萬人馬進攻太原。此時，據守太原的兵馬不到一萬。將領們見敵眾我寡，心裏惶恐不安，主張修城自固。李光弼說：「太原城周長達四十餘里，而敵人已近在眼前，再去加修城牆，那不是幹徒勞無功的蠢事嗎？現在應該抓緊時間，製造殺傷敵人的戰具才是。」隨即趕製了一批威力很大的拋石機。

當史思明領兵前來攻城時，李光弼已將拋石機部署停當，將大塊的石頭拋向攻城部隊。史思明見部隊紛紛倒在飛石下面，不得不停止強攻，改令部隊在城外築起土山、飛樓，用弓箭向城內射箭。李光弼針鋒相對，即令部隊開挖地道，進到城外土山、飛樓下面，用木樁支撐著再把下面挖空，然後換上繩子一拉，使土山、飛樓全部塌陷，上面的弓弩手被埋入土中。

史思明仗著兵多勢眾，又將太原城團團包圍起來，並在城下搭臺唱戲，讓戲子扮演皇帝，以激怒李光弼出城迎戰。李光弼下令部隊把地道挖至戲臺附近，突然從地下鑽出人來，把演戲的人活捉了回去，搞得史思明驚惶不安，忙把軍帳轉移到較遠的地方。

李光弼為了不斷殺傷、消耗敵人，一面讓人將地道挖到叛軍的營寨下面，一面派人出城裝作要投降的樣子，向史思明的軍帳走去。史思明信以為真，高高興興準備受降，突然城上擂鼓吶喊，殺出數千人馬。史思明慌忙指揮部隊迎戰時，不料一座數千人的營寨塌陷下去。唐軍乘勢衝殺，叛軍在慌亂中被殺傷、俘虜達一萬多人。

正當太原之戰緊張進行時，安祿山被其子安慶緒所殺。安慶緒奪取帝位後，命史思明回守范陽，留蔡希德等繼續圍困太原。蔡希德在李光弼的多次襲擊下，由進攻變為防守，最後被迫丟下大批財物、糧食撤退而去。

安史之亂

安史之亂是安祿山、史思明等起兵反對唐朝的一次叛亂。自唐玄宗天寶十四年（755年）至唐代宗廣德元年（763年）結束，前後達七年之久。安史之亂是中國歷史上一次重要事件，也是唐朝由盛而衰的轉折點。

● 交戰經過

唐朝天寶十四年十一月初九（755年12月16日），身兼范陽、平盧、河東三鎮節度使的安祿山趁唐朝內部空虛腐敗，聯合約羅、奚、契丹、室韋、突厥等民族組成共15萬士兵，號稱20萬，以「憂國之危，奉密詔討伐楊國忠以清君側」為藉口在范陽起兵。

安祿山從范陽起兵，長驅直入，至十二月十三日攻占東都洛陽，僅用了三十五天時間。在這短短的時間內，就控制了河北大部郡縣，河南部分郡縣也望風歸降。

757年，叛將史思明、蔡希德帶領十萬人馬進攻太原。李光弼據守太原，其兵馬不到一萬。他趕製了一批威力很大的拋石機，給敵方以沉重打擊。讓人將地道挖到叛軍的營寨下面，在詐降的時候使敵軍營寨突然塌陷，出奇制勝。

長杆稱為「梢」，發揮槓桿作用。梢所選用的木料需要經過特殊加工，使之既堅固又富有彈性。另外由於拋石機是運用槓桿原理製造的，所以炮梢的長度及力臂和阻力臂的比例都要精心測算。

● 拋石機

梢的一端繫有「皮窩」，內裝石彈。

在唐宋以後，拋石機的品種日漸增多，拋石機的形制比過去加大，使用更為普遍，成為「軍中之利器」。757年，史思明圍攻太原，李光弼就是用拋石機給予其沉重打擊。

第七節

蓄勢待發，一擊即中

伯顏順勢除政敵

《孫子兵法・勢篇》中說：「激水之疾，至於漂石者，勢也；鷙鳥之疾，至於毀折者，節也。」在政治戰爭中，伯顏深諳此道。他蓄勢待發，利用元順帝對唐家的不滿，一擊即中，借勢鏟除了政敵。

西元1333年，元順帝即位，伯顏任中書右丞相，一時權傾朝野。左丞相唐其勢也是朝中顯貴，他的姐姐達那失里為順帝皇后。但朝中實權掌握在伯顏手中。唐其勢對伯顏家族的朝中勢力凌駕於自己家族之上，感到憤憤不平。伯顏雖然知道唐其勢的狂妄和對自己的不滿，但是燕鐵木兒家族在朝中勢力強大，伯顏只好隱而不發。他甚至上疏順帝，請求將自己的右丞相之位讓與唐其勢，只是皇帝認為不妥，才打消了讓位之舉。為提防唐其勢的不軌進攻，他私下裏早早做好應敵準備。

唐其勢不甘居於伯顏之下，一直在暗地裏做著奪權準備。不久晃火帖木兒來信，約請唐其勢叔侄裏應外合，乘機奪權。鄺王徹徹禿對唐其勢的異常行動產生了懷疑，並立即報告給元順帝。順帝召右丞相伯顏入宮籌謀，讓伯顏做好防範準備。接到元順帝的命令，伯顏感到天降喜訊，老天終於送來了清除政敵的大好機會。

他很快布置親信兵將，加強皇宮守衛，同時派人監視唐其勢的行動，只等唐其勢自投羅網。果然，唐其勢很快就在東郊埋伏軍隊，並親自率領士兵突襲皇宮，卻被早已埋伏好的伯顏禁兵一舉拿下。

元順帝親見唐其勢進攻皇宮，不能輕饒，立下諭令：「唐其勢罪行已經昭明，不必審訊，按律例處置即可。」伯顏見皇帝有旨，立命禁兵將其揪出門外處斬。伯顏明白，自己手殺皇后的弟弟，政敵雖除，但皇后對自己終究是個隱患，立奏元順帝：「皇后兄弟大逆不軌，皇后罪在不赦。」伯顏又奏請順帝，凡燕鐵木兒和唐其勢親信勢力，以及所薦舉的一切官員，均罷免去職。這樣一來，唐其勢在朝中的勢力被徹底摧垮。

伯顏順勢除政敵

　　伯顏，蒙古蔑里乞氏，鎮海之孫。致和元年（1328年）七月，泰定帝死於上都。八月，燕鐵木兒發動政變，擁立武宗於圖帖睦爾為帝，伯顏在河南響應。圖帖睦爾即位，是為文宗，以伯顏有擁戴功，加封太尉，進開府儀同三司、錄軍國重事、御史大夫、中政院使。

● 欽察貴族與蒙古貴族之爭

**文宗
寧宗
時期**

　　元朝權臣燕鐵木兒擁立文宗，立下大功，權傾朝野，成為居皇帝一人之下，萬人之上，集軍政大權於一身的權臣。燕鐵木兒欽察貴族勢力的強大，引起了蒙古貴族的不滿。知院闊徹伯、脫脫木兒等人密謀發動政變，以圖除掉燕鐵木兒。結果，被人告發，燕鐵木兒立即調集欽察親軍將闊徹伯等人逮捕，下獄，處死，抄家。

　　燕鐵木兒權勢熏天，助長了他的荒淫無度，其後房侍妾多得連他自己都不能完全認識，最終因荒淫過度，溺血而死。

燕鐵木兒

伯顏

　　伯顏是唯一可以和燕鐵木兒一樣身兼數職的蒙古族大臣，也是不滿欽察貴族專權的蒙古貴族代表。

　　元統元年（1333年）六月，元順帝即位。這時，燕鐵木兒雖死，但其家族的勢力仍十分強大。順帝暗中扶植蒙古貴族，使蒙古貴族的勢力有了明顯的增長。

　　燕鐵木兒之子唐其勢不甘心居於伯顏之下，密謀發動政變。伯顏藉此徹底摧垮了欽察貴族在朝中的勢力。伯顏家族完全取代了燕鐵木兒家族的地位。

**順帝
時期**

**順帝
時期**

農民起義

　　伯顏被貶黜後，元順帝妥懽帖睦爾起用脫脫當政。次年改元至正，恢復科舉取士，開馬禁、減鹽額，修遼、金、宋三史，政治一度轉為清明。但是元朝末年，官僚腐敗，貪官汙吏橫行，民不聊生，人民紛紛舉起反元大旗。

示形動敵

城濮之戰

　　城濮之戰初期，晉軍兵力不及楚軍，又渡過黃河在外線作戰，處於不利的地位。但是晉文公善於爭取政治、外交和軍事上的主動，在作戰中把握戰機，先勝弱敵，再示形動敵，一舉戰勝楚軍。反觀楚軍方面，統帥狂妄輕敵，對戰況的錯誤判斷與錯誤指揮，導致了自己優勢地位的喪失。

　　楚國泓水之戰擊敗宋軍後，積極謀劃北進。周襄王二十年（西元前633年），楚成王親率以令尹子玉為主將的楚軍及鄭、蔡、陳、許等國軍隊圍攻宋都，大有入主中原之勢。宋成公遣大夫公孫固赴晉求援。晉文公聽從屬下建議，決定以此為契機，發兵擊楚，稱霸中原。鑑於楚聯軍實力強大，為避免與其正面交鋒，晉文公採納大夫狐偃之計，決定進攻楚屬國曹（今山東定陶西北）、衛（今河南北部一帶），迫使楚軍北上援救，以解商丘之圍。

　　二十一年春，晉文公率軍東進。晉軍連克曹、衛，原欲引誘楚聯軍北上以解商丘之圍，然而楚成王不為所動，反而加緊進攻商丘城。宋成公再度遣使赴晉國告急。晉文公採納中軍主帥先軫的建議，指使宋國以財物賄賂齊、秦兩強，請兩國出面勸楚撤兵。同時，晉分曹、衛之地予宋，以堅定其抗楚國的決心，並以此激怒楚國。果然，楚拒絕齊、秦之調停，致使兩國怒而發兵，形成晉、齊、秦三強聯兵抗楚的局面。

　　楚將子玉率師北上與晉聯軍相持於城濮。晉軍採取「側翼攻擊法」，攻擊楚聯軍中力量最薄弱的右翼，結果楚右翼很快就被殲滅了。接著晉軍又採用「示形動敵」，誘敵出擊，而後分割聚殲的戰法對付楚的左軍。晉軍上軍主將狐毛，故意在車上豎起兩面大旗，引車後撤，裝出要退卻的樣子。同時，晉下軍主將欒枝也在陣後用戰車拖曳樹枝，飛揚起地面的塵土，假裝後面的晉軍也在撤退，以引誘楚國出擊。子玉不知是計，下令左翼軍追擊，結果陷入了重圍，很快被消滅了。城濮之戰以晉軍獲得決定性勝利而結束。

退避三舍

城濮之戰中，晉國主動「退避三舍」，避開楚軍的鋒芒，以爭取政治、外交和軍事上的主動。然後集中起相對優勢的兵力，並針對敵人薄弱環節，各個擊破。

● 晉文公退避三舍

你若有一天回晉國當上國君，該怎麼報答我呢？

如果晉、楚之間發生戰爭，我一定命令軍隊先退避三舍，如果還不能得到您的原諒，我再與您交戰。

晉文公退避三舍

春秋時，重耳流亡於楚國。楚成王認為重耳日後必有大作為，就待他如上賓。

一天，楚王問重耳：「你若有一天回晉國當上國君，該怎麼報答我呢？」重耳回答道：「如果我果真能回國當政的話，我願與貴國友好。假如有一天，晉、楚國之間發生戰爭，我一定命令軍隊先退避三舍，如果還不能得到您的原諒，我再與您交戰。」

四年後，重耳真的回到晉國當了國君，他就是著名的晉文公。西元前633年，楚國和晉國的軍隊在作戰時相遇。晉文公為了實現他許下的諾言，下令軍隊後退九十里，駐紮在城濮。楚軍見晉軍後退，以為對方害怕了，馬上追擊。晉軍利用楚軍驕傲輕敵的弱點，集中兵力，大破楚軍，取得了城濮之戰的勝利。

晉文公守信得原衛

晉文公攻打原國，只攜帶著可供十天食用的糧食，於是和大夫們約定十天為期限，要攻下原國。

可是十天後卻沒有攻下原國，晉文公便下令敲鑼退軍，準備收兵回晉國。

晉文公身邊的群臣勸諫說：「原國的糧食已經吃完了，兵力也用盡了，請國君再等待一些時日吧！」

晉文公語重心長地說：「我跟大夫們約定十天的期限，若不回去，是失去我的信用啊！為了得到原國而失去信用，我辦不到。」於是下令撤兵回晉國去了。

原國的百姓聽說這件事，都說：「有君王像文公這樣講信義的，怎可不歸附他呢？」於是原國的百姓紛紛歸順了晉國。

衛國的人也聽到這個消息，便說：「有君主像文公這樣講信義的，怎可不跟隨他呢？」於是向晉文公投降。

第九節

避強擊弱，示形於敵

耿弇膠東平張步

《孫子兵法》說：「善動敵者，形之，敵必從之。」耿弇用兵靈活，連續運用「圍魏救趙」、「聲東擊西」之計佯動惑敵，調動敵人就範，然後示弱於敵，引誘敵人出擊，最終創造了中國戰爭史上靈活用兵、奇正結合、以少勝多的典型戰例。

王莽末年，琅邪人張步聚眾數千，占據琅邪。

建武三年（西元27年），張步以山東劇縣（今山東昌樂西北）為中心，攻占山東北部大部分地區，形成獨霸一方的割據勢力。建武五年秋，光武帝劉秀派建威大將軍耿弇平定膠東張步的割據勢力。

耿弇率軍渡過黃河，一路東進。先攻西安還是先攻臨淄，成為擺在耿弇面前的一道難題。當時，守護西安的是張步的弟弟張藍，擁有精兵兩萬；防守臨淄的軍隊則有一萬餘人。西安城小，臨淄城大。耿弇的部將荀梁建議耿弇先攻取西安，他的理由是：攻取臨淄，張藍必定前去增援；如改打西安，臨淄守軍則不敢輕舉妄動。

經過對敵我態勢的縝密考慮，耿弇想出了一個聲東擊西、避強擊弱的戰術，他對部將說：「張藍是否增援，取決於我們如何調動他。西安城小，但異常堅固，且有重兵防守，我軍攻城，必然要付出很大的傷亡代價。即使攻破西安，張藍逃走，對我軍也是威脅。臨淄雖大，兵力弱，我軍攻下臨淄，西安就是孤城一座，何愁不破！」耿弇統一了諸將的意見，積極籌備攻取臨淄，同時又放出風聲：五天後攻取西安！張藍聞報後，調兵遣將，日夜加強西安的防護。到了第四天，耿弇率領大軍於五更時分突然出現在臨淄城下，僅用半天時間就攻下臨淄。張藍見狀，果然擔心孤城難守，竟率軍逃出西安投奔張步，將一座堅固的城池白白扔給耿弇。

漢軍占據西安後，屯兵不進。張步見漢軍兵少疲憊，氣勢洶洶地率軍到達臨淄大城東部，準備和耿弇一決勝負。耿弇故意示弱，將主力隱蔽在臨淄城後，又命劉歆、陳牧二將引兵列於臨淄城下，然後親自出馬引誘張步出擊。張步果然中計，再也無力反攻，遂決定撤回老巢劇縣，不料，已經走投無路，只好率十萬之眾投降。

耿弇

耿弇，東漢開國名將，扶風茂陵（今陝西興平東北）人。少而好學，尤愛兵事。耿弇久經戰陣，用兵重謀，戰功顯著，共收取46郡、300餘城。他勇猛善戰，用兵靈活，指揮果斷，富於創造，是中國戰爭史上卓越的軍事天才。

● 有志竟成

有志者事竟成

耿弇率軍和張步交戰的時候，耿弇的右腿被敵箭射傷，血流如注。耿弇的部下勸耿弇說：「張步現在兵力很強，我們不如先退守後方療傷，等到主上的援兵來了後，再一起出擊。」耿弇搖著頭說：「那怎麼行？我們應該是要準備酒菜迎接主上，怎麼能把沒有殲滅的敵人留給主上來傷腦筋呢？」於是，耿弇又率領軍隊攻打張步，終於把張步打得落荒而逃。

劉秀知道耿弇受傷的事，親自帶兵前來援助耿弇，沒想到耿弇已經打敗了張步，劉秀高興地對耿弇說：「你真是『有志者事竟成』啊！」

後來，人們把「有志者事竟成」引申為「有志竟成」這句成語，形容一個人做任何事情，只要能夠抱著百折不撓、堅定的意志去做，就一定能成功。

雲臺二十八將，指的是漢光武帝劉秀麾下助其一統天下、重興漢室江山的二十八員大將。漢明帝永平年間，明帝追憶當年隨其父皇打下東漢江山的功臣宿將，命人繪製28位功臣的畫像於洛陽南宮的雲臺，故稱「雲臺二十八將」。

「雲臺二十八將」分別是：鄧禹、吳漢、賈復、耿弇、寇恂、岑彭、馮異、朱祐、祭遵、景丹、蓋延、銚期、耿純、臧宮、馬武、劉隆、馬成、王梁、陳俊、杜茂、傅俊、堅鐔、王霸、任光、李忠、萬脩、邳彤、劉植、王常、李通、竇融、卓茂。

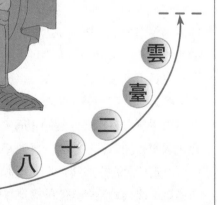

雲臺二十八將

示弱於敵

朱仙鎮之戰

朱仙鎮一戰，李自成臨機應變，戰法靈活，基本上摧毀了河南官軍主力，在戰略上處於主動地位，為奪取中原奠定了基礎。

西元1642年，李自成率數十萬大軍轉戰河南，並包圍了河南首府開封。崇禎皇帝急調左良玉、丁啟睿、楊文岳等大將統率四十萬兵馬去解開封之圍。李自成聞訊後，搶先占領開封的重要門戶——朱仙鎮，截斷沙河上流水道，以斷絕明軍水源，又在西南要道上挖掘了深、寬各丈餘的壕溝，環繞百餘里，以截斷明軍逃往襄陽的道路。

左良玉、丁啟睿和楊文岳率大軍會師朱仙鎮，連營二十餘里，但三路人馬各揣心事，誰也不願意率先出戰。明軍與李自成對峙了數日之後，斷水缺糧，左良玉率先下令南撤，丁啟睿和楊文岳跟著也下令撤離朱仙鎮。

左良玉的十萬餘兵馬是明軍中的精銳，撤退的路線恰是直奔襄陽。李自成的部將紛紛要求出擊，李自成道：「左良玉有勇有謀，如果追擊，必然死戰，不如放其一條生路，以示我軍怯弱，待他人困馬乏又無防備之時，再攻不遲。」於是，李自成聽任左良玉的步兵從容退走，不加追擊；與左良玉的騎兵接戰後，也是打不多時即自動退卻。

左良玉果然中計，他錯誤地認為農民軍不敢追擊官軍，便放心大膽地命令隊伍向襄陽疾進。快到襄陽時，左良玉的大軍行至李自成事先挖好的壕溝處。經過八十餘里的奔波，明軍已經人困馬乏，又遇到大溝深壕，人馬擁擠，頓時亂作一團。緊跟在左良玉身後的李自成見時機已到，指揮大軍，突然從後面殺向前去，明軍官兵全無鬥志，一個個爭先越壕逃命，人馬互相踐踏，你推我擠，屍體幾乎將丈餘深的壕溝填平。左良玉僥倖越過壕溝，但早已埋伏在前方的農民軍又截殺過來，左良玉最後只帶領幾名親信殺開一條血路逃入襄陽，其所率十萬精銳部隊全都被殲。

李自成全殲左良玉的明軍後乘勝追擊，追殲丁啟睿和楊文岳的明軍。丁、楊倉皇逃竄，連崇禎皇帝賜給的金印和尚方寶劍都丟失在亡命的路上。

闖王李自成

　　李自成（1606—1645），原名鴻基。陝西米脂人。稱帝時以李繼遷為太祖。人稱闖王、李闖。明末農民軍領袖之一，大順政權的建立者。1644年3月18日，李自成攻克北京，明朝滅亡。

● 李自成

李自成

均田免賦

迎闖王，
不納糧

李自成稱王

　　崇禎十四年（1641年）正月攻克洛陽，殺萬曆皇帝的兒子福王朱常洵，從後園捉出幾頭鹿，與福王的肉一起共煮，名為「福祿宴」，與將士們共享，「發藩邸及巨室米數萬石、金錢數十萬賑饑民」。

1643年一月李自成在襄陽稱「新順王」。

　　十月，李自成攻破潼關，殺死督師孫傳庭，占領陝西全省。

李自成入京

　　崇禎十七年（1644年）一月，李自成東征北京，突破寧武關，殺守關總兵周遇吉，攻克太原、大同、宣府等地，明朝官吏紛紛來降，又連下居庸關、昌平。

　　三月十九日清晨，兵部尚書張縉彥主動打開正陽門，迎劉宗敏率軍。崇禎皇帝在景山自縊，李自成下令予以「禮葬」。

1644年一月李自成在西安稱帝，以党項人李繼遷為太祖，建國號「大順」。

第七章

《虛實篇》詳解

　　虛實兩個字相對成義。「虛」，是空虛；「實」，是充實。此處用「虛實」二字為題，有別於泛論虛、實兩個字的意義，乃是指軍備設施的情形和兵力配備的狀況。例如，怯、弱、亂、饑、勞、寡、無備等都是虛；勇、強、治、飽、逸、眾、有備等都是實。作戰必須要掌握敵我雙方的虛實情況，做到避實擊虛。唐太宗說：「用兵識虛實之勢，則無不勝。」

　　本篇以「避實而擊虛」一語為主，而以「致人而不致於人」為轉變虛實的關鍵。全篇教人要占敵機先，爭取主動，切戒落後，陷於被動。篇中雖變幻詭譎，不可方物，但核其要旨，不外乎反覆申明爭取主動，陷敵被動，藉以達到避實擊虛，「兵不頓而利可全」的戰略目的。

圖版目錄

虛實篇

【原文】孫子曰：凡先處戰地而待敵者佚，後處戰地而趨戰者勞。故善戰者，致人而不致於人。能使敵人自至者，利之也；能使敵人不得至者，害之也。故敵佚能勞之，飽能饑之，安能動之。

出其所不趨，趨其所不意。行千里而不勞者，行於無人之地也。攻而必取者，攻其所不守也；守而必固者，守其所必攻也。故善攻者，敵不知其所守；善守者，敵不知其所攻。微乎微乎，至於無形；神乎神乎，至於無聲，故能為敵之司命。進而不可禦者，衝其虛也；退而不可追者，速而不可及也。故我欲戰，敵雖高壘深溝，不得不與我戰者，攻其所必救也；我不欲戰，畫地而守之，敵不得與我戰者，乖其所之也。

故形人而我無形，則我專而敵分。我專為一，敵分為十，是以十攻其一也，則我眾而敵寡；能以眾擊寡者，則吾之所與戰者約矣。吾所與戰之地不可知，不可知，則敵所備者多；敵所備者多，則吾之所與戰者寡矣。故備前則後寡，備後則前寡，備左則右寡，備右則左寡，無所不備，則無所不寡。寡者，備人者也；眾者，使人備己者也。

故知戰之地，知戰之日，則可千里而會戰。不知戰地，不知戰日，則左不能救右，右不能救左，前不能救後，後不能救前，而況遠者數十里，近者數里乎？以吾度之，越人之兵雖多，亦奚益於勝哉？故曰：勝可為也。敵雖眾，可使無鬥。

故策之而知得失之計，作之而知動靜之理，形之而知死生之地，角之而知有餘不足之處。故形兵之極，至於無形；無形，則深間不能窺，智者不能謀。因形而錯勝於眾，眾不能知；人皆知我所以勝之形，而莫知吾所以制勝之形。故其戰勝不複，而應形於無窮。

夫兵形象水，水之行，避高而趨下；兵之行，避實而擊虛。水因地而制流，兵因敵而制勝。故兵無常勢，水無常形；能因敵變化而取勝者，謂之神。故五行無常勝，四時無常位，日有短長，月有死生。

【譯文】孫子說：凡先占據戰場等待敵人的就主動安逸，後到達戰場而疾行奔赴應戰則緊張、勞頓。因而，善戰的人總是設法調動敵人而不為敵人所調動。能使敵人主動上鉤的，是誘敵以利；能使敵人不能到達預定地域的，是製造困難阻止的結果。敵人閒逸，就使他疲勞；敵人糧食充足，就設法使他饑餓；敵人安穩，就使他疲於應付。

在敵人無法緊急救援的地方出擊，在敵人意想不到的條件下進攻。行軍千里而不勞頓，因為走的是沒有敵人之地。進攻一定能得手，是攻擊敵人不設防的地方；防守必然能牢固，是防守著敵人一定會進攻的地方。所以善於進攻的，使敵人不知道該如何防守；善於防守的人，使敵人不知向哪裏進攻。微妙呀！微妙到看不到形跡；神奇呀！神奇到聽不出聲息。所以能掌握敵人的命運。進攻而使敵人無法抵禦的，是衝擊它空虛的地方；後退而使敵人無法追到的，是行動迅速使其來不及追趕。我軍想要決戰，敵人盡管在高壘深溝，卻不得不同我軍打仗，因為是進攻他必然要救援的地方；我軍不想決戰，雖然畫地防守，敵人也無法來與我作戰，是因為使敵人改變了進攻方向。

因此，要使敵人暴露原形而我早居於隱蔽狀態，這樣我軍兵力就可以集中，而敵軍兵力就不得不分散。我軍兵力集中在一處，敵人分散在十處，我就是以十對一，這樣就會造成敵寡我眾的有利態勢。能做到以眾擊寡，同我軍當面作戰的敵人就有限了。敵軍不知道我軍所預定的戰場在哪裏，就會處處分兵防備；防備的地方越多，能夠與我軍在特定的地點直接交戰的敵軍就越少。敵人防備了前面，後面的兵力就薄弱；防備了後面，前面的兵力就薄弱；防備了左邊，右邊的兵力就薄弱；防備了右邊，左邊的兵力就薄弱；處處防備，就整體薄弱。造成兵力薄弱的原因是處處設防；形成兵力集中的優勢在於迫使敵人處處防備。

知道作戰的地點、預知交戰的時間，那麼即使相距千里也可以同敵人交戰。不能預知在什麼地方打仗、在什麼時間作戰，那就左翼不能救右翼，右翼也不能救左翼，前面不能救後面，後面也不能救前面，何況軍隊遠者相隔幾十里，近者相隔幾里的呢？據我分析，越國的軍隊雖多，於勝利又有何益呢？所以說，勝利是可以爭取的。敵人雖多，可使它無法與我軍較量。

分析研究雙方的情況，可得知雙方所處條件的優劣得失；挑動敵人，可了解敵人的活動規律；偵察一下情況，可知戰地各處是否利於攻守進退；用小股兵力試探性進攻敵人，可以進一步了解敵人兵力虛實強弱。以假象迷惑敵人的用兵方法運用到微妙的地步，就不會露出行跡，使敵人無形可窺，那麼，即使埋藏得很深的間諜也窺察不到我軍底細，聰明的敵人也想不出對付我軍的辦法。根據敵情變化而靈活地運用戰術，這就如同勝利擺在面前一樣，不是平常人所能理解的。人們只知道我用來戰勝敵人的方法，但是不知道我是怎樣運用這些方法來出奇制勝的。因而，我取勝的謀略方法不重複，而是適應不同的情況，變化無窮。

用兵的規律好像水的流動，水的流動是由避開高處而流向低處；用兵的規律是避開實處而攻擊虛處。水流是根據地形來決定流向，用兵是根據情況來採取致勝方略。所以，戰爭無固定不變的態勢，流水無固定不變的流向。能夠根據敵情發展變化而採取靈活措施取勝的人，才叫作用兵如神。五行相生相剋，沒有哪一個固定常勝的，四時沒有不更替的，白天有短有長，月亮也有晦有朔。

爭取主動，避免被動

掌握戰爭的主動權

> 孫子曰：凡先處戰地而待敵者佚，後處戰地而趨戰者勞。故善戰者，致人而不致於人。能使敵人自至者，利之也；能使敵人不得至者，害之也。故敵佚能勞之，飽能饑之，安能動之。

孫子提出「致人而不致於人」，這句話是本篇的主旨。所謂「致人」，就是調動敵人；「不致於人」，就是不為敵人所調動。他認為，指揮作戰要爭取主動，避免被動。

「致人而不致於人」這一名言歷來受到兵學家的重視。

在一場戰爭中，誰掌握了主動權，誰就能取勝。如何才能爭取主動、避免被動呢？用孫子的話來說，就是：「凡先處戰地而待敵者佚，後處戰地而趨戰者勞。」就是說，凡先到達戰場等待敵人的就主動、從容，後到達戰場倉促應戰的則疲勞、被動。孫子認為善於指揮戰爭的人，在未戰之前要「先處戰地而待敵」，就是先敵占領陣地、先敵做好準備、先敵休整、先敵完成作戰部署，以逸待勞，這樣就能掌握戰爭的主動權，使敵人疲於奔命，從而達到保全自己、消滅敵人的目的。

調動敵人而不為敵人所調動是軍事戰爭的藝術。然而，敵人的指揮官也有自己的思想，他們不會輕易受制於我軍。在這種情況下，戰爭的指揮者要發揮主觀能動性，投其所好，以利誘之，方能調動敵人使其就範。

對於做好防禦準備的敵人，要「佚能勞之，飽能饑之，安能動之」。就是說，敵人閒逸，就使他疲勞；敵人糧食充足，就使他饑餓；敵人安穩，就使他疲於應付。

爭取主動

　　孫子闡述了「致人而不致於人」的力爭主動、力避被動的思想。所謂「致人」，就是調動敵人；所謂「致於人」，就是為敵人所調動。孫子特別強調，善於指揮作戰的人，總要設法調動敵人而不為敵人所調動。這是戰爭指導上的重要原則。

● 致人而不致於人

先處戰地而待敵者佚

　　凡先到達戰場等待敵人的就主動、從容。孫子認為善於指揮戰爭的人，在未戰之前要「先處戰地而待敵」，就是先敵占領陣地、先敵做好準備、先敵休整、先敵完成作戰部署，以逸待勞。

後處戰地而趨戰者勞

　　後到達戰場倉促應戰的則疲勞、被動。孫子認為，善於打仗的人能調動敵人卻不被敵人調動，從而達到保全自己、消滅敵人的目的。

轉化虛實

　　「能使敵人自至者，利之也；能使敵人不得至者，害之地。故敵佚能勞之，飽能饑之，安能動之。」這裏是講轉化虛實的問題，它是避實擊虛的先決條件。敵人閒逸，就使他疲勞；敵人糧食充足，就使他饑餓；敵人安穩，就使他疲於應付。

第二節

軍隊作戰所處的兩種基本態勢

實和虛

> 進而不可禦者，衝其虛也；退而不可追者，速而不可及也。故我欲戰，敵雖高壘深溝，不得不與我戰者，攻其所必救也；我不欲戰，畫地而守之，敵不得與我戰者，乖其所之也。
>
> 夫兵形象水，水之行，避高而趨下；兵之行，避實而擊虛。

虛和實是軍隊作戰所處的兩種基本態勢。孫子十分重視對虛、實的研究和運用。他提出，在戰爭中要善於發現敵人空虛薄弱的部位，集中兵力，避實擊虛。

在選擇作戰對象和攻擊方向的時候，要攻擊弱敵，以強擊弱。孫子說，「出其所不趨，趨其所不意。行千里而不勞者，行於無人之地也。攻而必勝者，攻其所不守也；守而必固者，守其所必攻也」，「進而不可禦者，衝其虛也」。這些論述旨在說明，要善於發現和抓住敵人的弱點，以己之實，擊敵之虛。

西元前632年，晉文公率晉、齊、秦軍救宋，與圍宋的楚軍在城濮決戰時，就是採取避實擊虛的戰法打敗楚軍。楚右軍是由其盟軍陳、蔡軍隊所組成，戰鬥力最弱。戰鬥開始後，晉軍即令其下軍把駕車的馬披上虎皮，首先向楚右軍進攻。楚右軍遭到出其不意的打擊，立即潰敗。為了誘殲戰鬥力較弱的楚左軍，晉上軍主將狐毛故意豎起兩面大旗引車佯退，下軍主將欒枝也令陣後的戰車拖著樹枝揚起塵土偽裝敗逃。楚軍統帥子玉不知是計，下令追擊。晉軍元帥先軫指揮中軍主力乘機橫擊楚軍，晉上軍也回軍夾擊，楚左軍大部被殲。子玉急忙下令撤退，才保全了中軍逃回楚地。

孫子提出了「我專而敵分」的原則，就是說在兵力運用上要以多勝少。孫子說：「吾所與戰之地不可知，不可知，則敵所備者多。」讓居於防禦地位的敵人不知我主攻方向，不知我進攻目標，於是處處設防，分兵把守，「無不備者無不寡」。如此一來，便形成了我眾敵寡、我實敵虛的格局，在進攻作戰時，就能迫使敵人變主動為被動，我則變被動為主動。

避實擊虛

「避實擊虛」即避開強大的部位，而打擊其空虛之處。孫子指出，在戰爭中要善於發現敵人空虛薄弱的部位，集中兵力，避實擊虛。

● 避實擊虛

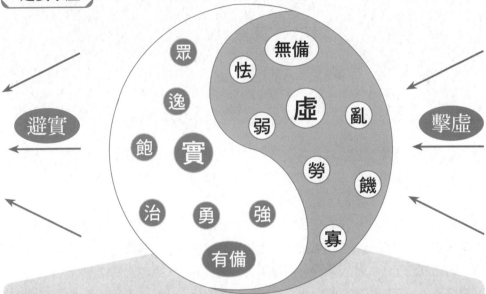

孫子說，「出其所不趨，趨其所不意。行千里而不勞者，行於無人之地也。攻而必勝者，攻其所不守也；守而必固者，守其所必攻也」，「進而不可禦者，衝其虛也」。這些論述旨在說明，要善於發現和抓住敵人的弱點，以己之實，擊敵之虛。

● 我專而敵分

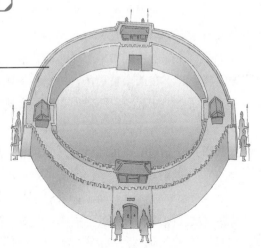

不讓敵人知道我軍的進攻目標，讓他們處處設防，如此就能形成「我專而敵分」的局面。

孫子說：「吾所與戰之地不可知，不可知，則敵所備者多。」讓居於防禦地位的敵人不知我主攻方向，不知我進攻目標，於是處處設防，分兵把守，「無不備者無不寡」。如此一來，便形成了我眾敵寡、我實敵虛的格局，在進攻作戰時，就能迫使敵人變主動為被動，我則變被動為主動。

第三節

兵無常勢者

敵變我變，因敵制勝

故兵無常勢，水無常形；能因敵變化而取勝者，謂之神。故五行無常勝，四時無常位，日有短長，月有死生。

古希臘哲學家赫拉克利特有句名言：「人不能兩次踏入同一條河流。」意思是說，河水在不停地流動，當人們第二次踏入這條河流時，接觸到的已經不是原來的水流，而是變化了的新的水流。

智者所見略同，中國的孫子把戰爭看成「液態」的「流動體」，而不是「凝結著的固體」，並提出了「兵無常勢，水無常形」的見解。他說，「水因地而制流，兵因敵而制勝」，「能因敵變化而取勝者，謂之神」。戰場上的情況瞬息萬變，不能墨守成規，要根據敵情的變化，採取相應的對策，才能取得勝利，這就是因敵制勝。

在戰爭中，不同的敵人有不同的弱點和強項（虛實），他們的弱點和強項也會因主客觀條件的不同而發生變化，所以避實擊虛的運用方法也必須因敵而異，以變制變。因此孫子說：「兵無常勢，水無常形，能因敵變化而取勝者，謂之神。」宋人王晳對此有非常精闢的解釋：「兵有常理，而無常勢；水有常性，而無常形。兵有常理者，擊虛是也；無常勢者，因敵以應之也。水有常性者，就下是也；無常形者，因地以制之也。」（《十一家注孫子·虛實篇》）也就是說，避實擊虛是不變的規律，而因敵制勝則是變化無窮的。在軍事實務中，懂得避實擊虛的道理容易，能夠因敵制勝地加以靈活運用卻很難。因此孫子重點強調了因敵制勝的應用，他說：「人皆知我所以勝之形，而莫知吾所以制勝之形。故其戰勝不復，而應形於無窮。」人們都知道我取勝的戰法，但不知道我是怎樣根據敵情變化靈活運用這些戰法而取勝的。每次戰勝敵人，都不是重複老一套，而是隨著敵情發展，不斷變換自己的戰術方略。其實，不僅僅是避實擊虛，所有作戰指導原則的運用，都應本著因敵制勝的思想，做到靈活機動、敵變我變，否則就可能陷入教條主義、紙上談兵的結果。

孫子認為，在戰爭中必須因敵制勝。因為不同的敵人有不同的弱點和強項（虛實），而這些強弱點本身也會因主客觀條件的不同而千變萬化，所以避實擊虛的運用方法也必須因敵而異，以變制變。

● 兵無常勢，水無常形

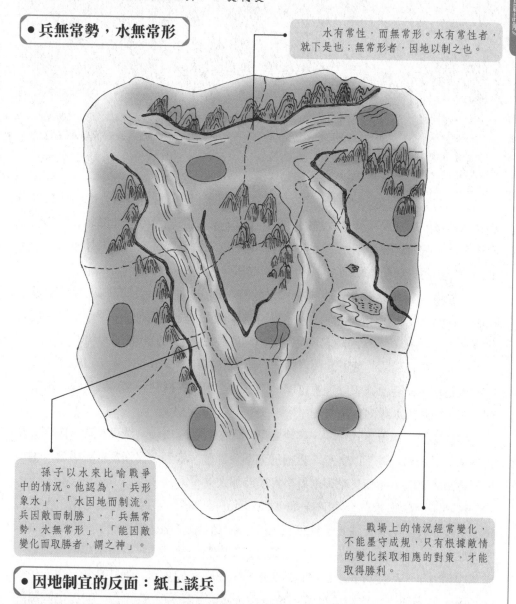

水有常性，而無常形。水有常性者，就下是也；無常形者，因地以制之也。

　　孫子以水來比喻戰爭中的情況。他認為，「兵形象水」，「水因地而制流。兵因敵而制勝」，「兵無常勢，水無常形」，「能因敵變化而取勝者，謂之神」。

　　戰場上的情況經常變化，不能墨守成規，只有根據敵情的變化採取相應的對策，才能取得勝利。

● 因地制宜的反面：紙上談兵

　　戰國時趙國名將趙奢之子趙括，年輕時學兵法，談起兵事來父親也難不倒他。後來他接替廉頗為趙將，在長平之戰中只知道根據兵書辦，不知道變通，結果被秦軍大敗。後來人們用紙上談兵比喻空談理論，不能解決實際問題，也比喻空談不能成為現實。

第四節

避實就虛

圍魏救趙

古往今來，無數軍事家運用虛實之道克敵制勝。孫臏在圍魏救趙中就運用了避實就虛、攻其必救等戰法，大破魏軍。其中，桂陵之戰是齊國進入戰國時期後取得的第一次重大勝利，其成功經驗，為歷代兵家所借鑑。

西元前354年，趙國在齊國的支持下進攻衛國。衛國原是魏國的從屬，於是魏王派將軍龐涓率八萬精兵進攻趙國，包圍了趙國都城邯鄲（今河北邯鄲）。趙國苦戰了一年，眼看就要撐不住了，急忙向盟國齊國求援。齊威王正欲向外擴張，於是命田忌為主將，孫臏為軍師，率兵八萬救趙國。

田忌與孫臏率兵進入魏、趙交界之地時，田忌想直逼趙國邯鄲，與魏軍進行決戰。孫臏則提出了不同的看法，他認為派兵解圍，要避實就虛，擊中要害。此時魏軍主力出兵在外，國內防務必定空虛，可以趁此機會直搗魏都大梁（今河南開封），迫使遠在趙國的魏軍回國自救。等龐涓回兵時，齊軍在中途予以截擊，這樣既能救趙國，又能給魏國以沉重打擊。田忌同意了這一作戰計劃，於是率軍南下，會同宋、衛兩國軍隊圍攻魏襄陵。

孫臏先派不懂軍事的齊城、高唐二邑大夫率兵強攻襄陵，結果兵敗。龐涓誤認為齊軍不堪一擊，遂不以為意，繼續加緊圍攻邯鄲。等到龐涓圍攻邯鄲數日，損兵折將急需休整時，孫臏又派輕車銳卒直撲魏都大梁。

魏惠王十萬火急命令龐涓統兵回救。龐涓接令後，不得不放棄邯鄲，拋棄輜重，晝夜兼程回師。孫臏判斷魏軍回師必經桂陵（今河南長垣西北），立即率齊軍主力北上，在桂陵設下埋伏。當魏軍經長途跋涉行至桂陵時，齊軍突然發起進攻。魏軍攻趙數年，兵疲將勞，長途跋涉更使士氣低落；而齊軍以逸待勞，又占有先機之利，士氣正旺。兩軍遭遇桂陵，魏軍倉皇應戰，不過十數回合，便死傷兩萬餘人，龐涓率殘部落荒而逃，方才保得性命。桂陵一戰，龐涓慘敗，邯鄲之圍遂解。

圍魏救趙

　　圍魏救趙原指戰國時，齊軍用圍攻魏國的方法，迫使魏國撤回攻趙部隊而使趙國得救。後指襲擊敵人後方的據點以迫使進攻之敵撤退的戰術。

● 齊魏進攻路線

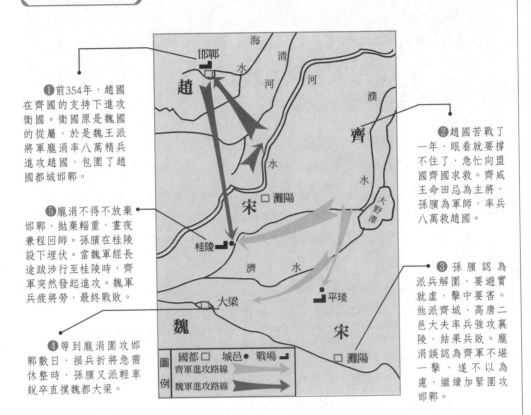

❶ 前354年，趙國在齊國的支持下進攻衛國。衛國原是魏國的從屬，於是魏王派將軍龐涓率八萬精兵進攻趙國，包圍了趙國都城邯鄲。

❺ 龐涓不得不放棄邯鄲，拋棄輜重，晝夜兼程回師。孫臏在桂陵設下埋伏。當魏軍經長途跋涉行至桂陵時，齊軍突然發起進攻。魏軍兵疲將勞，最終戰敗。

❹ 等到龐涓圍攻邯鄲數日，損兵折將急需休整時，孫臏又派輕車銳卒直撲魏都大梁。

❷ 趙國苦戰了一年，眼看就要撐不住了，急忙向盟國齊國求救。齊威王命田忌為主將，孫臏為軍師，率兵八萬救趙國。

❸ 孫臏認為派兵解圍，要避實就虛，擊中要害。他派齊城、高唐二邑大夫率兵強攻襄陵，結果兵敗。龐涓誤認為齊軍不堪一擊，遂不以為慮，繼續加緊圍攻邯鄲。

圖例　國都 □　城邑 ●　戰場 ▪
齊軍進攻路線
魏軍進攻路線

　　桂陵之戰是齊國進入戰國時期後取得的第一次重大勝利，在中國戰爭史上占有重要地位。作戰中，孫臏運用了避實就虛、攻其必救等戰法，大破魏軍，創造了「圍魏救趙」的著名戰例，其成功經驗，為歷代兵家所借鑑。

第五節

因勢利導，爭取主動

馬陵之戰

馬陵一戰，孫臏在戰略上能正確地選擇作戰時間、空間，待對方削弱後再出兵擊魏，調動敵軍在預期的有利戰場進行決戰。在戰術上因勢利導，製造假象，完全掌握了戰爭主動權。

西元前341年，魏國發兵進攻韓國，韓國向齊國求援。

齊相國鄒忌主張不救，認為韓、魏相爭，一死一傷，正於齊有利。大將田忌主張早救，若魏勝，則必定殃及齊國。孫臏既不贊成不救，也不支持早救，而主張先答應韓國的求救要求，以增進韓國的信心。這樣，韓國必定全力抵抗，以待援軍；而魏國必定全力攻打，以求速勝。兩軍苦戰，消耗必大，到時候齊軍乘虛進攻疲憊不堪的魏軍，可一舉而下，韓國之危可解。

孫臏再次使出「圍魏救趙」的戰策，率軍直逼大梁。龐涓聞訊後立即撤離韓國，回師追擊齊軍。齊軍進入魏境之後，孫臏獻「減灶示弱」之計，以迷惑魏軍。隨後而至的龐涓，見齊軍舊營地遺有十萬之灶，不禁大吃一驚，遂覺齊國有十萬之眾，不可小視；第二日再數，卻只有五萬之灶；第三日更少，只有三萬灶。龐涓見狀，不禁大喜，認定齊軍怯戰，入魏境三天便逃亡過半，便不顧太子申的勸誡，只帶挑選的兩萬精兵，倍道兼行，快速追趕齊兵。

齊軍退至馬陵，此地道路狹窄，地勢險要，兩旁樹木茂盛，是個設伏的好地方。孫臏計算行程，判斷魏軍將於日落後追至，遂命士卒伐木堵路，並將路邊一棵大樹剝去樹皮，在樹幹上寫上「龐涓死於此樹之下」，然後挑選一萬名弓弩手埋伏在道路兩側的山上，約定天黑後，見到火光就一齊放箭。

日暮時分，龐涓果然率軍追到馬陵，發現路旁的大樹被剝去樹皮，上面隱隱約約寫有字，就命士卒點起火把來看，待他看清樹上字跡後，這才發現中計，急令部隊撤退。但已經晚了，兩旁齊軍看見火光，萬弩齊發，伏兵四起。魏軍猝不及防，倉促應戰，很快潰敗。龐涓中箭，左突右衝無法突出重圍，最後憤愧自殺。齊軍乘勝追擊，又大敗魏軍主力，俘獲魏軍主將太子申，殲滅魏軍十萬。

馬陵之戰

齊國在桂陵之戰及馬陵之戰中大獲全勝，並援救了趙、韓兩國，使得齊國的威望上升，國家力量迅速提升，成為當時數一數二的強大國家，稱霸東方。

● 馬陵之戰

馬陵之戰

戰爭背景

魏軍雖在桂陵之戰中嚴重失利，但是並未因此而一蹶不振，仍然具有很強的實力。西元前341年，魏國發兵攻打韓國。韓國自然不是魏的對手，危急中遣使奉書向齊國求救。齊威王召集大臣商議此事。鄒忌不主張出兵，而田忌則主張發兵救韓。孫臏主張「深結韓之親，而晚承魏之弊」，他的計策為齊威王所接受。

減灶之計

孫臏料定魏軍日暮時分會到達馬陵，遂在此設伏。他命士卒伐木堵路，並將路邊一棵大樹剝去樹皮，在樹幹上寫上「龐涓死於此樹之下」，然後挑選一萬名弓弩手埋伏在道路兩側的山上，約定天黑後，見到火光就一齊放箭。

龐涓果然中計，追至馬陵，齊軍伏兵四起，大敗魏軍。龐涓最後憤愧自殺。

齊軍進入魏境之後，孫臏獻「減灶示弱」之計，以迷惑魏軍。隨後而至的龐涓，見齊軍舊營地遺有十萬之灶，不禁大吃一驚，遂覺齊國有十萬之眾，不可小視；第二日再數，卻只有五萬之灶；第三日更少，只有三萬灶。龐涓大喜說：「我故知齊軍怯，入我地三日，士卒亡者過半矣。」他不顧太子申的勸誡，只帶挑選的兩萬精兵，倍道兼行，快速追趕齊兵。

● 孫臏

孫臏是兵聖孫子的後代，出生於齊國。他曾拜兵學家鬼谷子為師，與龐涓是同窗好友。但龐涓做了魏國大將後，十分嫉妒孫臏的才能，便將他騙到魏國施以臏刑（去膝蓋骨），欲使其永遠不能領兵打仗。後來齊國使者偷偷將孫臏救回齊國，被田忌善而客待。又透過田忌賽馬被引薦與齊威王任為軍師。馬陵之戰，身居輜車，計殺龐涓，打敗魏軍。著作有《孫臏兵法》，部分失傳。

形兵之極，至於無形

李廣計退匈奴兵

《孫子兵法》說：「形兵之極，至於無形。」意思是說，以假象迷惑敵人的用兵方法運用到微妙的地步，就不會露出行跡，使敵人無形可窺。

李廣在上谷郡擔任太守的時候，有一天為了追趕幾個匈奴兵進入了匈奴領地，忽然遇到匈奴的幾千騎兵。此時，匈奴騎兵也發現了李廣。當時李廣只帶了百十來人，面對來勢洶洶的匈奴主力，李廣部下非常害怕，企圖逃跑。李廣對他們說：「現在我們遠離大軍，如果逃跑，匈奴一定追趕，到時候沒有一個人能跑掉。如果我們不走，匈奴反而會以為我們是誘兵，不敢進攻我們。」於是，李廣命令士兵繼續前進。當他們走到離匈奴陣地只有兩里的時候才停下來。接著，李廣又命令他們都下了馬，並卸下馬鞍。

嚴陣以待的幾千匈奴鐵騎看到一百多個漢朝騎兵下馬解鞍、放鬆戒備，果然將李廣等人當成了誘兵。匈奴騎兵因為害怕中漢軍的埋伏，不敢貿然進攻。過了一會兒，一個騎著白馬的匈奴頭目出陣試探，李廣見了立即跨上戰馬，帶領十幾名騎兵衝上前去，殺了那個「白馬將軍」，然後又從從容容地回到原地解下馬鞍，橫七豎八地躺在地上休息。這時，天色漸晚，夜幕徐徐降臨。匈奴騎兵對李廣一行的舉動始終覺得神祕莫測，一直沒敢貿然進攻。到午夜時分，他們唯恐受到漢朝伏兵的襲擊，便趁著夜色全部退走了。第二天凌晨，李廣見對面山坡上靜悄悄的，一個人也沒有，這才帶著那一百多名騎兵平安地返回大營。

李廣在大敵面前，知道逃走必死，索性示形於敵，逼近敵人陣前休息，射殺前來偵察的敵軍將領，以顯示自己並不怕匈奴主力的進攻。李廣以弱示強，虛虛實實，虎口脫險，印證了「形兵之極，至於無形」的用兵境界。其非凡的謀略和應變能力、忠信正直的磊落襟懷，使其成為深受部下擁戴、令敵人聞風喪膽的一代名將。

飛將軍李廣

　　李廣（？—前119），漢族，隴西成紀（今甘肅靜寧西南）人，中國西漢時期名將。李廣一生征戰沙場，與匈奴大小七十餘戰。他英勇善戰，任右北平太守後，匈奴畏懼，避之，數年不敢入侵右北平。

● 李廣

李廣出獵，看到草叢中的一塊石頭，以為是老虎，張弓而射，一箭射去把整個箭頭都射進了石頭裏。仔細看去，原來是石頭，過後再射，卻怎麼也射不進石頭裏去了。

桃李不言下自成蹊

李廣射石

　　桃李有芬芳的花朵、甜美的果實，雖然不會說話，仍然能吸引許多人到樹下賞花嘗果，以至於樹下走出一條小路出來。比喻一個人做了好事，不用張揚，人們就會記住他。只要能做到身教重於言教，為人誠懇、真摯，就會深得人心；只要真誠、忠實，就能感動別人。比喻為人誠摯，自會有強烈的感召力而深得人心。

　　李廣英勇善戰，歷經漢景帝、武帝，立下赫赫戰功，對部下也很謙虛和藹。文帝、匈奴單於都很敬佩他，但年紀不大被迫自殺，許多部下及不相識的人都自動為他痛哭，司馬遷稱讚他是「桃李不言，下自成蹊」。

第七節

兵無常勢，虛而示虛

空城計

用兵之道，虛中有實，實中有虛，虛虛實實，變化無窮。在通常情況下，以實示虛容易做到，而以虛示實則是非常冒險的行為，一旦被敵人識破，很有可能演變成敗局。

　　三國時期，諸葛亮因為街亭失守，隨時有被魏兵堵截歸路、全軍覆滅的危險。為防魏軍乘勢追擊，諸葛亮把張翼叫來布置：「引部分軍士，快速修理劍閣通道，為大軍準備退路。」然後傳令：大軍悄悄收拾行裝，分別從各自駐地快速撤退。

　　待諸葛亮把身邊人馬分派出去執行緊急命令之後，城中就近於空城了。此時，司馬懿正率領十五萬魏軍向西城蜂擁而來；眾官員聽到這個消息都大驚失色。

　　諸葛亮登樓觀望後，稍一沉思，然後胸有成竹地說：「你們不必驚慌，我自有退兵之法。」他傳下命令：把城內所有旗幟全放倒，藏匿起來！城內士兵，各自隱在駐地房舍、圍牆內，不許亂動亂嚷，如有違令不遵者，立斬！然後，又下令打開東南西北四面城門，每一門前派二十名老少軍兵打扮成老百姓模樣，灑水掃街，不許神色慌張，舉措不當。如果魏軍衝到城前，也不能退入城內，仍要一如既往。說罷，諸葛亮披一件印有仙鶴圖案的寬大長衫，戴一頂綢布便帽，讓兩個小童抱著一張琴、一只香爐，隨他登上城樓，憑著樓上欄杆端端正正地坐下，點燃香。然後，閉目養了會兒神，再緩緩睜開眼，虛望前方，安然自得地彈起琴來。

　　這時，司馬懿統領的魏軍已來到城下。先頭部隊見到這種情形，都不敢貿然前進，急忙向司馬懿報告。司馬懿飛馬跑到城下，遠遠觀望。看了許久，聽了很長時間，無論是從表情動作還是諸葛亮所彈出的琴聲中，都看不出絲毫破綻。其子司馬昭道：「我們應即刻衝殺進去，活捉諸葛亮！他分明是故弄玄虛，裏面肯定是座空城！」司馬懿凝然不動，仍靜靜諦聽。最終因懷疑城中設有埋伏而引兵退去。

空城計

空城計是在己方無力守城的情況下，故意向敵人暴露我城內空虛，就是所謂「虛者虛之」。實力空虛、走投無路的一方，採用此招，目的是要蒙混過關或避免遭受更大的損失。

● 空城計

城門大開，裏面必有埋伏。

東南西北四面城門大開，每一門前，派二十名老少軍兵打扮成老百姓模樣，灑水掃街。

諸葛亮披一件印有仙鶴圖案的寬大長衫，戴一頂綢布便帽，安然自得地彈琴。

諸葛亮擺空城計，司馬懿無論是從表情動作還是諸葛亮所彈出的琴聲中，都看不出絲毫破綻。他說：「諸葛亮一生謹慎，不曾冒險。現在城門大開，裏面必有埋伏，我軍如果進去，正好中了他們的計。還是快快撤退吧！」最終因懷疑城中設有埋伏而引兵退去。

● 孔明燈

孔明燈又叫天燈，相傳是由三國時的諸葛亮所發明。當年，諸葛孔明被司馬懿圍困於陽平，無法派兵出城求救。孔明算準風向，並製作會飄浮的紙燈籠，繫上求救的訊息，其後果然脫險，於是後世就稱這種燈籠為孔明燈。另一種說法則是這種燈籠的外形像諸葛孔明戴的帽子，因而得名。

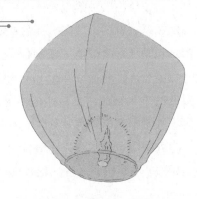

佚能勞之

鐵木真疲敵勝乃蠻

《孫子兵法》中說：「敵佚能勞之，飽能饑之，安能動之。」這些都是削弱敵人的辦法。成吉思汗在與乃蠻部作戰的過程中，充分應用了疲敵的策略。

1204年，蒙古高原的各部落間征戰頻繁。乃蠻部是蒙古高原上最大的一個突厥語系部落，其首領太陽汗依仗自己勢力強大，率兵攻打鐵木真。經過一天的激戰，雙方勝負未分。

當天晚上，太陽汗剛剛睡下，士兵們也漸漸睡熟，忽然哨兵前來報告：鐵木真營中火光四起，亮如白晝。太陽汗不知鐵木真軍到底有多少，唯恐鐵木真要來劫營，急忙發出命令，讓士兵們立即起身，趕緊布防。到了半夜時分，敵營方向卻毫無動靜。乃蠻士兵剛要回帳休息，哨兵復來急報：敵營中又有火光。太陽汗不知鐵木真的虛實，不敢再睡，只好和衣而臥，等待天亮，營中也喧喧嚷嚷哄鬧了一夜。

第二天天剛亮，鐵木真軍就發起了進攻，疲憊的太陽汗望著精神抖擻、列陣整齊的蒙古士兵，心裏非常膽怯，命令自己的軍隊一退再退。

原來，鐵木真軍實力不如乃蠻部，於是他想出一條妙計：在夜晚命令一部分士兵們到營外一人點起五堆火，用火光虛張聲勢，威嚇敵人。乃蠻軍不知鐵木真的用意，故而上當，不僅一夜沒有休息，而且心中充滿了疑慮，軍心渙散。

當夜幕再次降臨以後，乃蠻士兵們因一夜未眠，困倦難忍。他們見鐵木真營內毫無動靜，就四下散開，倒臥在陣前山坡上進入了夢鄉。就在這時，鐵木真大軍悄悄地包圍了乃蠻駐地，鐵木真又派精銳部隊乘虛而入，偷偷地摸進乃蠻營中，突然一聲號令，頓時殺聲四起，不少乃蠻士兵還在睡夢中，就糊裏糊塗地做了刀下鬼，殘餘的士兵被鐵木真軍追殺得無路可逃，只好紛紛跪地乞降。太陽汗也身負多處傷，被鐵木真軍俘虜，不久，因傷重身亡。

此戰中，鐵木真先疲敵，使敵軍戰鬥力下降；後誤敵，使敵人因為習慣於騷擾而喪失了警惕性；最後一鼓作氣，征服了乃蠻部落。

成吉思汗

成吉思汗是世界史上傑出的政治家、軍事家。在位期間多次發動對外征服戰爭，征服地域西達西亞、中歐的黑海海濱。1271年元朝建立後，忽必烈追尊成吉思汗為元朝皇帝，廟號太祖。

● 成吉思汗的貢獻

接受貴族們獻禮的成吉思汗

1162年 鐵木真（成吉思汗）誕生。
1171年 鐵木真父也速該被塔塔兒人毒害，蒙古部落聯盟解體。
1184年 鐵木真被推舉為蒙古部汗。
1190年 箚木合率十三部聯軍攻鐵木真，鐵木真被擊敗。
1202年 鐵木真滅塔塔兒部。
1203年 鐵木真滅克烈部。
1204年 鐵木真滅乃蠻部。
1205年 鐵木真征西夏。
1206年 鐵木真即汗位，號成吉思汗，建大蒙古國。

創 蒙 古 文 字

蒙古族原來沒有文字，只靠結草刻木記事。在鐵木真討伐乃蠻部的戰爭中，捉住一個名叫塔塔統阿的畏兀兒人。太陽汗尊他為國傅，讓他掌握金印和錢穀。鐵木真讓塔塔統阿用畏兀兒文字母拼寫蒙古語，教太子諸王學習，這就是所謂的「畏兀字書」。「畏兀字書」經過14世紀初的改革，更趨完善，一直沿用到今天。塔塔統阿創造蒙古文字，在蒙古汗國歷史上是一個創舉。正是由於有了這種文字，成吉思汗才有可能頒布成文法，而在他死後不久成書的第一部蒙古民族的古代史——《蒙古祕史》，就是用這種畏兀字書寫而成。

頒 布 文 法

1206年成吉思汗建國時，就命令失吉忽禿忽著手制定青冊，這是蒙古族正式頒布成文法的開端。但蒙古族的第一部成文法——《箚撒大典》卻是十幾年之後，在西征花剌子模之前制定的。

現在，《箚撒大典》已經失傳，但在中外史籍中還片斷記載了其中一部分條款。在蒙古社會中，大汗、合罕是最高統治者，享有至高無上的權威，大汗的言論、命令就是法律，成吉思汗頒布的「大箚撒」記錄的就是成吉思汗的命令。成吉思汗的「訓言」，也被稱為「大法令」。

第九節

化假為真，化虛為實

張巡草人借箭

張巡採取虛虛實實的辦法，用假象欺騙敵人，並適時化假為真，化虛為實，化無為有，給敵人以出其不意的攻擊，一度扼制了叛軍的進攻。

唐朝安史之亂時，安祿山占領了洛陽，雍丘（今河南杞縣）縣令令狐潮投降叛軍，做了安祿山的部將，替他攻城略地。而與雍丘相鄰的真源縣（今河南鹿邑縣東）縣令張巡拒絕了安祿山的誘降，率領僅有的千餘人唐軍與叛軍作戰，並占領了雍丘。

令狐潮帶領四萬叛軍前來進攻。他在雍丘城下對張巡喊話：「唐朝已經快滅亡了，你堅守孤城，究竟是替誰賣命呢？」張巡義正詞嚴地反問道：「你平生自稱是忠義之士，如今你背叛朝廷，有什麼忠義可言？」

張巡率雍丘將士奮勇抗擊，打退了叛軍三百多次進攻。可防守時間一長，城裏的箭用完了。沒有了箭，如何守城呢？為此，張巡萬分焦慮，苦思對敵良策。

一天深夜，雍丘城頭上黑壓壓一片，隱隱約約有成百上千個穿著黑衣服的士兵，沿著繩索爬下牆來。這件事被圍城的士兵發現了。令狐潮得知，斷定是張巡派兵偷襲，就命令士兵向城頭放箭，一直放到天色發白。此時叛軍才發現城牆上所掛的全是草人，草人身上密密麻麻地插滿了箭。令狐潮方知上當。張巡利用「草人借箭」之計，得箭幾十萬支，補充了城裏箭的不足。

又過了幾天，還是像前次夜裏一樣，城牆上出現了「草人」。令狐潮的兵士見了感到又氣憤，又好笑，認為張巡又來騙他們了，誰也不理睬，也沒報告令狐潮。他們哪裏知道這次城上吊下來的並非草人，而是張巡派出的五百名士兵。這些士兵趁叛軍不防備，突然向令狐潮的大營發起猛烈襲擊。令狐潮正在酣睡，忽報有唐軍來襲，嚇得睡意頓消，忙下令集合人馬，但倉皇之中，已來不及組織抵抗。幾萬軍隊失去指揮，被唐軍殺得四散奔逃。令狐潮縱馬一直逃到十幾里外才喘了口氣，待驚魂稍定，查點人馬，死傷竟有幾千人。

草人借箭

安史之亂的最後勝利，與張巡的卓越指揮密不可分。他阻止了叛軍向江淮方向的發展，確保了唐王朝江漢漕運的暢通，同時為唐軍組織反攻贏得了寶貴的時間。

● 張巡的軍事思想

軍事思想

積極防禦，主動出擊

戰術上靈活多變，不拘泥古法

後勤保障取之於敵

智謀超群，指揮卓越，善於臨機應敵

● 張巡草人借箭

城裏的箭用完了，張巡令士兵從城頭上放下很多草人，使得敵人誤以為張巡派兵偷襲，於是向城頭放箭。直到天亮，叛軍才發現城牆上所掛的全是草人，草人身上密密麻麻地插滿了箭。

過了幾天，當張巡真的派士兵出城突襲的時候，敵人反而認為張巡又在放草人。趁叛軍毫無防備，張巡大敗叛軍。張巡在虛虛實實中給敵人以出其不意的攻擊，一度扼制了叛軍的進攻。

第八章

《軍爭篇》詳解

前四篇《計篇》、《作戰篇》、《謀攻篇》、《形篇》，講的是政策，就是政治、經濟、外交、內政。其後《勢篇》和《虛實篇》講的是戰略戰術的應用，就是奇正的變化和虛實的妙用。本篇講的是兩軍爭勝的方略和規律，即曹操注說的「兩軍爭勝」。

本篇論兩軍爭勝時，敵我雙方都想搶占先機，但欲達此目的，必須先具有周密的戰鬥計劃和各項治兵禦變的法則。所以，本篇首先揭示兩軍爭勝的總方略，即「以迂為直，以患為利」，這樣才能後發先至，占先制勝。不過，兩軍爭勝是至危極險的事情，有利益，也有危險。善於克敵制勝的良將，在作戰之前先要權衡利害，知曉得失，並須依據客觀條件作出妥善周密的戰鬥計劃。所謂「勝兵先勝而後求戰」，講的正是這個道理。

圖版目錄

軍爭篇

【原文】孫子曰：凡用兵之法，將受命於君，合軍聚眾，交和而舍，莫難於軍爭。軍爭之難者，以迂為直，以患為利。故迂其途，而誘之以利，後人發，先人至，此知迂直之計者也。

故軍爭為利，軍爭為危。舉軍而爭利，則不及；委軍而爭利，則輜重捐。是故卷甲而趨，日夜不處，倍道兼行，百里而爭利，則擒三軍將，勁者先，疲者後，其法十一而至；五十里而爭利，則蹶上將軍，其法半至；三十里而爭利，則三分之二至。是故軍無輜重則亡，無糧食則亡，無委積則亡。

故不知諸侯之謀者，不能豫交；不知山林、險阻、沮澤之形者，不能行軍；不用鄉導者，不能得地利。故兵以詐立，以利動，以分合為變者也。故其疾如風，其徐如林，侵掠如火，不動如山，難知如陰，動如雷霆。掠鄉分眾，廓地分利，懸權而動。先知迂直之計者勝，此軍爭之法也。

《軍政》曰：「言不相聞，故為金鼓；視不相見，故為旌旗。」夫金鼓旌旗者，所以一人之耳目也；人既專一，則勇者不得獨進，怯者不得獨退，此用眾之法也。故夜戰多火鼓，晝戰多旌旗，所以變人之耳目也。

故三軍可奪氣，將軍可奪心。是故朝氣銳，晝氣惰，暮氣歸。故善用兵者，避其銳氣，擊其惰歸，此治氣者也。以治待亂，以靜待譁，此治心者也。以近待遠，以佚待勞，以飽待饑，此治力者也。無邀正正之旗，勿擊堂堂之陳，此治變者也。

故用兵之法，高陵勿向，背丘勿逆，佯北勿從，銳卒勿攻，餌兵勿食，歸師勿遏，圍師必闕，窮寇勿迫。此用兵之法也。

【譯文】孫子說：一般的戰爭法則，統帥受命於國君，聚集民眾，組編軍隊，到前線與敵人對壘，在這過程中沒有比爭取先機之利更困難的了。爭取先機之利最為難辦的是，把遙遠的彎路變成直道，化不利條件為有利條件。採取迂迴的途徑，以小利引誘敵人，在敵人之後出發，卻可以比敵人先到達，這便是懂得迂直之計的人。

所以軍爭有有利的一面，同時也有危險的一面。假如盡帶全副裝備和輜重去爭利，那麼就會行軍遲緩；如果放下笨重的裝備去爭利，就會損失輜重。因此，假如

收起盔甲，輕裝急進，晝夜不停，加倍行程趕路，走行百里去爭利，那麼三軍的將帥都可能被俘，強壯的戰士先到，疲弱的士卒掉隊，其結果只會有十分之一的兵力趕到；走五十里去爭利，上軍的將領會受挫折，只有半數兵力趕到；走三十里去爭利，只有三分之二的兵力趕到。因此，軍隊沒有輜重就不能生存，沒有糧食就不能生存，沒有物資就不能取勝。

凡是不了解列國諸侯戰略企圖的，就不能和他們結成聯盟；不熟悉山嶺、森林、險要、阻塞、水網、湖沼等地形的，不能率軍行進；不重用嚮導的，就不能得到地利。用兵靠詭詐立威，依利益行動，把分散與集中作為變化手段。部隊快速行動起來猶如疾風，舒緩行動時猶如森林，攻擊敵人時猶如烈火，防禦時像山嶽，蔭蔽時像陰天，發起進攻有如迅雷猛擊。掠奪敵鄉，應分兵進行，開拓疆土，取得敵國豐富的資源，衡量利害得失，然後相機行動。事先懂得以迂為直方法的就勝利，這是軍爭的原則。

《軍政》上說：「作戰中用語言指揮聽不到，所以設置金鼓；用動作指揮看不見，所以設置旌旗。」金鼓、旌旗是統一全軍行動的標誌。戰士的視聽既然齊一，那麼，勇猛的戰士不得單獨前進，怯懦的戰士也不得單獨後退，這就是指揮大部隊作戰的方法。之所以變換這些信號，都是為了適應士卒的視聽能力。

對於敵人的軍隊，可以使其士氣衰竭；對於敵人的將領，可以使其決心動搖。初戰時士氣飽滿，過一段時間就逐漸懈怠，戰至後期士氣就消亡了。因而，善於用兵的人總是避開敵人的銳氣，攻擊懈怠欲歸的敵人，這是掌握軍隊士氣的方法。用嚴整的部隊對付混亂的敵軍，用沉著冷靜的軍旅對付浮躁喧亂的部隊，這就是從心理上制伏、戰勝敵人的辦法。用靠近戰場的部隊等待遠途奔來的敵軍，用休整良好的部隊等待疲勞困頓的敵軍，用飽食的部隊對付饑餓的部隊，這就是從體力上制伏、戰勝敵人的辦法。不要去攔擊旗幟整齊、部署周密的敵人，不要去攻擊陣容堂皇、實力強大的敵人，這是以權變對付敵人的辦法。

所以，用兵的原則是：不要去仰攻占據高地的敵人，不要去迎擊背靠山丘的敵人，不可跟蹤追趕假裝敗退的敵人，不要去進攻精銳的敵軍，不要去吃掉充當誘餌的小部隊，不要去遏止回撤的敵人，包圍敵人要虛留缺口，當敵軍已陷入絕境，不可逼迫太甚。這些都是用兵的法則。

爭取先機之利

軍爭

> 孫子曰：凡用兵之法，將受命於君，合軍聚眾，交和而舍，莫難於軍爭。軍爭之難者，以迂為直，以患為利。故迂其途，而誘之以利，後人發，先人至，此知迂直之計者也。

「軍爭」是古代軍事術語，意為兩軍爭取先機之利。何謂「利」？「利」就是能夠使作戰取得勝利的有利條件，所以曹操對「軍爭」的注解是「兩軍爭勝」。

兩軍爭勝的中心問題，就是在雙方會戰之前，力爭掌握戰場的主動權。軍爭是一個非常不易處理的實際問題。孫子認為，如何先敵占領戰場要地掌握有利戰機，是兩軍相爭中最重要、也是最困難的問題。如果不能搶先占領有利的戰場，就會喪失戰爭的主動權，一切奇正、虛實都將成為空談。所以，軍爭雖然只是戰前的預備步驟，但它是在會戰中取得勝利的先決條件。因此，孫子一開始就提出軍爭的重要性及難度：「凡用兵之法，將受命於君，合軍聚眾，交和而舍，莫難於軍爭。」

孫子認為，軍爭的難度在於必須「以迂為直，以患為利」，就是要懂得把遙遠的彎路變成直道，化不利條件為有利條件。在實際行動中，能夠「迂其途，而誘之以利」，從而達到「後人發，先人至」的目的，孫子認為這樣就叫懂得了「以迂為直」的計謀，而能知迂直之計者，便可能是軍爭的成功者。

常識告訴我們：直徑近，曲路遠。而當兩軍相爭之時，遠和近是一定的空間概念，又和具體的時間概念相連。部隊運動距離遠，花費時間長；運動距離近，花費時間短。然而，遠和近一旦與雙方兵力部署的虛和實相結合，結果就可能各向其相反的方面轉化：遠而虛者，易行易進，機動快，費時少，成了實際上的近；近而實者，難行難進，機動慢，費時多，成了實際上的遠。同時，軍事對抗的雙方都在設法阻礙、破壞對方的計劃和行動，因此，任何軍隊要達到自己的目的，都必須作迂迴運動，給敵人造成錯覺，而不能毫無遮掩，讓對方一眼看清自己的虛實企圖。

以迂為直

　　軍隊開進時，如能變迂迴遠路為直達，變患害為有利，就可以先敵占領有利地形。「以迂為直」是兵法中較高的境界，但是要做到並不容易，因為「以迂為直」的根本目的就是化不利為有利。而在戰爭中，交戰雙方都在掩蓋自己的真實意圖，破壞對方的計劃。

● 迂與直

　　迂，是曲折、繞彎的意思，與「直」的意義相對。在兩軍相爭的戰場上，「迂」意味著花費的時間多，「直」則意味著花費的時間較少。但是，如果一味地求「直」圖快，有時候反而會適得其反。就像圖中所示，攀岩的人看起來走的是直路，但是路途艱辛，耗時耗力，未必就能夠搶先到達終點；而沿山道蜿蜒而上的人，看起來走的是彎路，離終點更遠，但是道路平坦，反而能搶先到達目的地。

軍爭為利，軍爭為危

軍爭的利弊

故軍爭為利，軍爭為危。舉軍而爭利，則不及；委軍而爭利，則輜重捐。是故卷甲而趨，日夜不處，倍道兼行，百里而爭利，則擒三軍將，勁者先，疲者後，其法十一而至；五十里而爭利，則蹶上將軍，其法半至；三十里而爭利，則三分之二至。是故軍無輜重則亡，無糧食則亡，無委積則亡。

孫子說：「軍爭為利，軍爭為危。」指出了軍爭既有利益，又有危險。軍爭中不能只見「利」，不見「害」。孫子將當時軍隊行軍的特點分三點作了具體的描述：

「卷甲而趨，日夜不處，倍道兼行，百里而爭利，則擒三軍將，勁者先，疲者後，其法十一而至。」放棄重裝備，日夜不休，加倍行程趕路，行走百里而爭利，其結果為「勁者先」「疲者後」，就是說少數精銳先到，疲憊不堪的人員則落後，僅十分之一的人員能夠到達目的地。而且，所有高級將領都有成為俘虜的危險。古代的軍制是全軍分為上、中、下三軍，「擒三軍將」即三軍主將均被俘。

「五十里而爭利，則蹶上軍將，其法半至。」假使行軍五十里而爭利，則有一半的兵力能夠達到有利戰地，擔負前衛的上軍之將仍可能犧牲。

「三十里而爭利，則三分之二至。」假使行軍三十里而爭利，則全部兵力有三分之二可能準時到達目的地。曹注說：「道近至者多，故無死敗也。」換言之，自高級將領以下，都沒有太多損失。

但是，全部軍需物資的損失，勢必導致部隊不能堅持作戰，甚至不能生存。所以，「舉軍而爭利」、「委軍而爭利」、「百里而爭利」、「五十里而爭利」和「三十里而爭利」都非善策。那麼，是不是不要去同敵人爭先機之利呢？孫子顯然不是這樣的用意。孫子認為：軍爭具有兩面性，不能盲目爭利，關鍵是要趨利避害，要「知諸侯之謀」、「知山林、險阻、沮澤之形」，還要善於「用鄉導」等。

古代戰爭的指揮用具

　　在古代沒有通信設備，走馬傳令又費時間，因此在戰爭中主要靠旗、金和鼓進行前後左右的調度。旗、金、鼓作為戰爭中的指揮用具，在中國古代戰爭中一直發揮著重要作用。

● 鼓、金、旗

← 鼓

　　「鼓」在古代軍事活動中有三種作用，一是報時，二是警眾，三是鼓舞士氣。《文獻通考》上說：「軍城及野營行軍之外，日出沒時搗鼓千槌，三百三十三槌為一通；鼓音止，角音動，吹十二首為一疊；三角三鼓而昏明畢。」這裏講的是鼓的第一個作用。部隊在行進過程中如果遇到敵人就要擊鼓，以示後續部隊立即進入戰鬥狀態。這是擊鼓的第二個作用。《左傳·莊公十年》寫道：「一鼓作氣。」就是說，古代作戰擊鼓進軍，擂第一通鼓時士氣最盛。這是擊鼓的第三個作用。

← 旗

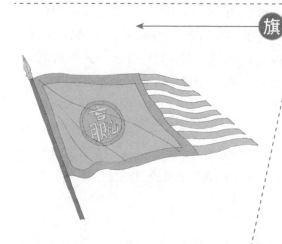

金

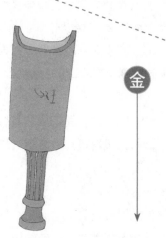

　　軍隊中有方面旗，東方為綠旗，南方為紅旗，西方為白旗，北方為黑旗，中央為黃旗。黃旗用來指揮各方，黃旗揮動，全軍集合。旗伏即跪，旗舉即起，捲旗銜枚。某一方面旗舉，該方面軍的士兵整裝集合。在戰爭中召集將領用黑旗。在古代通信落後的情況下，規定信號用旗幟指揮，是非常實用的。

　　「金」是古代的一種樂器。「鳴金」中的「金」就是指軍隊作戰中當作信號用的樂器鉦。鉦，古代樂器，形似鐘而狹長，上有柄，用銅製成。「鳴金」就是「鳴鉦」，《荀子·議兵》：「聞鼓聲而進，聞金聲而退。」意為擊鼓號令進攻，鳴金號令收兵。成語「鳴金收兵」本義為停止進攻，結束戰鬥；現多比喻完成任務，結束工作。

兵以詐立，以利動，以分合為變

軍爭的指導原則

> 故兵以詐立，以利動，以分合為變者也。故其疾如風，其徐如林，侵掠如火，不動如山，難知如陰，動如雷霆。掠鄉分眾，廓地分利，懸權而動。先知迂直之計者勝，此軍爭之法也。

孫子提出了「兵以詐立，以利動，以分合為變」的爭奪戰機的指導原則。

兵以詐立

梅堯臣對此句注曰：「非詭道不能立事。」這就將「詐」與「詭道」之間畫上了等號。事實上，孫子並未將詭道視為一種特定名詞，也無意對其作普遍的使用。「詐」字在此並無任何特殊之處，照一般常用的意義解釋即可。以現代軍事術語來表示，就是「欺敵」的意思，這也是古今中外的軍隊所常用的手段，不值得大驚小怪。所以，「兵以詐立」說的是以欺敵的手段來取勝。總而言之，在軍爭的過程中，為了達到「後人發，先人至」的目的，就必須想辦法欺敵，使敵方難以摸清我軍的意圖，對我軍的行動感到不可捉摸。

以利動

「以利動」就是依利益行動。軍爭本身就是雙方爭利的行為，但有時又必須以患為利，還需要對敵方誘之以利。總之，一切行動都是基於利益的考慮，此即所謂「以利動」。

以分合為變

「以分合為變」就是把分散與集中作為變化手段。在古代，由於道路崎嶇不平，加上軍隊缺乏有效的指揮和通信，為了便於控制，在行軍時大致都是將全部兵力集中在一起，這樣就降低了行軍的速度和彈性。孫子敢於向傳統觀念挑戰，創造性地提出「以分合為變」的觀念：將部隊分成幾部分，採取不同的行軍路線，這樣更容易使我軍迅速到達有利的戰地。從理論上來說，「以分合為變」是個不錯的觀點，但實際行動中可能會面臨很多意想不到的困難。尤其對於迅速有效地由分而合，更是個高難度的問題。不過，至少就理論而言，它是完全正確的。

戰鬥行動的六項法則

　　孫子提出了「兵以詐立，以利動，以分合為變」的爭奪戰機的指導原則。有利可奪時，行軍速度「其疾如風」；無利可奪時，行軍速度「其徐如林」；進攻時，「侵掠如火」；防禦時，「不動如山」；隱蔽時，如「陰雲蔽日」；衝鋒時，如「雷動風舉」。

●軍爭六法則

疾如風
　　有利可奪時，部隊行軍就和疾風一樣快速。

徐如林
　　無利可奪時，行軍舒緩有如森林。

侵掠如火
　　向敵人發起進攻時，就要像烈火一樣凶猛。

軍爭六法則

不動如山
　　防禦時，像山嶽一樣巋然不動。

難知如陰
　　軍隊隱蔽時，像陰天一樣讓敵人不知所蹤。

動如雷霆
　　軍隊衝鋒時，像驚雷閃電一樣勇猛。

　　「疾如風，徐如林，侵掠如火，不動如山，難知如陰，動如雷霆」是孫子提出的軍隊作戰的行動模式，也是《孫子兵法》中最著名的一段比喻，意在要求以千變萬化的機動來戰勝敵人。

第四節

四治之法

治氣、治心、治力、治變

故三軍可奪氣，將軍可奪心。是故朝氣銳，晝氣惰，暮氣歸。故善用兵者，避其銳氣，擊其惰歸，此治氣者也。以治待亂，以靜待嘩，此治心者也。以近待遠，以佚待勞，以飽待饑，此治力者也。無邀正正之旗，勿擊堂堂之陳，此治變者也。

治氣

治氣，即激發和保存軍隊的士氣，使其氣勢充盈，提升戰鬥力。在兩軍對壘之際，「避其銳氣，擊其惰歸」，避開對手的銳氣，待其士氣低落，再發起進攻。

治心

治心，即調整軍隊的心理狀態，「以治待亂，以靜待嘩」，以己之嚴整對付敵之混亂，以己之鎮靜對付敵之輕躁，從而讓對手陷於驚慌，占得心理上的優勢。

治力

治力，即正確使用軍隊的作戰力量，遵循「以近待遠，以佚待勞，以飽待饑」的作戰原則。在戰場上注意保存實力，使自身的力量在適當的時機集中爆發，力爭一擊制敵。

治變

治變，即以靈活機動取勝，遵循「無邀正正之旗，勿擊堂堂之陣」的作戰原則，不同敵人拼消耗，抓住有利時機，擊其要害。

上述四種戰法，在實戰中並非各自孤立，往往是被綜合運用的。善戰之人，常養精蓄銳，等待時機，後發制人，從而贏得陣地戰的勝利。陣地戰的作戰方式不同於突襲戰。突襲戰，主要憑藉兵勢和突然性，故而貴在先發取勝；而陣地戰，主要依仗氣力和持久性，因此重在後發制人。正所謂，攻守異術，奇正不同。值得一提的是，兩千多年前的孫子能夠把「士氣」這種精神因素看作軍隊戰鬥力的重要組成部分，是值得高度評價的。後人對孫子的「四治」理論廣為重視。其中「避其銳氣，擊其惰歸」等主張，已經成為經典的軍事原則，在古今中外的戰場上屢試不爽。

用兵八戒

在戰機問題上，孫子提出了「用兵八戒」，即「高陵勿向，背丘勿逆，佯北勿從，銳卒勿攻，餌兵勿食，歸師勿遏，圍師必闕，窮寇勿迫」，而且兩次提到這是「用兵之法」，不可違背。

● 高陵勿向、佯北勿從、銳卒勿攻

高陵勿向

「高陵勿向」是說不要去仰攻占據高地的敵人。敵據高地，便不利於硬攻，因為這樣的地形對敵人來說是「易守」，而對我來說是「難攻」。「高陵勿向」也告訴我們，要尋求有利於我方的地形作戰，這樣才能保證部隊的戰鬥力充分發揮，以取得戰爭的最終勝利。

佯北勿從

「佯北勿從」是說不可跟蹤追趕假裝敗退的敵人。兵不厭詐，兩軍對抗時，各種計謀層出不窮，敵人偽裝敗走，不可追趕，因為前方一定有敵人設好的埋伏。只有對敵人的意圖與實力有充分的了解，並正確採取對策，才能立於不敗之地並戰而勝之。

銳卒勿攻

「銳卒勿攻」是說不要去進攻精銳的敵軍。孫子認為，敵人士氣旺盛時不可進攻。善於用兵的人總是避開敵人初來時的氣勢，等敵人懈怠、疲憊時再發起攻擊，這是掌握軍隊士氣的方法。

以迂為直

楚王假道滅蔡國

楚文王吞併蔡、息兩國之心，早已有之，但楚文王並不直接去攻取，而是在了解敵國及有關盟國的動態後，「以迂為直」滅掉兩國，這正是《孫子兵法·軍爭篇》中「迂直」之計的具體體現。

對於互相結盟的兩國，一方受到武力威脅時，另一方常以出兵援助的姿態把力量滲透進去。當然，對處在夾縫中的小國，只用甜言蜜語是不會取得它的信任的，必須以「保護」為名迅速進軍，控制其局面，使其喪失自主性；然後再趁機突然襲擊，就可輕而易舉地取得勝利。

春秋初期，各諸侯國兼併征戰以擴張自己的勢力。楚文王時，楚國勢力日益強大，漢江以東小國，紛紛向楚國稱臣納貢。當時蔡國也是個小國，但它仗著和齊國聯姻，就不買楚國的帳。楚文王懷恨在心，一直想滅掉蔡國。

蔡國和另一小國息國關係很好，彼此經常往來。但是，息侯的夫人息媯有一次路過蔡國，蔡侯見息媯長得漂亮，便生輕薄之意。息媯大怒而去，回國後大罵蔡侯，息侯對蔡侯也心生怨氣。聽到這個消息後，楚文王認為滅蔡的時機已到，便派人與息侯聯繫。息侯想借刀殺人，便向楚文王獻上一計：讓楚國假意伐息，他就向蔡侯求救，蔡侯肯定會發兵救息。這樣，楚、息合兵，蔡國必敗。於是，楚文王立即調兵，假意攻息。蔡國得到息國求援的請求，果然發兵救息。可是兵到息國城下，息侯竟緊閉城門。蔡侯急欲退兵，楚軍已經把蔡侯圍困起來，並將其俘虜。

蔡侯被俘之後，痛恨息侯，對楚文王說：「息侯的夫人息媯是一個絕代佳人。」好色的楚文王便以巡視為名，率兵到了息國都城。息侯設盛宴為楚王慶功。楚文王在宴會上趁著酒興說：「我幫你擊敗了蔡國，你怎麼不讓夫人敬我一杯酒呀？」息侯只得讓夫人息媯出來向楚文王敬酒。楚文王一見息媯，果然天姿國色，決心一定要據為己有。

第二天，他舉行宴會，席間將息侯綁架，輕而易舉地滅了息國。

　　怎樣爭奪制勝的有利條件呢？孫子認為要採取「迂其途」，「誘之以利」的辦法，在軍隊開進的過程中，故意迂迴繞道，並用小利引誘遲滯敵人，就能收到比敵人後出動而先到達雙方必爭之軍事要地的效果，這就是「以迂為直」的計謀。

● 楚王滅蔡的經過

桃花夫人

蔡侯見息媯長得漂亮，便生輕薄之意。息媯大怒而去，回國後大罵蔡侯，息侯對蔡侯也心生怨氣。

息侯想借刀殺人，便向楚文王獻上一個滅掉蔡國的計謀。楚文王一直想滅掉蔡國，便同意了。

楚文王立即調兵，假意攻息。蔡國得到息國求援的請求，果然發兵救息。楚軍輕而易舉將蔡侯圍困起來，並將其俘虜。

蔡侯痛恨息侯，便告訴楚文王息媯是一個絕代佳人。為了得到息媯，楚王又滅了息國。

　　息夫人，春秋時期息國（今河南息縣）國君的夫人，出生於陳國（今河南淮陽縣）的媯姓世家，因嫁於息國又稱息媯，後楚文王以武力得之。因容顏絕代，目如秋水，臉似桃花，又稱為「桃花夫人」。

　　《孫子兵法》講到以迂為直，他認為懂得了「以迂為直」的計謀，能知迂直之計的人，才可能成為軍爭的成功者。楚文王在滅蔡的過程中就很好地運用了迂直之計，他雖然一直都想滅掉蔡國，但是並不馬上出擊，而是在了解敵國形勢之後，才「以迂為直」滅掉蔡國。

智激將士

阿骨打勝遼軍

《孫子兵法・軍爭篇》中說：「三軍可奪氣，將軍可奪心。」就是說，可以挫傷敵人軍隊的銳氣，動搖敵方將領的決心。將士是軍爭的根本，而將士則以志氣為根本。

女真族建立金王朝之前，是由多個部落組成的民族共同體，散居在長白山及黑龍江、松花江流域，受遼國的統治。遼人對女真人的奴役與壓迫，迫使女真人開始反抗。

遼天慶三年（1113年），女真族完顏部在阿骨打的率領下開展了抗遼戰爭。1115年，阿骨打建立金國。

阿骨打率兵攻占了遼國後方黃龍府，遼天祚帝耶律延禧聞聽後大驚，忙從對宋前線回到後方，調集了七十萬大軍征討金軍。金軍勢單力薄，形勢十分危急。

由於力量對比懸殊，金軍眾將認為取勝把握不大，都面露難色。阿骨打見此，為了激勵士氣，運用起「哀兵」之謀。他仰望天空，痛哭流涕說：「我們不堪忍受遼人壓榨欺侮，所以起兵，謀圖建立基業，自立一國，使我族人成為主人。哪知此舉卻惹得遼人傾全力來對付我們。情勢如此危急，生路只有兩條，一條是全族人同心合力，攜手作戰，或許可轉敗為勝；一條是眾人殺了我全家老小，把造反罪名推到我身上，然後去乞求遼人開恩，或許可轉禍為福。何去何從，請大家定奪。」

各部首領見阿骨打血淚縱橫，悲憤交集，也動了感情，心想：起兵反遼是大家的主意，怎能讓他一人頂罪？再說，即使殺了他去乞求，也未必能得到遼人的寬恕，如此倒不如拼全力搏一次，或許可求一條生路。於是部將們說：「我們起兵是為了我族的獨立，大家都是自願的。事已至此，只有決一死戰。我們願聽從您的指揮，赴湯蹈火，在所不辭！」

此時一度低迷消沉的士氣被振奮起來。金太祖阿骨打乘勢率兩萬輕騎奔襲遼軍，攻其不備，重創遼軍主力，扭轉了被動局面，取得了軍事上的主動地位。

遼、金簡介

　　女真族是居住在中國東北地區的一個古老民族，他們住在長白山北、松花江、黑龍江一帶，承擔著對遼王朝納貢的義務。遼朝後期府庫空虛，強令女真進貢奇珍異寶。女真各部人民強烈不滿，紛紛要求起兵反抗。

● 遼和金的發展

遼

　　遼建國於907年，國號契丹，916年始建年號，937年（一說947年）改國號為遼，983夏稱契丹，1066年仍稱遼。

　　遼代與北宋對峙，是統治中國北部的一個王朝。到了後期，遼皇室內部政變頻繁，各族人民反抗遼朝的起義連綿不斷，遼王朝日見衰敗。金政權建立後，接連打敗遼王朝，很快取代了遼在東北的統治地位。1125年天祚帝逃往西夏途中，為金兵追獲，遼亡。

金

　　1115年1月28日，女真領袖完顏阿骨打稱帝建國，國號大金。金朝建國後，先滅遼，後又滅北宋。女真在消滅遼朝和北宋後，統一了包括黃河流域在內的廣大北方地區，並與南宋長期對峙。完顏亮在位期間，對南宋發動大規模戰爭，但以失敗告終。金朝後期，統治集團極其腐朽，各民族起義風起雲湧，同時又受到蒙古帝國（元帝國）軍隊的不斷打擊，終於亡國。

天祚帝

完顏阿骨打

● 金滅遼

　　1122年，北宋出兵伐遼，結果大敗而回。而金兵卻以破竹之勢，連續攻占了遼的中京、西京和南京（即燕京）。遼天祚帝被迫逃往夾山（今內蒙古呼和浩特西北），金兵基本上摧毀了遼的統治。在金滅遼已成定局的形勢下，阿骨打於1123年死去，他的弟弟吳乞買（金太宗，其漢名為完顏晟）繼位，繼續攻遼。1125年，天祚帝在逃往西夏途中被金的追兵俘獲，遼亡。

第七節

避其銳氣，擊其惰歸

曹劌論戰

　　士氣對於戰爭的勝負非常重要。古往今來，軍事家們總是避開敵人的銳氣，等敵人鬆懈之時再去攻擊。齊、魯之戰中，魯國大勝靠的就是這招「避其銳氣，擊其惰歸」。

　　西元前684年春天，齊桓公以鮑叔牙為大將，率大軍攻打魯國，一直打到魯國的長勺（今山東萊蕪東北）。盡管魯莊公早已有所準備，但魯國畢竟是小國，力量有限，眼見齊軍已攻入國境，魯莊公決心動員全國力量和齊國決一死戰。

　　魯國有個平民叫曹劌，聽說齊國已打了進來，非常焦慮，請求見魯莊公。交談後，魯莊公知道他是個有才識的人，就讓他和自己同坐一輛戰車，來到長勺前線。

　　曹劌和魯莊公察看陣地，見魯軍所處的地理形勢十分有利，心裏很高興。恰在此時，齊軍擂起戰鼓，準備進攻，魯莊公也想擊鼓，曹劌勸阻了他。曹劌還建議魯莊公下令：「不許吶喊，不許出擊，緊守陣腳，違令者斬！」

　　隨著震天的鼓聲，齊軍喊叫著猛衝過來，可是魯軍並未出戰，陣地穩固，無隙可乘，齊軍沒碰上對手，只好退了回去。

　　時隔不久，鮑叔牙再次擊鼓，催促士兵衝鋒，魯軍陣地還是沒有一個人出戰。

　　齊軍第三次擊響戰鼓時，將士們已經體力困乏、信心不足了。

　　曹劌見齊軍第三次的戰鼓聲威力不足，衝鋒的隊伍也比較散亂，這才對魯莊公說：「主公，可以擊鼓進軍了！」魯軍將士齊聲吶喊，殺向齊軍，齊軍抵擋不住，掉頭向後逃跑。這一戰，魯軍一直把齊國兵將趕出魯國的國境。

　　戰鬥結束後，魯莊公向曹劌請教。曹劌說：「打仗，主要是靠勇氣。第一次擊鼓，將士們的勇氣最盛；第二次擊鼓，將士們的勇氣就衰退許多；到第三次擊鼓之時，勇氣就差不多喪失光了。齊軍三次擊鼓衝鋒，勇氣已盡，而我們此時才擊鼓進軍，勇氣旺盛，因此能打敗齊軍。」

曹劌論戰

　　齊、魯長勺之戰，既沒有武王伐紂的氣勢，也沒有宣王南征的規模，是諸侯之間規模不大的一場戰爭。但它卻在政略、戰略和策略上體現了古代一些可貴的軍事辯證法思想，給人們以有益的啟迪。

● 長勺之戰

◆◆------ 戰 爭 背 景 ------◆◆

　　齊國內亂之時，避難於魯國的公子糾和避難於莒國的公子小白都爭相趕回齊國繼承侯位。魯莊公支持公子糾主國，並出軍護送公子糾返齊。然而公子小白已搶先趕回齊國，取得了君位，即為齊桓公。齊桓公因而對魯國一直怨恨難平，在齊、魯乾時之戰後，再次發兵攻魯。交戰地點是魯國的長勺，史稱長勺之戰。

● 魯國以弱勝強的原因

政治清明 民心所向	上下團結 君民一心
避其鋒芒 以逸待勞	把握戰機 後發制人

　　魯莊公講到他在處理案件時，無論大小，總是根據實情慎重處理，曹劌對此表示讚許，認為「忠之屬也，可以一戰」。魯國抵禦齊國不義之師，本來就是正義之舉，加上國人支持，取勝也就是情理之中的事了。

　　在強敵壓境的緊張形勢下，魯國上自國君莊公，下至平民曹劌，均以國家利益為重，精誠團結，奮起抗敵，其勢當然難以被擊敗。

　　曹劌沒有一開始就盲目地「以卵擊石」，而是根據齊軍的氣勢、人數占優的實際情況，採取堅守不出、挫其銳氣的策略。藉由雙方士氣的此消彼長，很快就扭轉了雙方力量對比關係，結果一舉潰敵。

　　在齊軍三次擊鼓時，曹劌沒有焦躁，而是待齊軍氣勢衰竭時才開始攻打。同時，取勝之後，曹劌並未盲目追擊。他謀略得當，正是魯軍戰場取勝的關鍵所在。

第八節

攻心奪氣

四面楚歌敗項羽

　　敵對雙方的拼死相爭，說到底是戰爭意志的較量。因此，在戰爭中想辦法摧毀敵人將帥的意志，往往可以收取事半功倍的效果。

　　西元前202年，項羽和劉邦原來約定以鴻溝東西邊作為界線，互不侵犯。謀臣張良、陳平勸諫勸劉邦道：「天下三分之二已歸我們所有，目前楚軍糧草不足，士兵疲乏，正是滅項羽的大好時機，豈能養虎遺患？」於是，劉邦火速派人令韓信、彭越同時出兵，自己親率大軍追擊楚軍，合力滅楚。

　　但是韓信、彭越均未發兵。張良見此情形，向劉邦獻計說：「要想調動兩將軍的積極參戰，必須予之好處！告知他們：若打敗楚軍，將平分楚地，韓、彭各半。」劉邦依計行事，果然，韓、彭兩人得此消息，立即大舉進兵，直逼項羽於垓下，並將其團團圍住。

　　楚軍被困日久，當時正值隆冬，兵士饑寒交迫，軍心不穩。這天晚上，夜深人靜，突然伴著簫聲從漢營飄來陣陣楚歌，歌聲甚是淒涼哀怨：「寒夜深冬兮，四野飛霜。天高水涸兮，寒雁悲愴。最苦戍邊兮，日夜彷徨……」項羽聽了，大吃一驚，心想：「劉邦難道已經完全占領了楚地？為什麼他的部隊裏面楚人這麼多呢？」楚歌仍不斷地傳來，句句入耳：「雖有田園兮，誰與之守？鄰家酒熱兮，誰與之嘗？白髮倚門兮，望穿秋水。稚子憶念兮，淚斷肝腸……」

　　項羽軍隊中的士卒聽到家鄉民歌，倍感親切，他們有的隨之唱和，有的潸然淚下，根本無心打仗。歌聲徹底動搖了項羽的軍心，三三兩兩的楚軍士兵開始叛逃，到後來竟整批地逃到漢營。項羽面對如此情況，也是無可奈何。他的寵妃虞姬鼓勵項羽趕快殺出重圍，東山再起，隨後她自刎身亡。

　　項羽悲憤交加，僅率二十八騎突圍至烏江邊，面對追來的漢軍，項羽拔劍自盡。至此，楚漢之爭以劉邦獲勝而告終。

　　項羽至死不知那晚在漢營中唱楚歌的不全是楚地人，乃是張良布置的「攻心奪氣」之計策。張良教所有的漢軍將士唱楚歌，目的就是瓦解項羽軍心。

四面楚歌

　　張良的「奪心」之策，就是以家鄉歌曲令項羽軍產生錯覺，誤以為楚地故鄉已經失守，家鄉父兄大都投降，因而士氣低落、潰不成軍。

●四面楚歌發生的背景及經過

垓下之戰

　　西元前202年11月，項羽退至垓下（今安徽靈壁東南），築壘安營，此時楚軍尚有約十萬人。12月，劉邦、韓信、彭越、英布四路大軍會師垓下。韓信軍三十萬，分三路首先與楚軍接戰，韓信居中路，進攻失利，向後退卻，同時命左右兩翼投入戰鬥，楚軍受挫，韓信又返身衝殺，三路合擊，楚軍大敗，項羽被迫入壁而守。韓信遂指揮各路大軍將楚軍重重包圍，楚軍屢戰不勝，但漢軍一時也難以徹底打敗楚軍。

四面楚歌

　　為了盡快取勝，張良用計，讓漢軍夜夜高唱楚歌：「寒夜深冬兮，四野飛霜。天高水固兮，寒雁悲愴。最苦戍邊兮，日夜彷徨……」項羽軍隊中的士卒聽到家鄉民歌，倍感親切，根本無心打仗。歌聲徹底動搖了項羽的軍心。

霸王別姬

　　項羽聽到楚歌後滿懷愁緒，他起身在帳中飲酒。酒過三巡，項羽作歌唱道：「力拔山兮氣蓋世，時不利兮騅不逝。騅不逝兮可奈何，虞兮虞兮奈若何！」虞姬和道：「漢兵已略地，四面楚歌聲。大王意氣盡，賤妾何聊生！」歌罷，虞姬淒然自刎。這就是著名的「霸王別姬」。

烏江自刎

　　項羽乘夜率領八百精銳騎兵突圍南逃。天明以後，被漢軍追至烏江（今安徽和縣東北長江邊的烏江浦）邊。項羽自覺無顏見江東父老，乃令從騎皆下馬，以短兵器與漢兵搏殺，項羽一人殺漢軍數百人，自己身亦被十餘創，最後自刎而死，年僅三十一歲。

第九節

士氣的重要性

張遼威震逍遙津

> 軍隊以士氣為根本。孫子說：「三軍可奪氣，將軍可奪心。」張遼在兵臨城下、人心惶惶的局勢下，身先士卒、衝鋒陷陣，振奮了軍心，鼓舞了士氣。

215年8月，孫權率軍隊十萬人圍攻合肥。此時，合肥城內有魏將張遼、李典、樂進率七千人屯兵駐守。將軍們認為如此寡不敵眾，恐怕難以擊退東吳的合圍。張遼說：「勝負成敗，在此一戰。諸位若還猶豫不決，我張遼將獨自決一死戰。」

張遼當夜募集敢死隊員八百人，殺牛設宴隆重犒勞他們。第二天清晨，張遼身穿鐵甲，手持戰戟，身先士卒，衝鋒陷陣，殺敵數十人，斬東吳兩員大將。張遼高喊自己的名字，衝破敵兵營壘，直殺到孫權的大旗下。孫權看到張遼的人馬並不多，於是下令將張遼重重包圍。張遼急忙衝出重圍，僅帶出數十人。陷在敵陣中的魏兵高喊：「將軍要拋棄我們嗎？」張遼聞罷又返身殺回，再度衝入重圍，救出其餘的戰士。孫權的人馬都望風披靡，不敢抵擋。

從清晨一直戰到中午，東吳的士兵都疲憊不堪，十分沮喪，全無鬥志。張遼命令回城，部署守城，整修城防，軍心開始安定下來。

孫權圍攻合肥十多天，無法破城，只好撤軍。士兵們已經集合列隊上路，孫權和部將們還在逍遙津北岸，被張遼從遠處看見。張遼突然率騎兵殺到，吳將甘寧與呂蒙等人奮力抵抗，其餘吳將護衛孫權來到逍遙津橋上，橋南邊的橋板已經撤去，有一丈多寬沒有橋板。親近監谷利在孫權馬後，要孫權坐穩馬鞍，放鬆韁繩，他在後面猛加一鞭，戰馬騰空躍起，跳到南岸。賀齊率三千人在南岸迎接，孫權因此而幸免於難。

孫權登上大船，在船艙設宴飲酒壓驚，賀齊流著淚說：「主公為一國之尊，做事應處處小心謹慎，今天的事情幾乎造成巨大災難。我們這些部屬都深感震驚，如同天塌地陷，希望您永遠記住這一教訓！」孫權親自上前為賀齊擦去眼淚說：「我很慚愧，一定把這次教訓銘刻在心中，絕不僅僅用筆記錄下來。」

逍遙津之戰

張遼的一生幾乎全部是在戰爭中度過的。他先後跟隨曹操戰山東、討袁譚、滅袁尚、平遼東，在極端混亂的三國時代，結束豪傑並起、軍閥混戰的局面，使北方漸趨統一。

● 威震逍遙津

孫權策馬躍過逍遙津橋

孫權圍攻合肥十多天，無法破城，只好撤軍。唯留孫權與呂蒙、蔣欽、凌統及甘寧等人率車下虎士千餘人，尚在合肥以東之逍遙津北。張遼從遠處看見，立即與李典、樂進率步騎突襲過去。

凌統、甘寧等將一起浴血奮戰，發現部卒鬥志低迷，「寧屬聲問鼓吹何以不作，壯氣毅然」，吳軍士氣為之一振。其餘吳將護衛孫權來到逍遙津橋上，當時橋已經被曹軍毀掉，有一丈多寬沒有橋板。親近監谷利在後面猛加一鞭，戰馬騰空躍起，跳到南岸。孫權因此而幸免於難。

張遼 勝利原因	張遼充分理解士氣對交戰雙方的重要性，即守城時不能一味死守，而應攻守兼雜，使敵來得不暢、攻得不順、退得不便，真正體現了防守戰術的精髓。
孫權 失敗原因	孫權自恃人馬眾多，而合肥守兵寡少，來時不備，去時無防，連續遭到兩次襲擊。第一次戰敗已經挫了銳氣，再遭張遼追擊，差點被張遼活捉。

張　遼
是三國時期
曹魏著名將領。官至
前將軍、征東將軍、晉陽
侯。逍遙津一戰，張遼威
震江東，名揚天下，後人
將他列為「五子良
將」之一。

五子 良將	張 遼	樂 進	于 禁	張 郃	徐 晃

兩強相遇勇者勝

張飛喝斷當陽橋

> 「三軍可奪氣，將軍可奪心」是《孫子兵法·軍爭篇》中關於「士氣」理論的核心。所謂兩強相遇勇者勝，指的就是士氣對軍隊作戰的重要性。

三國時期，曹操領兵分八路進攻樊城。為保城中百姓，劉備只得棄城而去，不幸與幼子阿斗失散。

大將趙子龍於千軍萬馬中救出幼主，直突曹軍重圍，望當陽橋而去，後面曹將文聘率軍窮追不捨。趙雲來到橋邊，已是人困馬乏，幸得此時張飛挺矛立於橋上，率領二十餘騎前來接應。

張飛讓趙雲先走，自己據橋退敵。眼見曹軍成千上萬的兵馬殺將過來，張飛心生一計。他命士兵到橋東的樹林內砍下樹枝，拴在馬尾巴上，然後策馬在樹林內往來馳騁，揚起塵土，使人以為有重兵埋伏。

曹將文聘率軍追到當陽橋，見張飛倒豎虎鬚，圓睜環眼，手持長矛，立馬橋上，又見橋東樹林之後塵土大起，疑有伏兵，便勒住馬，不敢近前。不一會兒，其餘將領也都趕到，見到如此情形，都怕是諸葛亮用計，誰也不敢向前。

張飛立於橋上，隱隱約約見後軍有青羅傘蓋、儀仗旌旗來到，知是曹操親來陣前察看，心中一急，怒聲喝道：「我乃燕人張翼德，誰敢來與我決一死戰？」聲如巨雷，嚇得曹兵兩腿發抖。

曹操趕緊命左右撤去傘蓋，環視左右將領，說：「我曾聞，張飛能於百萬軍中取上將頭顱如囊中取物。今天遇見，大家萬萬不可輕敵。」

曹操話音剛落，張飛又大聲喊道：「燕人張翼德在此，誰敢來決一死戰？」

曹操見張飛如此氣概，又怕中諸葛亮的計策，自己已是心虛，準備退軍。張飛見曹軍陣腳移動，又大吼一聲：「戰又不戰，退又不退，卻是何故？」喊聲未絕，曹軍一員大將夏侯傑驚得肝膽碎裂，墜馬而死。曹軍將士掉轉馬頭，回身便跑。一時間人如潮湧，馬似山崩，傷者無數。張飛見曹軍退去，亦不敢追趕，率二十餘騎士兵拆斷當陽橋，回營交令去了。

「五虎上將」之一——張飛

　　善戰之人善於把握己方與敵方士兵的心態，了解士兵的體力、心理與情緒，運用治氣、治心、治力、治變來獲取戰爭勝利。在當陽橋上，張飛即以其懾人的士氣喝退曹軍。

● 張飛喝斷當陽橋

　　張飛（？—221年），字益德（小說為翼德），漢族，涿郡（治今河北涿州）人，三國時期蜀漢重要將領。官至車騎將軍，封西鄉侯。在中國傳統文化中，張飛以其勇猛、魯莽、疾惡如仇而著稱，雖然此形象主要來源於小說和戲劇等民間藝術，但已深入人心。劉備封其為「五虎上將」之一。

　　曹操統率五十萬大軍殺氣騰騰地直奔劉備駐地新野。當時，劉備手下的戰將只有關羽、張飛和趙雲，士兵不過三千人，難抵曹操大軍。劉備打算率領部下逃到江陵，又不忍丟下百姓，於是只能日行十幾里路。曹軍追兵日行三百里，終在長阪坡追上劉軍。劉備眷屬失散，趙雲幾進曹軍救出阿斗，但至當陽橋時卻無力對付敵兵，幸好張飛出現，他怒喝三聲，張飛以其懾人的士氣嚇死曹將夏侯傑，使曹操也由疑到驚到怕，狼狽逃竄。

五虎上將

- 關羽
- 張飛
- 趙雲
- 馬超
- 黃忠

第九章

《九變篇》詳解

本篇為補充《軍爭篇》治變未盡之意，特立專題，再作系統的發揮，可以算作《軍爭篇》的續篇。至於篇名「九變」，是取篇中所舉九事而命名。實際上，兩軍爭勝時，千變萬化，並不是區區九變所能包括的。張預說得好：「變者，不拘常法，臨事適變，從宜而行之之謂也。」

一切事物，有常則，亦有變則。不光戰爭如此，世上的任何事物均不能例外。本篇即就兩軍爭勝提出九大變則，為全篇主旨。在用兵當中要求將帥充分發揮主觀能動作用，根據實際情況，把握時機，隨機應變，駕馭全軍。而後以考慮事情「必雜於利害」一語為眼目，提醒後世兵家見利思害，遇害思利，如此才能夠應敵制變，做到動無不利，戰無不勝。

圖版目錄

九變篇

【原文】孫子曰：凡用兵之法，將受命於君，合軍聚眾，圮地無舍，衢地合交，絕地無留，圍地則謀，死地則戰。途有所不由，軍有所不擊，城有所不攻，地有所不爭，君命有所不受。故將通於九變之地利者，知用兵矣；將不通於九變之利者，雖知地形，不能得地之利矣；治兵不知九變之術，雖知五利，不能得人之用矣。

是故智者之慮，必雜於利害。雜於利，而務可信也；雜於害，而患可解也。

是故屈諸侯者以害，役諸侯者以業，趨諸侯者以利。

故用兵之法，無恃其不來，恃吾有以待也；無恃其不攻，恃吾有所不可攻也。

故將有五危：必死，可殺也；必生，可虜也；忿速，可侮也；廉潔，可辱也；愛民，可煩也。凡此五者，將之過也，用兵之災也。覆軍殺將，必以五危，不可不察也。

【譯文】孫子說：大凡用兵的法則，主將接受國君的命令，組織軍隊，聚集軍需，出征時在「圮地」不要駐紮，在「衢地」要結交諸侯，在「絕地」不可停留，在「圍地」要巧設計謀，在「死地」則殊死奮戰。有的道路不宜通過，有的敵軍可以不擊，有的城邑可以不攻，有的地盤可以不爭，有時甚至國君命令也可以不接受。所以，將領能夠通曉靈活機變的戰術，就算得上懂得用兵；將領不懂於靈活機變的好處，即使了解地形，也不能懂得地利。指揮作戰，如果不懂「九變」的方法，即使知道「五利」，也不能充分發揮軍隊的作用。

因而聰明的將領考慮問題，一定兼顧利與害兩方面。在不利的條件下看到有利的一面，事情就可以順利進行；在有利的條件下看到不利的因素，禍患便可及早解除。

要使諸侯國屈服，就要以禍患來威逼它；要使各諸侯國忙於應付，就讓它做不得不做的事；要使各諸侯國疲於出動，就用小利去引誘它。

用兵的方法是：不要寄希望於敵人不會來，而要依靠自己做好了充分的準備；

不要寄希望於敵人不進攻，而是要依靠自己有敵人不可攻破的條件。

　　將領有五種致命的缺點：只知死拼，可能被誘殺；貪生怕死，可能被俘虜；浮躁易怒，剛忿偏急，可能被敵人凌侮；矜於名節，可能入敵人汙辱的圈套；過於仁慈，可能導致煩擾。大凡這五點，都是將領素質的缺陷，也是用兵的大害。軍隊覆滅、將帥被殺，必定由這五種因素所引起，是不能不清楚認識的。

靈活運用原則

九變

> 孫子曰：凡用兵之法，將受命於君，合軍聚眾，圮地無舍，衢地合交，絕地無留，圍地則謀，死地則戰。途有所不由，軍有所不擊，城有所不攻，地有所不爭，君命有所不受。

對於「九變」之「九」是實指還是虛指，歷來注家有不同見解。賈林、王晳認為是實指：自「圮地無舍」至「地有所不爭」是為「九變」，「雖君命使之舍、留、攻、爭，亦不受也」，所以「君命有所不受」是對前面「九變」的總結，並「不在常變」之中。對此，張預有不同的看法，他認為「九」是虛指：自「圮地無舍」至「死地則戰」五種地形就是「九變」的內容。為什麼「九變」只說五變，原因是「舉其大略也」。

從漢墓竹書來看，賈林、王晳的看法是對的。竹書佚文說：「君令有所不行者，君令有反此四變者，則弗行也。」這裏的「反此四變」是指「途有所不由，軍有所不擊，城有所不攻，地有所不爭」，不是以「凡此九變」為前提，但是它卻告訴我們，「君命有所不受」與前面的「九變」並非並列關係，而是以前列諸條為前提所作的結語。

由於軍隊越境千里，在異域（別的諸侯國）作戰，地形複雜，情況多變，通信聯絡不便，因此孫子才提出「九變」，指出將帥用兵應遵循靈活多變的原則。他說：「圮地無舍，衢地合交，絕地無留，圍地則謀，死地則戰。途有所不由，軍有所不擊，城有所不攻，地有所不爭。」就是說，出征時在「圮地」不要駐紮，在「衢地」要結交諸侯，在「絕地」不可停留，在「圍地」要巧設計謀，在「死地」則殊死奮戰。有的道路不宜通過，有的敵軍可以不擊，有的城邑可以不攻，有的地盤可以不爭。

將帥「君命有所不受」，既可以對以上九條機斷處置，即「得地之利」，又可給將帥提供施展韜略的機會，即「得人之用」。「得地之利」與「得人之用」，孫子在這裏把人與物、主觀與客觀的關係辯證地統一了起來。

五種地形的變則

　　「九變」指的是對九種戰場情況（主要是指地形）的機斷處置。張預認為「變」即是「不拘常法，臨事適變，從宜而行之之謂也」。這裏以圮地、衢地、絕地、圍地、死地五種地形來說明。

●「五地」之變

五種地形　　　　變則

圮地

圮地就是難以通行的地方。

「圮地無舍」，不要將軍隊駐紮在圮地。

衢地

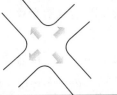

衢地就是四通八達的地方。

　　「衢地合交」，在衢地作戰，要注意和其他國家結成鞏固的聯盟。

絕地

　　絕地就是道路不通，又無糧食水草的地方。

　　「絕地無留」，在絕地要快速通過，不能停留。

圍地　　圍地就是進退不變，容易被敵軍包圍的地方。

　　「圍地則謀」，在圍地要巧設謀以突圍。

死地

死地就是走投無路的地方。

　　「死地則戰」，在死地要和敵人殊死奮戰，可能還有一線生機。

在利思害，在害思利

戰爭中的利害得失

是故智者之慮，必雜於利害。雜於利，而務可信也；雜於害，而患可解也。

　　戰爭情況是複雜的，正因為如此，孫子講完「九變」之後，又概括了如何處理戰爭中的利害得失，提出了一個帶有普遍性的指導原則：「是故智者之慮，必雜於利害。雜於利，而務可信也；雜於害，而患可解也。」

　　在戰爭當中，利與害相互依存，又相互轉化。趨利避害，化害為利，是用兵的一個重要思想。孫子認為，將帥用兵必須兼顧利與害兩方面。曹操就深諳此道，他認為戰爭中「在利思害，在害思利」，用兵方可立於不敗之地。在很多情況下，利與害相互交錯的情況是十分複雜的。在於己有利的情況下要考慮到不利的因素，這樣才不至於疏忽大意，麻痺輕敵，最終使優勢變為劣勢，有利變為不利。同樣，在於己不利的情況下，要考慮到有利的因素，這樣我方的將士才不至於失去信心而驚慌失措，要趨利避害，揚長避短，盡最大的可能，化不利為有利，變劣勢為優勢，最終掌握戰爭的主動權。

　　充分考慮利與害，可以創造以長擊短、以強制弱的戰爭範例。韓信背水一戰大敗趙國軍隊以後，如果被勝利沖昏頭腦，忽視對己方不利的方面，以疲憊不堪的軍隊去攻打燕國和齊國，那麼優勢將會變為劣勢，從而斷送已經取得的勝利。他的高明之處是，在打算乘勝北擊燕國、東攻齊國的關鍵時刻，徵求了李左車的意見。李左車深入地分析了馬上興師開戰的利害得失，主張以長擊短，一方面趁機休整軍隊，養精蓄銳，以利再戰；另一方面嚴陣以待，佯攻燕國，利用有利的時機，派人去招降燕國，如果燕國投降了，齊國就非屈服不可。韓信權衡利害，採納了李左車的意見。結果，正如李左車所料，燕國投降了。這是在勝利形勢下，「雜於利害」、靈活用兵的歷史見證。

充分考慮利害

　　孫子認為，考慮事情「必雜於利害」，見利思害，遇害思利，兼權熟計，以為應敵制變的策略。如果能夠做到趨利避害，自然是動無不利，戰無不勝。

● 李左車陳述利害

韓信問計於李左車

利

害

　　韓信的兵士畢竟是經歷了連連的戰鬥，現在已經疲憊不堪了，這樣的軍士很難立即讓他們再去戰鬥。這是韓信的劣勢。

　　韓信帶領大軍先後消滅了魏國，俘虜了魏王豹；生擒夏說，消滅代國；又一舉攻下井陘，打敗趙國二十萬大軍，殺了成安君陳餘。這一連串的勝利使韓信名聞海內，威震天下，諸侯們聞之膽寒。這是韓信現在所具有的優勢。

● 千慮一得

　　李左車是趙國的謀士。井陘戰役後，韓信向李左車請教攻滅齊、燕方略。李左車推辭說自己是兵敗國亡的俘虜，不配謀劃國家的存亡。

　　韓信說：「如果成安君採納了你的計策，我也有可能當俘虜，趙國的失敗，是由於為將者沒有採納好的計策。」李左車為韓信的誠意所感動，他對韓信說：「俗話說得好，『智者千慮，必有一失；愚者千慮，必有一得。』我也就不必太擔心我的建議是否合適，相信大將軍您一定會有正確的判斷，好您就採用，不好您就不必理會。我也是對大將軍您相當敬重，願為您效點薄力盡點愚忠。」

　　這就是「智者千慮，必有一失；愚者千慮，必有一得」的由來。

有備無患，有恃無恐

做好戰鬥的充分準備

> 是故屈諸侯者以害，役諸侯者以業，趨諸侯者以利。
>
> 故用兵之法，無恃其不來，恃吾有以待也；無恃其不攻，恃吾有所不可攻也。

孫子認為，要盡量造成和擴大敵人的困難，使其變利為害，變小害為大害。所用的辦法就是：「屈諸侯者以害，役諸侯者以業，趨諸侯者以利。」要使諸侯國屈服，就要以禍患來威逼它；要使各諸侯國忙於應付，就讓它做不得不做的事；要使各諸侯國疲於出動，就用小利去引誘它。

對於己方，則要「無恃其不來，恃吾有以待也；無恃其不攻，恃吾有所不可攻也」，也就是要做到防患於未然，有備無患。孫子強調，任何時候都不能存在僥倖心理，把希望寄托在敵人「不來」、「不攻」上面，而要把立足點放在有備無患、萬無一失的基礎上，如此在任何情況下，對敵人都可以有恃無恐。有備無患，才能有恃無恐；有堅強的實力，才能應變萬端；做到嚴陣以待，才能立足於不敗之地。

李後主不搞備戰最終釀成亡國的歷史悲劇，就是對孫子有備無患思想的有力佐證。南唐最後一個皇帝李煜（李後主），作為一國之君，對趙匡胤稱帝和宋軍不斷對外出兵的情況，竟然置若罔聞。甚至到宋軍大舉進攻，南唐已經岌岌可危的時候，李後主依然無動於衷，得過且過。他試圖以求和的方式，達到苟延殘喘的目的。宋軍已經攻打到金陵城下，李煜竟茫然不知。975年，宋軍攻下金陵，李煜終於成了階下囚。儘管他追悔莫及，悔恨交加，但是為時已晚，大勢已去，只好填詞歎息：「問君能有幾多愁，恰似一江春水向東流。」

孫子關於有備無患的觀點是積極的、有價值的，尤其對於現代國防來講，具有非常重要的意義。以現代軍事科技的發達水平，即使是洲際導彈，也不過數十分鐘就可射到數千公里之外的目標。所以，可以說現代戰爭已無平時和戰時之分，我們要隨時提高警惕，做到有備無患。

古代城池防禦體系

　　孫子認為，不能把希望寄托在敵人「不來」、「不攻」上面，而應該做到有備無患、萬無一失。城池防禦體系就是積極做好戰鬥準備的一部分。下面我們詳細地解構古代城池的各個組成部分。

● 古代城池

1 城樓
秦代出現了城樓，漢代出現了角樓，這種亭樓觀榭之類的建築既可用於觀察，又可用於射擊。

2 雉堞
雉堞是城牆頂部築於外側的連續凹凸的齒形矮牆，以在反擊敵人來犯時，掩護守城士兵之用。

3 甕城
甕城是突出於城門外的半圓形或方形的護門小城，用以加強城池出入口的防禦。

4 護城河
　　護城河是引水注入人工開挖的壕溝，形成人工河作為城牆的屏障，阻止攻城者的進入。這是古人在防禦手段上對水的妙用。

5 吊橋
平時放下供人行走，戰爭爆發時則迅速拉起，防止敵人進入城中。

6 羊馬牆
羊馬牆是為防守禦敵而在城外築的類似城圈的工事，也稱羊馬城。

● 古代城池防禦的組成部分

　　城池築城體系大體上由五部分組成：①牆、壕防護設施，是城池築城體系的主體工程，牆體要求構築得高、厚、堅固；②射擊設施，是指沿城牆頂部外緣構築的雉堞，雉堞上有垛口和孔眼，供守軍觀察、射擊和投石用；③出入口防禦設施，主要是指城池的門洞，它是防禦的薄弱部位；④指揮、觀察設施，主要是指建於城門上的城樓等；⑤外圍關堡，是在城池外圍的交通要道上構築的關城和堡城，為城池防禦的前哨陣地，能發揮加大城池防禦縱深的作用。

第四節

將有五危

將軍的五種危險

> 故將有五危：必死，可殺也；必生，可虜也；忿速，可侮也；廉潔，可辱也；愛民，可煩也。凡此五者，將之過也，用兵之災也。覆軍殺將，必以五危，不可不察也。

孫子說「將有五危」，這「五危」是必死、必生、忿速、廉潔、愛民。

將有五危

「必死，可殺也」，不會用智謀，只知拼命打仗的將帥，很容易被敵軍誘殺；

「必生，可虜也」，貪生怕死的將帥，越是怕死越是容易被消滅，這種人很有可能被俘虜；

「忿速，可侮也」，性格急躁的將帥，非常容易被激怒，一旦憤怒就會失去理智，就不會沉下心來研究謀略，這種人很容易中敵人激將的奸計；

「廉潔，可辱也」，廉潔好名的將帥，喜歡以「正人君子」的姿態出現，這種人只要敵人侮辱其名，就會失去理智，很容易中敵人的圈套；

「愛民，可煩也」，愛民如子的將帥，反而會使老百姓成為軍隊的拖累，大大降低軍隊的靈活性，使敵人有可乘之機。

五危與五德的關係

五危與第一篇中論五事時所云「將者，智、信、仁、勇、嚴」之句遙對。曹操稱後者為「五德」。「五德」與「五危」之間存在著微妙的關係。

勇本是美德，但好勇過度，就可能陷入敵方圈套而冤枉送命；智本是美德，但智者往往慎重過度，缺乏冒險精神，從而寧願束手就擒；信本是美德，但若過分信守承諾，不免急躁求速，則敵方也就很容易激怒他；嚴本是美德，但若律己過嚴，過分重視操守，則敵方可以透過汙蔑他的清譽來使其心理喪失平衡；仁本是美德，但若過分仁慈愛民，則敵方可以利用此種仁心使其受到困擾。

統軍之將如果有性格上的任何一種缺陷，都可能帶來「覆軍殺將」的災難。所以，孫子認為必須高度重視，「不可不察也」。

五德與五危

　　孫子提出了「將帥五危論」，他說將帥有五個陷阱，即「死、生、忿、廉、愛」，過分傾向於這五種感情，會使將帥失去勝利，也會使軍隊遭受慘敗。真正的將才應該是具有良好的性格修養的人，應該有大將風度，冷靜沉著，從容不迫。

● 五德與五危的關係

 五德

勇	智	信	嚴	仁
好勇　過度	謹慎　過度	過分　守信	律己　過嚴	過分　仁慈
必死	**必生**	**忿速**	**廉潔**	**愛民**
指將帥打起仗來只知道拼命，而不會用智謀。	指將帥貪生怕死，沒有堅定的戰鬥意志和決心。	指將帥性格急躁，非常容易被激怒，一旦憤怒就會失去理智。	指將帥廉潔好名，愛以「正人君子」的姿態出現，但只要敵人侮辱其名，就會失去理智。	指將帥愛民如子，過度地保護百姓。
容易　導致	容易　導致	容易　導致	容易　導致	容易　導致
可殺也	**可虜也**	**可侮也**	**可辱也**	**可煩也**
指這樣的人很容易被敵軍誘殺。	指這樣的人越是怕死越是容易被消滅，這種人很有可能被俘虜。	指這樣的人不會沉下心來研究謀略，很容易中敵人激將的奸計。	指這種人很容易中敵人的圈套。	指這樣的將帥會使老百姓成為軍隊的拖累，使敵人有可乘之機。

五危

　　在本篇的末尾，孫子列舉將帥的五種弱點，意在示戒。這五種弱點全由將帥性情偏執，不能變通，以致危及本身，影響全軍。如果將帥能夠克制偏向，沉著冷靜，並能權衡輕重，熟計利害，自然可以化險為夷，也就沒有「可殺」、「可虜」、「可侮」、「可辱」、「可煩」了。所以，「五危」的癥結全在「五德」。如果能夠克服「五德」，將「五危」轉化為「五利」，又何危險之有呢？

第五節

通於九變

周亞夫平定「七國之亂」

　　孫子指出，「途有所不由」，「軍有所不擊」，「君命有所不受」。周亞夫在平定七國之亂的過程中，能夠根據敵我雙方兵勢的情況，充分利用地形、兵勢之利，靈活處理進攻和防守的關係，最終將七國之亂平定，堪稱「通於九變」的軍事統帥。

　　漢景帝時，諸侯國勢力強大，幾乎到了要與朝廷分庭抗禮的地步。大臣晁錯主張「削弱割據勢力、加強中央集權」，景帝聽從晁錯的建議，先後削奪了趙、楚、吳幾國部分郡縣的統治權，收歸中央管轄。「削藩」引起了諸侯國的強烈不滿，西元前154年，諸侯王打著「誅晁錯，清君側」的旗號，以吳王劉濞為首，爆發了「七國之亂」。漢景帝派周亞夫平定叛亂。

　　在行軍之前，周亞夫向景帝建議說：「吳、楚勇猛，行動迅捷，正面爭鋒難以取勝。不如暫且將梁國捨棄給吳國，我率軍斷絕他們的糧道，這樣就可以制伏吳、楚了。」景帝同意了這個建議。周亞夫於是進軍洛陽。在行進途中，周亞夫又突然改變計劃，繞道而行，雖比原定路線多走一、兩天時間，但令在半路上的敵軍伏兵撲了空。周亞夫神不知鬼不覺地抵達洛陽，並控制了軍械庫。這時，梁國遭到吳楚聯軍的攻擊，形勢危急。漢景帝下令救援，周亞夫卻不動一兵一卒。他繞到吳楚聯軍背後，成功斷其糧道。吳楚聯軍久攻梁國不下，糧道也被切斷，又無退路，士氣大挫，陷入困境。

　　此時，以逸待勞的漢軍給了吳楚聯軍沉重有力的打擊。吳楚聯軍兵疲糧盡，只得引軍撤退。這時，周亞夫即派精銳部隊追擊，大破吳楚聯軍。楚王劉戊被迫自殺，吳王劉濞丟棄了大部分軍隊，只帶幾千親兵將士逃到了江南的丹徒縣，後為東越王所殺。周亞夫用了三個月的時間，便將七國之亂的主力──吳楚聯軍的叛亂平息，可謂神速。很快，其他數國也一一被擊敗，七國之亂徹底平定。

「七國之亂」

　　劉邦在消滅了韓信等異姓諸侯王以後，又陸續分封了九個劉氏宗室子弟為諸侯王。經過多年之後，各諸侯王在自己封國內的勢力迅速膨脹起來，嚴重地削弱了以皇帝為代表的中央集權，雙方的衝突日益激化，最終導致了「七國之亂」。

　　劉濞（前215—前154年），西漢諸侯王。沛縣人，劉邦的侄子。封吳王。劉濞以誅晁錯為名，聯合楚、趙等七國公開叛亂，後被周亞夫擊敗，劉濞兵敗被殺。

　　劉戊（？—前154年），西漢楚夷王之子，為漢封楚國之楚王。漢景帝二年，薄太后去世。劉戊在服喪期間飲酒作樂，被人告發。漢景帝縮小其封地。劉戊遂決定與吳王劉濞反叛。後戰敗，劉戊自殺。

　　劉遂（？—前154年），趙幽王劉友子。文帝即位，憐其父被呂后幽死，立為趙王。後趙被削常山郡，他遂與吳、楚等國合謀叛亂。吳、楚敗，他被迫自殺。

　　劉辟光（？—前154年），漢高祖庶長子齊悼惠王劉肥的兒子。漢文帝十六年受封濟南王。漢景帝十一年參與七國之亂，後兵敗被殺。

　　劉賢（？—前154年），劉邦的孫子。西元前164年，文帝分齊為六國，他被立為淄川王。他參加吳王劉濞發動的七國叛亂，派兵圍齊臨淄，後兵敗被殺。

　　劉昂（？—前154年），劉邦的孫子。西元前164年，與其兄弟六人一起立為王，他被立為膠西王。他與吳王同謀起兵，與膠東、淄川二王共圍臨淄，後兵敗自殺。

　　劉雄渠（？—前154年），劉邦的孫子。西元前164年，文帝分齊為六國，被立為膠東王。他參與吳、楚等七國之亂，兵敗被殺。

漢景帝劉啟

　　漢景帝命太尉條侯周亞夫與大將軍竇嬰率三十六將軍，以奇兵斷絕了叛軍的糧道，只用了三個月的時間就大破叛軍，劉濞逃到東越，為東越王所殺。其餘六王或被殺或畏罪自殺，七國都被廢除。七國之亂被平定，為後來漢武帝繼續清除地方王國的勢力奠定了良好的基礎。

周亞夫

第六節

將在外，君命有所不受

敢於抗命的趙充國

　　戰場情況千變萬化，如果將領不能機動處置，一舉一動都要按照千里之外國君的要求行事，很可能會錯失很多良機。所以，孫子說：「將在外，君命有所不受。」趙充國就是一個敢於抗命、堅持自己觀點的例子。

　　漢武帝時期，漢朝政府開闢河西四郡，隔絕了西羌與匈奴之間的通道，並驅逐西羌各部，不讓他們在湟中地區居住。漢宣帝即位後，羌人透過漢使上報朝廷，希望北渡湟水，遷到沒有田地的地方去放牧。漢宣帝聽說後，詢問趙充國對此事的看法，趙充國說：「羌人之所以容易控制，是因為各部都有自己的首領，所以總是互相攻擊，沒有形成統一之勢。匈奴多次引誘羌人，企圖與羌人共同進攻張掖、酒泉地區。恐怕西羌事變還會發展，我們應提前做好準備。」一個多月後，羌人首領果然派使者到匈奴去借兵，企圖進攻鄯善、敦煌，阻礙漢朝通往西域的道路。

　　西元前61年，漢宣帝派辛武賢、許延壽率軍與趙充國部會合，大舉進攻羌人。這時，羌人在趙充國的安撫下已有一萬多人歸附。趙充國的奏章還未發出，就接到朝廷攻打羌人的詔令。但是趙充國不主張用兵，他認為應派步兵在當地屯墾戍衛，等待反叛的羌人自行敗亡。趙充國的兒子害怕其父抗命，便讓門客去勸說趙充國：「如果一旦違背了皇上意圖，派御史前來問罪，將軍不能自保，又怎能保障國家的安全？」趙充國始終堅持自己的想法，多次上書漢宣帝，重申自己的觀點。他說：「對付羌人，智取較容易，武力鎮壓難度較大，所以我認為全力進攻不是上策，留兵屯田足可平定西域。應該撤除騎兵，留步兵一萬人，分別屯駐在要害地區，一面武裝戒備，一面耕田積糧，恩威並施。這樣既可以節省大筆開支，又能維持士卒的費用。」

　　漢宣帝徵求大臣們的意見，得到大臣們的贊同，於是漢宣帝採納了趙充國的建議並嘉勉了他。

趙充國

漢宣帝時期，聚居在現今青海省境內的羌族經常對內地侵擾，攻城略地。匈奴也想聯合羌人共同侵擾漢朝。趙充國採取孤立先零、以兵屯田的策略，成功平定了羌人之亂。

● 趙充國其人

趙充國（前137—前52年），字翁孫，西漢著名將領，麒麟閣十一功臣之一。趙充國為人沉勇有大略，少年時仰慕將帥而愛學兵法，並且留心邊防事務。

趙充國行軍是以遠出偵察為主，並隨時做好戰鬥準備。宿營時加強營壘防禦，穩紮穩打，計劃不周全不作戰。愛護士卒，戰則必勝。老病辭官在家以後，朝廷每討論邊防大事，他也常常參與謀略。

趙充國

霍光
張安世
韓增
趙充國
魏相
丙吉
杜延年

麒麟閣十一功臣

劉德
梁丘賀
蕭望之
蘇武

● 對羌策略

羌人兵強馬壯，糧草充足，發兵進攻他們不僅會因為實力的差距而戰事不利，還會讓他們的結盟更為穩固。先零羌起兵為叛是有罪的，罕、開羌並未入侵邊境，如果先打罕、開，先零必然發兵援助，這樣就會堅其約，合其黨。所以，趙充國從實際情況出發，堅持採取剛柔相濟的策略，爭取罕、開，孤立先零。

孤
立
先
零

以
兵
屯
田

趙充國建議朝廷，屯田湟中（今青海省湟水兩岸）作為持久之計，提出亦兵亦農，就地籌糧的辦法，可以「因田致穀」，「居民得並作田，不失農業」，「將士坐得必勝之道」，「大費既省，繇役豫息」等「十二便」。這對當時支持頻繁的戰爭，減輕人民負擔起到了很大的作用，一直影響到後世。

第七節

忿速，可侮也

楊玄感怒而失謀

孫子說：「將有五危。」正所謂「主不可以怒而興軍，將不可慍而致敵」，一時的感情衝動是要付出巨大代價的。所以，為將者一定要有沉穩、堅毅的性格，否則很容易因一時之急而功敗垂成。

西元613年，楊玄感起兵反隋煬帝，揮師直取東都洛陽。楊玄感的隊伍迅速擴大到十萬餘人，但在西部的代王楊侑聽說東部危機，連忙發四萬精兵前去救援；遠征高麗的隋煬帝得知楊玄感造反也急忙回師馳援；屯兵東萊準備渡海進攻高麗的隋將來護兒也率兵回救洛陽。

李密和李子雄向楊玄感建議說：「洛陽城固兵多，一時攻打不下，如果我們直取潼關，進入關中，開永豐倉賑濟百姓，贏得人心，再伺機東向，爭奪天下，未為不可。」楊玄感認為二人說的有理，立即撤去洛陽之圍，率大軍向潼關疾進。

楊玄感大軍取潼關必須經過弘農（今河南陝縣）。弘農太守楊智積對屬下說：「楊玄感被迫放棄洛陽，是因為我方援軍即將趕到。如果讓他進入關中，以後的勝敗就很難預料了。我們應該把他們滯留在這裏，待援軍來到，一舉消滅他們！」

楊玄感率大軍經過弘農時，準備繞城而過，突然，楊智積高高站立在城頭，對著楊玄感破口大罵，語言汙穢之極，不堪入耳。楊玄感勃然大怒，立即命令大軍停止前進，將弘農城團團包圍起來。

李密苦苦相勸：「追兵即在身後，小不忍則亂大謀，將軍當三思而行！」

楊玄感道：「小小城池能奈我何？待我捉住楊智積，以洩我心頭之恨！」

楊玄感下令攻城，但楊智積早有防備。一連三天過去，城未攻克，探馬飛報追兵已經接近弘農。楊玄感大吃一驚，這才慌忙撤軍。

但是，一切都為時已晚。隋煬帝的大軍在潼關外追上了楊玄感。楊玄感連戰連敗，餘卒盡散，只剩下他和他兄弟楊積善兩個人。楊玄感又悔又恨，對他兄弟說：「我因一念之差，不能採納忠言，兵敗至此，再無臉面見人，你把我殺死吧！」

楊積善舉劍殺死哥哥，然後自刎。

隋煬帝

　　隋煬帝楊廣（569—618年）是隋朝的第二任皇帝，對於國政有恢宏的抱負，並且戮力付諸實現。他在位期間有修建大運河，營造東都洛陽城，開拓疆土暢通絲綢之路，開創科舉，親征吐谷渾、高麗等作為。

●隋煬帝的作為與利弊

利

隋煬帝

弊

　　大運河對於中國來說遠比長城更重要。它連接黃河流域和長江流域，可以說是連接了兩個文明。大運河以洛陽為中心，北達涿郡，南至餘杭，全長兩千多公里，是古代最長的運河。它的開通，大大促進了南北經濟的交流。它將中國重要的水系連接起來，形成運輸網絡，帶動了沿岸城市的發展，促進各個地區的文化發展與民族融合。

隋煬帝的作為

　　隋煬帝初繼位，便決定遷都洛陽。煬帝營建的洛陽城，南對伊闕，北倚邙山，規模宏大，布局有序。

　　隋煬帝下令開挖修建南北「大運河」，將錢塘江、長江、淮河、黃河、海河連接起來。

　　在政治制度上，隋煬帝透過限制、削弱關隴集團的強大勢力，以整飭吏政，加強中央集權。

　　隋煬帝急促興建大運河，為人民帶來很多負擔。掘河的民夫因為經久不息地勞動，加上疾病侵襲，死亡人數占一半以上。同時，隋朝對高麗發動四次征戰，導致數百萬人喪生，引起國內人民對隋煬帝的強烈不滿。由於隋煬帝耗費大量人力物資，過度耗費隋朝國力，隋朝很快趨向滅亡。

　　隋煬帝實施政治改革，引起大規模貴族階級和地主階級的反抗，也是隋政權滅亡的直接原因之一。

　　楊玄感（？—613），隋末最先起兵反隋煬帝楊廣的貴族首領。

　　楊玄感起兵反隋煬帝發生在隋煬帝第二次出征高麗期間，當時隋煬帝命楊玄感在黎陽督糧。此時民變已經陸續爆發，楊玄感認為機不可失，於是滯留糧草，屯兵於黎陽。不久進圍洛陽。後在弘農怒而失謀，最終敗亡。

第八節

恃吾有以待

林則徐積極備戰抗英軍

孫子說:「故用兵之法,無恃其不來,恃吾有以待也;無恃其不攻,恃吾有所不可攻也。」就是說在任何時候都要做到有備無患,這樣才能對敵人有恃無恐。

1839年6月3日,林則徐在虎門銷毀鴉片110多萬公斤,這一壯舉震驚了全世界。林則徐深知英國人絕不會就此善罷甘休,一定會藉助軍事上的優勢威逼朝廷,於是加緊進行抵禦英軍的準備工作。

林則徐非常注意了解和研究外國。為了「採訪夷情」,他到廣州後不久即組織一批通曉外文的人才,從外國報刊上蒐集有關的資料,編譯成《澳門新聞紙》,並「日日使人刺探西事,翻譯西文」。在他到廣州後的兩年時間裏,一直到後來被革職,組織翻譯西方書報的工作一直堅持下來,沒有中斷過。他還請人譯述英國人慕瑞的《世界地理大全》,將它編輯整理成《四洲志》。《四洲志》是我國第一部比較系統的世界地理大觀,它介紹了世界五大洲三十多個國家的地理和歷史概況,成為後來魏源編輯《海國圖志》的藍本。透過這些翻譯過來的西方著述和資料,林則徐了解到不少「夷情」,並據此制定了針鋒相對的戰爭策略。

鴉片戰爭爆發前,林則徐便開始加緊備戰,整頓和加強海防力量,增設炮臺,訓練水師,招募水軍,號召民眾組織起來抵禦侵略,做好各種準備,以迎擊前來挑釁的敵人。1840年,鴉片戰爭爆發。在林則徐的一再要求和兩江總督裕謙、閩浙總督顏伯燾等的再次薦舉下,清政府終於同意派他赴浙江前線協助裕謙抗擊英國侵略者。林則徐於道光二十一年閏三月十三日離開廣州前往浙江,他在浙江沿海前線鎮海一帶待了一個多月,積極參與前線的軍事防禦,考察各炮臺,修築工事,研製大炮、戰船等,並將自己在廣東蒐集和研究的製炮技術以及八種戰船圖樣,交給龔振麟等技工人員作參考。由於林則徐的積極防禦,充分備戰,在他離任廣東之前,英軍始終未能侵入廣東沿海。

林則徐虎門銷煙

　　林則徐是清朝後期政治家、思想家和詩人，是中華民族抵禦外辱過程中偉大的民族英雄，史學界稱他為近代中國的第一人臣。

● 虎門銷煙

事件背景

　　18世紀末至19世紀中葉，中國處於清王朝統治的後期。當時的中國經濟落後，政治腐敗，軍備廢弛。

　　與此同時，英國基本完成了工業革命，在當時代表了最先進的生產力水平。中國擁有龐大的人口資源，正是英國資產階級夢寐以求的潛在市場。為了扭轉貿易逆差的不利局面，英國把鴉片走私到中國，為中國帶來巨大的危害。

成果

　　林則徐共繳獲鴉片2萬多箱。他下令在虎門將鴉片公開銷毀，並帶領大小官員親自監督。經過23天，才把繳獲的鴉片全部銷毀。

● 林則徐積極備戰

了解西方

　　他親自主持並組織翻譯團隊，翻譯外國書刊。為了解外國的軍事、政治、經濟情報，將英商主辦的《廣州週報》譯成《澳門新聞紙》。為了解西方的地理、歷史、政治，又組織翻譯了英國人慕瑞的《世界地理大全》，編為《四洲志》，還組織翻譯瑞士法學家瓦特爾的《國際法》等種種著作。

籌備軍事

　　在軍事方面，林則徐著手加強和改善沿海一帶防禦力量。他專門派人從外國祕購二百多門新式大炮配置在海口炮臺上。為了改進軍事技術，又蒐集並組織了大炮瞄準法、戰船圖書等資料。林則徐將西方國家的「戰船製造、火器製造和養兵練兵」作為探求軍事變革的重要內容，組織官兵學習演練西洋武器，並經常親往閱操。

第九節

趨利避害

陸抗西陵平叛軍

　　孫子說：「智者之慮，必雜於利害。」在戰爭當中，利與害相互依存，又相互轉化。趨利避害，化害為利，是用兵的一個重要思想。

　　272年秋，東吳西陵（今湖北宜昌西北）都督步闡投降了西晉。晉武帝司馬炎仍命步闡任原職，並加封為宜都公。東吳大將軍陸抗得知步闡叛吳投晉，急派將軍左奕、吾彥等率軍征討。晉武帝聞訊後，命荊州刺史楊肇到西陵，車騎將軍羊祜率步軍攻打江陵，巴東將軍徐胤率水軍出擊建平，以救應步闡。

　　陸抗命令諸軍在西陵城外修築長圍，對內用以圍困步闡，對外用以防晉援軍，晝夜催逼，如臨大敵，士卒叫苦不迭。部將認為不必修築長圍，只需在晉援軍趕來之前攻下西陵城即可。但是西陵城的防禦設施是陸抗親自設計的，他知道西陵城牆的堅固程度，不可能很快攻克。

　　這時，防禦工事剛剛築成，羊祜帶領五萬晉兵到了江陵。諸將又提出不應只守西陵，而應保衛江陵。陸抗說：「江陵城固兵足，不必擔憂。即使敵人攻下江陵，也一定守不住。但是如果晉軍占領了西陵，夷人就會騷動，後患無窮。」

　　陸抗命人修築大堤擋住江水，使水都流往平地，以阻止步闡叛軍逃跑。晉將羊祜正想利用所阻住的江水行船運糧，但卻揚言要破壞大堤。陸抗聽說後，立即下令破壞大堤。羊祜不得不改船為車運送糧食，占用了大量的人力和時間。東吳諸將都佩服陸抗的預見性。

　　就在兩軍對陣時，吳軍都督俞贊逃入晉軍。陸抗對眾將說：「俞贊是我軍的老軍官，了解我軍虛實。我常常憂慮夷兵戰鬥力不強，如果敵人向我軍營進攻，必定以這裏為突破口。」於是連夜換防，調精兵把守原來夷兵的營壘。第二天，楊肇果然來攻打原來夷兵駐守的地方。陸抗命令向晉軍出擊，霎時間矢石如雨，晉軍死傷無數。羊祜見楊肇兵敗，無力再戰，只好撤退回去了。這時，陸抗已無後顧之憂，集中全力向步闡軍進攻，很快拿下西陵，捉住步闡和同謀將吏數十人，全部斬首，赦免了其餘的脅從者，平定了這場叛亂。

陸抗、羊祜英雄相惜

　　西陵之戰，陸抗趨利避害，終於擊敗晉軍，攻克西陵。陸抗入城後，修治城圍，然後東還樂鄉。陸抗雖立大功，卻並沒有因此而自滿，還是謙和如常，深得將士敬重。

● 陸抗和羊祜

　　羊祜（221—278），字叔子，泰山南城（今山東費縣西南）人。西晉開國元勳。博學能文，清廉正直。羊祜一方面屯田興學，以德懷柔，深得軍民之心；另一方面繕甲訓卒，廣為戎備，做好了伐吳的軍事和物質準備。

博學能文

羊祜

晉將

　　西陵戰役後，羊祜與陸抗都選擇了駐守邊境，他們避免正面沖突，以儒家的「信義」爭取對方的民心。戰前，兩人都會派使者事先通知對方交戰的時間和地點，從不突然襲擊。戰後，還會命人收殮對方陣亡將士的屍體，並送還對方。

　　吳國自孫策平定江東以來，名將不絕，先有周瑜、魯肅，後有呂蒙、陸遜、陸抗，使得魏、蜀虎視江東而不敢妄自動兵。除陸遜外，四人皆英年早逝，五人死後，吳國即迅速滅亡。

吳將

陸抗

　　陸抗（226—274），字幼節，吳郡吳縣（今江蘇蘇州）人。三國時期吳國名將，陸遜次子，孫策外孫。年二十為建武校尉，領其父眾五千人。鳳凰元年（272年），擊退晉將羊祜進攻，並攻殺叛將西陵都步闡。後拜大司馬、荊州牧，卒於官，終年49歲。

國之良輔

　　陸抗得知羊祜生平好飲，便馬上拿出了自己珍藏多年的佳釀，讓使者轉贈羊祜。陸抗染病的時候，羊祜立刻拿出自己的良藥，托人送去。二人英雄相惜，使得兩軍的將士減少了許多無謂的死傷。

第十節

城有所不取

亞歷山大深諳「五利」

孫子說：「途有所不由，軍有所不擊，城有所不攻，地有所不爭，君命有所不受。」在擊敗波斯軍主力之後，亞歷山大本來可以直接進攻巴比倫城的，但他認為波斯帝國在各地的勢力還很強大，於是毅然拒絕了眼前的誘惑，先著手消滅了各地的波斯軍隊，最後才向巴比倫挺進。

西元前338年，馬其頓軍隊大敗希臘聯軍於喀羅尼亞城下，確立了在全希臘的霸主地位。他下一步的侵略目標，便是東方的波斯及其他文明世界。西元前336年，腓力二世遇刺身亡，他的兒子亞歷山大受軍隊的擁戴登上王位，時年20歲。

亞歷山大繼承王位之後，即仿效希臘人的制度，實行政治、軍事改革，削弱貴族的勢力，加強君主的權力。其中最重要的是軍事改革。他創立了包括步兵、騎兵和海軍在內的馬其頓常備軍，並將父親腓力二世建立的「馬其頓方陣」加以完善，每個方陣都配有由貴族子弟組成的重裝騎兵，作為方陣的前鋒和護翼。亞歷山大通過這些改革，使馬其頓迅速成為軍事強國。他在平定國內叛亂和希臘反馬其頓起義之後，便開始了對東方的遠征。

西元前333年，馬其頓國王亞歷山大率遠征軍取得伊蘇斯之戰的勝利後，盡管已對波斯帝國軍隊的主力予以沉重的打擊，但他知道「百足之蟲，死而不僵」，龐大的波斯帝國仍保存著可觀的軍事力量，現在遠不是孤軍深入，與敵人最後決戰的時刻。所以，他沒有直接進攻波斯帝國的心臟——都城巴比倫，而是沿著敘利亞海岸一路南行，拔除波斯帝國在腓尼基的海軍據點，從而確保遠征軍與希臘本土的交通線暢通。當遠征軍攻占腓尼基後，亞歷山大又揮戈南下，一路攻至埃及。這條迂迴進攻路線，沉重地打擊了波斯帝國的海外勢力。直到西元前331年，亞歷山大確信可以最後擊垮波斯後，才率軍掉頭北上，一舉結束了波斯帝國的統治。

亞歷山大帝國幾乎包括了當時人類的主要文明——波斯文明、埃及文明、猶太文明，甚至印度文明。因此，亞歷山大東征的過程，也是希臘文化傳播到東方，東方文化滲入到希臘文化的過程。正是在這一過程中，東西方文化得到交流和發展。

● 亞歷山大

　　亞歷山大（前356─前323年），古代馬其頓國王，亞歷山大帝國皇帝。世界古代史上著名的軍事家和政治家。他足智多謀，在擔任馬其頓國王的短短13年中，建立起了一個西起希臘、馬其頓，東到印度河流域，南臨尼羅河第一瀑布，北至錫爾河的龐大帝國，促進了東西方文化的交流和經濟的發展。他所用的馬其頓方陣，一度使馬其頓的敵人深受其苦。

● 馬其頓方陣

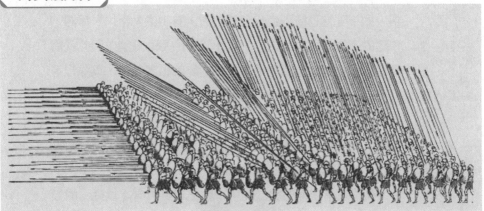

優點　缺點

　　馬其頓方陣具有很高的機動性，能以完整的橫隊勇猛地衝向敵人，給尚未從騎兵襲擊中恢復過來的敵人以更沉重的打擊。馬其頓方陣的攻擊十分凌厲，戰敗的雅典人這樣描述，攻到馬其頓人面前的每個士兵，都必須同時對付至少十個以上的長矛頭。

　　馬其頓方陣也有一個致命弱點，那就是只要設法不讓它有個統一的戰場，並且只攻其兩翼或背面，而不攻其正面，就能置它於死地。一旦對方突破側翼，矛陣中的長矛兵很難抵抗劍兵的進攻。

第十章

《行軍篇》詳解

　　本篇集中討論兩大問題。一是戰時行軍應該注意的事項。如軍隊行進時沿途宿營的地方，有山嶽、河川、斥澤、平陸的不同，經過的道路，有水陸、險易的分別，因此就需要注意選擇或避免哪些地方。二是討論偵察敵情。軍隊行進時所遇的敵人，有動靜、進退的異相，障蔽、疑兵的詭計，治亂、虛實的情況，得注意怎樣偵察、怎樣應付。這兩個問題實為戰時行軍的兩大前提，處置軍隊不得其法，偵察敵人不得其情，都有覆軍殺將的危險。

　　孫子在篇末簡略地談到了「合之以文，齊之以武」的禦兵原則，做到內部團結，令行禁止，目的是為了在戰場上「足以並力」，一致對敵。

圖版目錄

行軍篇

【原文】孫子曰：凡處軍、相敵：絕山依谷，視生處高，戰隆無登，此處山之軍也。絕水必遠水；客絕水而來，勿迎之於水內，令半濟而擊之，利；欲戰者，無附於水而迎客；視生處高，無迎水流，此處水上之軍也。絕斥澤，惟亟去無留；若交軍於斥澤之中，必依水草而背眾樹，此處斥澤之軍也。平陸處易，而右背高，前死後生，此處平陸之軍也。凡此四軍之利，黃帝之所以勝四帝也。

凡軍好高而惡下，貴陽而賤陰，養生而處實，軍無百疾，是謂必勝。丘陵堤防，必處其陽而右背之。此兵之利，地之助也。上雨，水沫至，欲涉者，待其定也。凡地有絕澗、天井、天牢、天羅、天陷、天隙，必亟去之，勿近也。吾遠之，敵近之；吾迎之，敵背之。軍旁有險阻、潢井葭葦、山林翳薈者，必謹覆索之，此伏奸之所處也。

敵近而靜者，恃其險也；遠而挑戰者，欲人之進也；其所居易者，利也。眾樹動者，來也；眾草多障者，疑也；鳥起者，伏也；獸駭者，覆也。塵高而銳者，車來也；卑而廣者，徒來也；散而條達者，樵採也；少而往來者，營軍也。辭卑而益備者，進也；辭強而進驅者，退也；輕車先出居其側者，陳也；無約而請和者，謀也；奔走而陳兵者，期也；半進半退者，誘也。杖而立者，饑也；汲而先飲者，渴也；見利而不進者，勞也。鳥集者，虛也；夜呼者，恐也；軍擾者，將不重也；旌旗動者，亂也；吏怒者，倦也；粟馬肉食，軍無懸甀，不返其舍者，窮寇也；諄諄翕翕，徐與人言者，失眾也；數賞者，窘也；數罰者，困也；先暴而後畏其眾者，不精之至也；來委謝者，欲休息也。兵怒而相迎，久而不合，又不相去，必謹察之。

兵非貴益多也，惟無武進，足以併力、料敵、取人而已。夫惟無慮而易敵者，必擒於人。

卒未親附而罰之，則不服，不服則難用也；卒已親附而罰不行，則不可用也。故令之以文，齊之以武，是謂必取。令素行以教其民，則民服；令不素行以教其民，則民不服。令素行者，與眾相得也。

【譯文】孫子說：領兵作戰、判斷敵情，應該注意：穿越山嶺，應臨近谷地行進，駐紮居高向陽的地方，敵人已據高地，不要仰攻，這是在山地上對軍隊處置的辦法。渡水一定要在離水流稍遠的地方駐紮；敵人渡水而來，不要在水濱迎戰，在敵人渡過一半還有一半未渡時攻擊，這樣才有利；想與敵人交戰，不要靠近水邊去迎敵；在江河地帶紮營，也要居高向陽，不要面迎水流，這是在江河地帶對軍隊

的處置方法。穿越沼澤地帶，一定要迅速通過，切勿停留；如果在沼澤之地與敵遭遇，一定要依傍水草而背靠樹木，這是在沼澤地帶處軍的原則。在平原曠野，要駐紮在平坦地面，右翼依托高地，前低後高，這是在平原地區處置軍隊的原則。以上四種處軍的好處，就是黃帝戰勝「四帝」的原因。

大凡駐軍總是喜歡乾燥的高地，避開潮濕的窪地；重視向陽處而避開陰暗之處；靠近生長水草的地方，駐紮乾燥的高地，軍隊就不會發生任何疾病，這才有了勝利的保證。在丘陵堤防處，一定要駐紮在它的陽面，且右邊依托著它。這是用兵的有利條件，是地形給予的資助。上游下雨，河中必有水沫漂來，若想過河，一定得等水沫消定以後。凡地形中有「絕澗」、「天井」、「天牢」、「天羅」、「天陷」、「天隙」等情況，一走要迅速離開，不要接近。我方遠離它，讓敵方接近它；我方面對著它，敵方背對著它。軍隊行進中遇到艱難險阻之處、長滿蘆葦的低窪地、草木茂密的山林地，必須謹慎地搜索，這些都是敵人躲藏伏兵的地方。

敵人逼近而安靜，是依仗他占領險要地形；敵人離我很遠而來挑戰的，是想誘我前進；敵人捨險而居平易之地，一定有他的好處或企圖。前方許多的樹木搖動，那是敵人蔭蔽前來；草叢中有許多遮障物，是敵人布下的疑陣；群鳥驚飛，下必有伏兵；野獸驚駭，是大軍突襲而至。塵埃飛揚而高衝雲間，是戰車來臨；塵埃飛揚低而廣，是敵人步兵開來；塵土疏散飛揚，是敵人正拽柴而走；塵土少而時起時落，是敵人正在紮營。敵人使者卑謙而加緊備戰的，那是企圖向我進攻；敵人使者言辭強硬，而先頭部隊又向前逼進的，是準備撤退；輕車先出動部署在兩翼的，是在布列陣勢；敵人尚未受挫而來講和的，是另有陰謀；敵急速奔跑並排兵列陣的，是企圖約期與我決戰；敵人半進半退的，是企圖誘我前往。敵軍倚著兵器而站立的，是饑餓的表現。供水兵打水先飲的，是乾渴的表現；敵人見利而不進兵爭奪的，是疲勞的表現。群鳥聚集在敵營上空，營地必已空虛；敵軍夜有呼叫者，是因為軍心恐慌；敵軍紛亂無序，是敵將沒有威嚴；敵旌旗亂動，是敵營陣已亂；敵軍吏憤怒，是太煩倦之狀。用糧食餵馬，殺牲口吃，軍中沒有懸著汲水器，決心不返營舍的，那是敵軍準備突圍；低聲下氣與部下講話的，是敵將失去了人心；不斷犒賞士卒的，是敵軍沒有辦法；不斷懲處部屬的，是敵人處境困難；敵將先對士卒暴虐，後又畏懼士卒叛離的，那是愚蠢到極點的將領；帶來禮品談判的，是想休兵息戰。敵人盛怒而來，卻久不交戰又不撤離，必須仔細審察，摸清敵人的企圖。

打仗不在於兵多就好，不能恃勇輕進，能夠同心協力，準確地估計敵人，戰勝敵人即可。沒有遠慮而又輕視敵人的，必然會為敵人所擒。

士卒還未親附即加以處罰，那麼士卒必然不服，不服就難以使用；士卒親附而不執行法紀，這樣的士卒就不堪使用。因此，要以政治、教令教育士卒，要以軍紀、軍法來統一步調，這樣的軍隊打起仗來就必定勝利。平時嚴格貫徹命令，管教士卒，士卒就會聽服；平常不嚴格貫徹命令，管教士卒，士卒就不服。平素的命令信而有徵，與士卒們相處融洽，就可與之共生死。

處軍之法

軍隊在不同地形上的行動方法一

孫子曰：凡處軍、相敵：絕山依谷，視生處高，戰隆無登，此處山之軍也。絕水必遠水；客絕水而來，勿迎之於水內，令半濟而擊之，利；欲戰者，無附於水而迎客；視生處高，無迎水流，此處水上之軍也。絕斥澤，惟亟去無留；若交軍於斥澤之中，必依水草而背眾樹，此處斥澤之軍也。平陸處易，而右背高，前死後生，此處平陸之軍也。凡此四軍之利，黃帝之所以勝四帝也。

孫子在《行軍篇》講了「處軍」問題。「處軍」，即處置軍隊，也就是作戰中在各種不同的地形上如何行軍、駐軍、打仗。孫子列舉了四種地形情況，即山地、江河、沼澤地和平地，分類論述了如何利用各種地形，使自己的軍隊處於有利的地位。本節主要講述在山地、沼澤地和平地的「處軍」之法。

山地

孫子認為，在行軍的時候要「絕山依谷」，就是說在山地必須沿著山谷行進。這是因為山谷地形比較平坦，水草便利，蔭蔽條件好。而在宿營時則要「視生處高」，就是說宿營時要駐紮在居高向陽的地方。山地作戰，只宜居高臨下的俯衝，不宜自下而上的仰攻。

沼澤地

沼澤地泥濘濕潤，在這種地形上行軍、作戰，無論對敵還是對己都極為不利，因此必須「亟去無留」。如果在這種地形上和敵人遭遇，孫子要求「必依水草而背眾樹」。因為一方面可以藉草木為依托，另一方面在沼澤地中，凡是生長草木的地帶，土質相對地要堅硬一些，便於立足和通行，占據它就爭取到主動地位。

平地

在平地作戰時，一要「處易，而右背高」，就是要選擇地勢平坦之地，以便於戰車馳突；又以右翼依托高地，以便戰場觀察。二要「前死後生」。杜牧注：「死者，下也；生者，高也。」前低後高利於出擊。我們認為僅僅局限於「高低」還不能說明「死」、「生」的全部涵義，它應當還包括蔭蔽條件的好壞、險易程度的優劣、行進道路的方便程度等。

三種地形的處軍之法

孫子開門見山地提出了本篇的主旨，即「處軍」和「相敵」。「處軍」，一是論述特種地形條件下部隊的行軍和戰鬥方法，二是論述部隊宿營的原則和方法。

●山地、沼澤地、平地

山地

山地地勢險要，道路崎嶇。

在山地行軍，必須沿著山谷行進。這是因為山谷地形比較平坦，水草便利，蔭蔽條件好。山地作戰，只宜居高臨下的俯衝，不宜自下而上的仰攻。

斥澤

斥澤就是沼澤地，這種地方泥濘濕潤，不利於行軍、作戰。

在沼澤地上行軍、作戰，無論對敵還是對己都極為不利，因此必須「亟去無留」，迅速通過，不要停留。

平陸

平陸就是平原地帶，這種地方地勢平坦，適於作戰。

在平地作戰的時候，一要選擇地勢平坦之地，以便於戰車馳突；又以右翼依托高地，以便戰場觀察。二要「前死後生」，也就是前低後高，這樣利於出擊。

處軍之法

軍隊在不同地形上的行動方法二

> 絕水必遠水；客絕水而來，勿迎之於水內，令半濟而擊之，利；欲戰者，無附於水而迎客；視生處高，無迎水流，此處水上之軍也。

本節主要講述在江河作戰的「處軍」之法。關於江河作戰，孫子講了五層意思，也就是五條原則。

第一，「絕水必遠水」。為了避免背水作戰，退無所歸，部隊通過江河後必須迅速遠離河流。遠離江河還有一個好處，就是可以引誘敵人渡河，使敵人處於背水之地。

第二，「客絕水而來，勿迎之於水內，令半濟而擊之，利。」「半濟而擊」，即趁敵軍半數已渡、半數未渡之時發起攻擊。這一江河作戰的原則，古往今來為許多戰爭實踐所證明，是一條行之有效的原則。吳、楚柏舉之戰中，夫概就向吳王闔閭提出「半濟而後可擊」的建議，獲得了重大戰果。其實，早在西元前638年的宋、楚泓水（今河南柘城縣北）之戰中，宋軍司馬子魚看到楚軍正在渡河，向宋襄公建議乘楚軍半渡，揮軍進擊。只是由於宋襄公的昏瞶愚蠢，才使戰機一誤再誤，最終導致失敗。可見，早在孫子之前一百多年，這一原則就已經被提出來了。

第三，「欲戰者，無附於水而迎客」，這是江河作戰的又一原則。它包含兩層意思：如果我方不準備作戰，就要阻水列陣，使敵不敢輕易強渡；如果我方決心迎戰，就要遠離河川，誘敵半渡而擊。西元前627年，晉、楚在戰場上對峙就是第二種情形的寫照。

第四，「視生處高」。張預注：「或岸邊為陣，或水上泊舟，皆須面陽而居高。」

第五，「無迎水流」。是說不要處於下游，防止敵軍在上游或順流而下，或決堤放水，或投放毒藥。西元前525年的吳、楚長岸之戰中，楚國令尹陽匄經由占卜認為戰爭的結果不吉利。司馬子魚說：「我得上游，何故不吉？」他堅持出戰，果然大敗吳軍。由此可見，對於水戰而言，占據上游便是處於有利的優勢。

水形地域的處軍之法

孫子指出，軍隊行進時，沿途宿營的地方有山嶽、河川、斥澤、平陸的不同，因此處軍之法也各不相同。對於水形地域的處軍方法，孫子講了五個原則。

● 江河作戰的五種原則

欲戰者，無附於水而迎客

它包含兩層意思：如果我方不準備作戰，就要阻水列陣，使敵不敢輕易強渡；如果我方決心迎戰，就要遠離河川，誘敵半渡而擊。

晉將陽處父派人對楚將子上說：楚軍如果決定一決雌雄，那麼我軍後退三十里，讓你們擺好陣勢再開戰。陽處父的這一條誘兵之計被楚軍的孫伯識破了，看出這不過是「半涉而薄我」。由於晉、楚雙方都不敢渡河，因此皆不戰而歸國。

絕水必遠水

為了避免背水作戰，退無所歸，部隊通過江河後必須迅速遠離河流。遠離江河還有一個好處，就是可以引誘敵人渡河，使敵人處於背水之地。

視生處高

無論是岸邊列陣，還是水上泊舟，都應該面陽而居高。

水形地域的處軍之法

客絕水而來，勿迎之於水內，令半濟而擊之，利

「半濟而擊」，就是趁敵軍半數已渡、半數未渡之時發起攻擊。這一江河作戰的原則，古往今來為許多戰爭實踐所證明，是一條行之有效的原則。

無迎水流

軍隊應駐紮於上游，這樣能夠防止敵軍在上游或順流而下，或決堤放水，或投放毒藥。

處軍的總原則

貴陽賤陰

> 凡軍好高而惡下，貴陽而賤陰，養生而處實，軍無百疾，是謂必勝。丘陵堤防，必處其陽而右背之。此兵之利，地之助也。上雨，水沫至，欲涉者，待其定也。凡地有絕澗、天井、天牢、天羅、天陷、天隙，必亟去之，勿近也。吾遠之，敵近之；吾迎之，敵背之。軍旁有險阻、潢井葭葦、山林翳薈者，必謹覆索之，此伏奸之所處也。

　　孫子在論述了「處軍」的方法之後，又總結了「處軍」的總原則。同時，孫子還提出要遠離六種地形，和在多草木的地方要注意是否有伏兵的觀點。

貴陽賤陰

　　孫子在分論四種地理環境之後，提出了「行軍」的總原則：「凡軍好高而惡下，貴陽而賤陰，養生而處實，軍無百疾，是謂必勝。」這條原則實際上是說「處軍」要保證將士們有良好的生活條件，將士遠離疾病、身體健康，才能打勝仗。

　　拿破崙也有類似的觀點，他說：「疾病是最危險的敵人。」「寧可讓部隊去從事流血最多的戰鬥，也不能讓他們留在不衛生的環境中。」在戰爭中，病死的人要遠遠多於戰死的人，這是一個非常重要的事實，但卻很少有人注意。早在兩千多年以前，孫子就明確指出，「軍無百疾」實乃爭取勝利的必要條件，可謂先知先覺。

遠離六種地形

　　孫子強調要遠離的六種地形是：

①絕澗，前後險峻，水橫其中為絕澗；

②天井，四方高，中間低下為天井；

③天牢，三面環絕，易入難出為天牢；

④天羅，草木茂密，鋒鏑莫施處為天羅；

⑤天陷，隨地泥濘，地形陷者為天陷；

⑥天隙，道路迫狹，地多坑坎為天隙。

　　對於這六種地形，必須採取誘敵「近之」，我則「遠之」；迫敵「背之」，我則「迎之」，以便聚而殲之。

處軍貴陽賤陰

　　在分析了四種地形的具體處軍方法後，孫子提出了處軍的總原則，即「好高而惡下，貴陽而賤陰，養生而處實。軍無百疾，是謂必勝」。

● 貴陽賤陰

　　向陽的地方非常乾燥，軍隊不易發生疾病，這是取得勝利的重要保證。

　　背陰的地方陰暗潮濕，士兵處在這樣的環境中容易滋生疾病，對作戰不利。

　　孫子提出了「處軍」的總原則：「凡軍好高而惡下，貴陽而賤陰，養生而處實，軍無百疾，是謂必勝。」就是說，大凡駐軍要選擇乾燥的高地，避開潮濕的窪地；重視向陽處，避開陰暗之處；靠近生長水草的地方，駐紮乾燥的高地，軍隊就不會發生任何疾病，這才有了勝利的保證。

● 遠離六種地形

六種地形

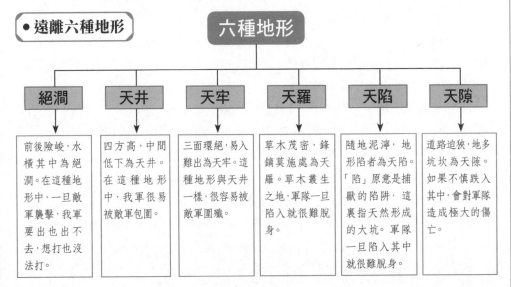

絕澗	天井	天牢	天羅	天陷	天隙
前後險峻，水橫其中為絕澗。在這種地形中，一旦敵軍襲擊，我軍要出也出不去，想打也沒法打。	四方高，中間低下為天井。在這種地形中，我軍很易被敵軍包圍。	三面環絕，易入難出為天牢。這種地形與天井一樣，很容易被敵軍圍殲。	草木茂密，鋒鏑莫施處為天羅。草木叢生之地，軍隊一旦陷入就很難脫身。	隨地泥濘，地形陷者為天陷。「陷」原意是捕獸的陷阱，這裏指天然形成的大坑。軍隊一旦陷入其中就很難脫身。	道路迫狹，地多坑坎為天隙。如果不慎跌入其中，會對軍隊造成極大的傷亡。

第四節

觀察判斷敵情的方法

相敵三十二法

> 敵近而靜者，恃其險也；遠而挑戰者，欲人之進也；其所居易者，利也。眾樹動者，來也；眾草多障者，疑也；鳥起者，伏也；獸駭者，覆也。塵高而銳者，車來也；卑而廣者，徒來也；散而條達者，樵採也；少而往來者，營軍也。辭卑而益備者，進也；辭強而進驅者，退也；輕車先出居其側者，陳也；無約而請和者，謀也；奔走而陳兵者，期也；半進半退者，誘也。杖而立者，饑也；汲而先飲者，渴也；見利而不進者，勞也。鳥集者，虛也；夜呼者，恐也；軍擾者，將不重也；旌旗動者，亂也；吏怒者，倦也；粟馬肉食，軍無懸瓶，不返其舍者，窮寇也；諄諄翕翕，徐與人言者，失眾也；數賞者，窘也；數罰者，困也；先暴而後畏其眾者，不精之至也；來委謝者，欲休息也。

「相敵」是本篇的第二個主要內容，孫子詳細列舉了三十二種直接觀察、判斷敵情的方法，後人稱之為「相敵三十二法」。下面，我們僅列舉幾例加以說明。

「眾樹動者，來也。」意思是，如果有許多樹木搖動，那是敵人蔭蔽前來。曹操注：「斬伐樹木，除道進來，故動。」除此之外，樹木在當時還可以作為兵器和軍械。比如晉、楚城濮戰前，晉軍「伐其木以益其兵」，就是為了增加作戰的器械。所以，樹木搖動是敵人要到來的徵兆。

「塵高而銳者，車來也。」意思是，塵埃飛揚而高衝雲間，是戰車來臨。晉、楚邲之戰時，楚將潘黨觀察到晉軍戰車奔馳揚起的塵土，便把情況報告了主將，為楚軍迅速調整布置掩襲晉軍贏得了主動。

「鳥集者，虛也。」意思是，群鳥聚集在敵營上空，營地必已空虛。西元前555年，齊、晉兩軍在平陰（今山東平陰北）對峙時，齊軍撤退的當夜，晉軍的叔向判斷說：「城上有烏鴉，齊軍恐怕逃走了。」

「旌旗動者，亂也。」意思是，敵旌旗亂動，表明敵營陣已亂。曹劌在長勺之戰就是根據齊軍「轍亂旗靡」而建議發起追擊的。

孫子列舉三十二種「相敵」之法，是為了告誡將領，「兵非益多也，惟無武進，足以併力、料敵、取人而已」。如果既不注意「處軍」的原則，又不懂得「相敵」的方法，那麼必遭失敗，「必擒於人」。

相敵三十二法

　　孫子的「相敵」之法，是春秋時代在陣地前沿對敵情進行觀察的方法。透過各種表面現象判斷敵情，這種方法雖然古樸、原始，但也非常生動、具體，它從一個側面真實地反映了春秋時代的戰爭特點。

● 相敵三十二法列舉

眾樹動者

眾樹動者，來也。

　　如果有許多樹木搖動，那是敵人蔭蔽前來。

鳥起者

鳥起者，伏也。

　　群鳥驚飛，下必有伏兵。

獸駭者

獸駭者，覆也。

　　野獸奔駭，是敵人大舉突襲而至。

塵高而銳者

塵高而銳者，車來也。

　　塵埃飛揚而高衝雲間，是戰車來臨。

鳥集者

鳥集者，虛也。

　　群鳥聚集在敵營上空，營地必已空虛。

旌旗動者

旌旗動者，亂也。

　　敵旌旗亂動，表明敵營陣已亂。

第五節

恩威並用，文武兼治

治軍的方法

> 卒未親附而罰之，則不服，不服則難用也；卒已親附而罰不行，則不可用也。故令之以文，齊之以武，是謂必取。令素行以教其民，則民服；令不素行以教其民，則民不服。令素行者，與眾相得也。

在如何治軍這一問題上，孫子強調要文武兼施、刑賞並重。他在《孫子兵法·行軍篇》中說：「故令之以文，齊之以武，是謂必取。」這句話的意思是說，要用「文」的手段和「武」的方法來治理軍隊，這樣的軍隊打起仗來才能勝利。

「文」的手段，不僅包括用政治、道義教育士卒，還包括以寬厚仁愛對待士卒。但是孫子在強調要「視卒若愛子」的同時，還告誡「卒已親附而罰不行，則不可用也」，即如果士卒對將帥已經親近依附，但卻不能執行軍紀、軍法，這樣的軍隊也是不能打仗的。言下之意是，使用「文」的手段時，對士卒不能放縱。

「武」的手段，即以軍紀、軍規來約束士卒。孫子在指出必須使士卒畏服的同時，又強調「卒未親附而罰之，則不服」，即將帥在士卒親附之前就貿然處罰士卒，士卒就不會順服，這樣的軍隊也是不能用來打仗的。言下之意是，使用「武」的手段，將帥應拿捏好分寸。

無論是「文」還是「武」，或者「文武」結合，目的只有一個：增強軍隊的凝聚力，讓士卒們去拼命作戰。

在中國古代，孫子、吳起、司馬穰苴、韓信等人，都是治軍的能手。孫子在為吳王訓練宮女時，三令五申，吳王的兩個寵妃卻帶頭哄笑，孫子下令斬殺兩個寵妃，眾宮女肅然，沒過多久就被孫子訓練得有模有樣，這是以「武」治軍。吳起與士卒同吃、同住、同行軍，士卒樂意為他效死力，這是以「文」治軍。

在論述文武兼治之後，孫子又回到「法令執行」的問題上。他認為，如果能經常維持法令的執行，則士卒就會嚴格服從紀律；反之，若在平時便法令廢弛，不嚴格教令士卒，則士卒也就自然不會服從。但又如何能達到「令素行」的水準，其條件為「與眾相得」。

文武結合以治軍

　　自古以來，很多優秀的軍事將領都遵循孫子「令之以文，齊之以武」的治軍原則，力求文武結合。只有這樣，才能訓練出戰鬥力強的軍隊，作戰的時候才能屢戰屢勝。

● 文武結合

文

以寬厚仁愛對待士卒

　　「文」的手段，包括用政治、道義教育士卒，以及以寬厚仁愛對待士卒、愛護士卒。但是孫子在強調要「視卒若愛子」的同時，還告誡「卒已親附而罰不行，則不可用也」，即如果士卒對將帥已經親近依附，但卻不能執行軍紀軍法，這樣的軍隊也是不能打仗的。也就是說，在使用「文」的手段之時，對士卒不能放縱。

用政治、道義教育士卒

文武兼治

恩威並用

以軍紀軍規約束士卒

　　「武」的手段，就是以軍紀、軍規來約束士卒。孫子在指出必須使士卒畏服的同時，又強調「卒未親附而罰之，則不服」，即將帥在士卒親附之前，就貿然處罰士卒，士卒就不會順服，這樣的軍隊也是不能用來打仗的。也就是說，使用「武」的手段之時，將帥應拿捏好分寸。

武

相敵制勝

郤至善察敗楚軍

　　相敵是根據敵人的行動來觀察、判斷敵情。郤至正是透過觀察楚軍和鄭軍的陣營，了解了敵情，從而選擇了恰當的時機，最終贏得勝利。

　　西元前575年4月，晉厲公聯合齊、宋、魯、衛四國攻打鄭國。楚國是鄭國的盟友，立即出兵支持。雙方的軍隊在鄢陵相遇。當時，楚、鄭聯軍共有兵車530輛，將士9萬人；晉軍先期到達鄢陵，有兵車500輛，將士5萬餘人，而宋、齊、魯、衛的軍隊還沒有到達鄢陵。楚共王見諸侯各軍未到，就想趁機擊潰晉軍，因此命令大軍在晉軍大營附近列陣。

　　晉厲公率眾將登上高地觀察楚軍列陣情況，並研究決戰計劃。晉將大多懼於楚鄭聯軍的兵力優勢，主張堅守不戰，以待友軍來到；唯有新軍副將郤至在觀察了敵陣之後發表了主戰的意見。

　　郤至說：「根據我的觀察和掌握的情報來看，楚、鄭聯軍有幾個致命的弱點，立即出擊，定能獲勝。第一，楚軍人數不少，但老兵多，這些老兵行動遲緩，根本沒有戰鬥力；第二，鄭軍亂作一團，到現在還沒有列成像樣的陣勢，這說明他們缺乏訓練，不堪一擊；第三，兩軍都在喧鬧不止，沒有一點臨戰的緊張氣氛；第四，據我所知，不但楚、鄭兩軍協調不好，就是楚軍內部，中軍和左軍也不合……」

　　郤至說得有理有據，晉厲公和眾將都贊同郤至的建議：立即發起進攻。戰鬥開始後，晉厲公的戰車忽然陷入泥沼中，進退不得，楚共王看在眼裏，親自率領一隊人馬殺奔而來，企圖活捉晉厲公。不料，晉將魏錡早已發現楚共王的企圖，一箭射去，正中楚共王的左眼。楚軍見楚共王負傷，軍心浮動。這時候，晉厲公的戰車已從泥沼中掙脫出來，晉厲公指揮晉軍掩殺過去。楚軍以為其他諸侯四國的軍隊已經趕到，陣勢大亂，紛紛後撤，一直退到潁水南岸方才停止，當天晚上就班師回國。

　　晉軍以少勝多，論功行賞，郤至立下首功。晉厲公獎賞眾將士後，在鄢陵連飲三天，然後凱旋。

晉、楚鄢陵之戰

　　正確地判斷敵情在戰爭中非常重要。對於如何觀察、判斷敵情，孫子總結了三十二條經驗。鄢陵之戰中，正是因為郤至能夠從敵人的各種表現中判斷敵方的真實情況，才使得晉軍取得戰爭的勝利。

● 鄢陵之戰

第一	第二	第三	第四
楚軍人數不少，但老兵多，這些老兵行動遲緩，根本沒有什麼戰鬥力。	鄭軍亂作一團，到現在還沒有列成像樣的陣勢，這說明他們缺乏訓練，不堪一擊。	兩軍都在喧鬧不止，沒有一點臨戰的緊張氣氛。	楚鄭兩軍協調不好，就是楚軍內部，中軍和左軍也不合。

戰爭背景

　　西元前575年春，楚共王在武城（今河南省南陽市北）遣公子成赴鄭，以汝陰之田（今河南省郟縣、葉縣間）向鄭求和，鄭遂投楚叛晉。同年夏，鄭子罕率兵攻宋。宋軍先敗鄭於汋陂（今河南省商丘市、寧陵縣之間），又為鄭敗於汋陵（今河南省寧陵縣南）。當鄭伐宋不久，晉國準備興師伐鄭，一方面出動本國軍隊，一方面派人前往宋國、衛國、齊國、魯國乞師，準備協同作戰。

　　鄭成公聞訊，向楚國求救。楚共王決定出兵救鄭，以司馬子反、令尹子重、右尹子革統領三軍，與晉軍戰於鄭地鄢陵。

晉、楚鄢陵之戰

郤至善察

　　郤至是晉國的外交家、軍事家，與堂兄郤錡、叔父郤犨並稱「三郤」。郤至在觀察了敵陣之後，認為楚、鄭聯軍有幾個致命的弱點，立即出擊，定能獲勝。第一，楚軍老兵多，根本沒有什麼戰鬥力；第二，鄭軍亂作一團，說明他們缺乏訓練，不堪一擊；第三，楚軍沒有臨戰的緊張氣氛；第四，不但楚、鄭兩軍協調不好，就是楚軍內部也不合。

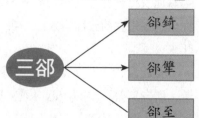

三郤　→ 郤錡
　　　→ 郤犨
　　　→ 郤至

第七節

令之以文

吳起愛兵如子

俗話說：上陣親兄弟，打仗父子兵。意思是說，在上陣交鋒的生死關頭，大家情同兄弟父子，便能同心協力打勝仗。這是要求帶兵的將領軍官們能夠對部下「合之以文，齊之以武」，與大家同甘共苦，讓將領與士卒心往一處想，勁往一處使，即《孫子兵法》中所說的「上下同欲」。

吳起是戰國時期的著名軍事家，他曾在魯國做將軍，為魯王打了不少勝仗。後不被魯王信任，吳起便離開魯國。他聽說魏文侯很賢明，便投奔魏國，被魏文侯封為將軍。

吳起治軍，以愛惜士卒，與士卒共患難而聞名。魏文侯命令吳起統率大軍攻伐秦國。西征途中，吳起與普通士兵一樣背著糧袋，徒步行走，將戰馬讓與體弱的士卒騎。吃飯的時候，吳起也不吃「小灶」，而是與士兵們坐在一起，圍著大鍋，喝大碗湯，吃大碗飯，有說有笑，儼然一名小卒。睡覺的時候，吳起還是與士兵們在一起，以天為被，以地為席。士卒們深受感動，打起仗來都願意為吳起出死力。

有一名士兵的背上生了個大疽，由於軍隊正在行軍，一時找不到好藥進行治療，吳起就親自用嘴為士兵把疽中的膿汁吸出來，為士兵治好了病。這名士兵的母親聞訊後竟放聲大哭，鄰居大惑不解，問：「吳將軍為你兒子吸毒治疽，你不感謝吳將軍，卻哭泣不止，這是為什麼？」這位母親回答道：「不是我不感謝吳將軍，我是想起了我的丈夫啊。我丈夫以前也在吳將軍手下當兵，也曾長了背疽，是吳將軍為他吸出毒汁治好病的。丈夫感激吳起，打起仗來不要命，終於戰死在沙場。我兒子一定也會對吳將軍感恩不盡，恐怕兒子的性命也不會長久了。」說完，又哭了起來。

吳起愛惜士卒，士卒甘願為吳起拼死作戰。魏、秦兩軍交戰後，魏軍連戰連勝，所向無敵。秦國一退再退，接連被吳起攻占了五座城池，魏軍大獲全勝。魏文侯聞報，非常高興，任命吳起為西河郡守將。

吳起治軍

　　孫子認為，為將者如果能夠像關心自己的孩子一樣關心自己的士卒，那麼士卒就會與將帥同生死。戰國時期的名將吳起就是一位愛兵如子的將帥。

● 吳起愛兵如子

　　吳起治軍，以愛惜士卒，與士卒共患難而聞名。他做將軍時，和最底層的士卒同衣同食。睡覺時不鋪席子，行軍時不騎馬坐車，親自背乾糧，和士卒共擔勞苦。有一名士兵的背上生了個大疽，吳起就用嘴為他吸膿。士卒們深受感動，打起仗來，都願意為吳起出死力。

吳 起 其 人

　　吳起是戰國初期著名的政治改革家，卓越的軍事家、統帥、軍事改革家。後世把他和孫子連稱「孫吳」，著有《吳子》。《吳子》與《孫子兵法》又合稱《孫吳兵法》，在中國古代軍事典籍中占有重要地位。

　　吳起鎮守西河期間，強調兵不在多而在「治」，他首創考選士卒之法：凡能身著全副甲冑，執12石之弩（12石指弩的拉力，一石約今30公斤），背負矢50個，荷戈帶劍，攜三日口糧，在半日內跑完百里者，即可入選為「武卒」，免除其全家的徭賦和田宅租稅，並對「武卒」嚴格訓練，使之成為魏國的精勁之師。吳起治軍，主張嚴刑明賞、教戒為先。他認為若法令不明，賞罰不信，雖有百萬之軍亦無益，曾斬一未奉令即進擊敵軍的材士以明法。

吳 起

吳 起 治 軍

齊之以武

郭威治軍

「治軍附眾」，講的是嚴格管理軍隊，從而做到內部團結，將士同心，在戰場上「足以併力」，同取勝利。

五代十國時李守貞、趙思綰、王景崇起兵造反，史稱「三鎮之亂」。朝廷（後漢）派大將郭威統兵征伐。郭威出征前向老太師馮道請教治軍之策，馮道說：「李守貞所依靠的是士卒歸心，如果你能重賞將士，定然能打敗他。」郭威連連點頭。

郭威率兵進抵李守貞盤踞的河中（今山西省永濟市蒲州鎮）城外，斷絕了河中城與外界的聯繫，以長期圍困的方法逼迫李守貞投降。遵照馮道的教誨，郭威對部下有功即賞，將士受傷患病即去探望，犯了錯誤也不加懲罰。時間長了，郭威果然贏得了軍心，但卻滋長了姑息養奸之風。

李守貞陷入重圍，對郭威的圍困一籌莫展。一天，李守貞忽然聽到將士們在議論郭威治軍的事情，眉頭一皺，想出一條計來：他讓一批精明的將士扮作貧民百姓，潛出河中城，在郭威駐軍營地附近開設了數家酒店，酒店不僅價格低廉，甚至可以賒欠。郭威的士卒們經常喝得酩酊大醉，將領們卻不加約束。李守貞見妙計奏效，悄悄地遣部將王繼勳率千餘精兵乘夜色潛入河西後漢軍大營，發起突襲。後漢軍毫無戒備，巡邏騎兵都喝得不省人事，王繼勳一度得手。

郭威從夢中驚醒，急忙遣將增援，但將士們竟畏縮不前。危急中，裨將李韜捨命衝出，眾將士才鼓足勇氣跟了上去。王繼勳兵力太少，功虧一簣，退回河中城。

這一次突襲為郭威敲響了警鐘，使郭威痛感軍紀鬆弛的危險，於是下令：「如果不是犒賞宴飲，所有將士不得私自飲酒，違者軍法論處。」

誰知，第二天清早，郭威的愛將李審就違令飲酒。郭威又氣又恨，思索再三，還是令人將李審推出營門，斬首示眾，以正軍法。

眾將士見郭威斬殺李審，放縱之心才有所收斂，軍紀得以維護。不久，郭威發起攻擊，一舉平定李守貞，又平定了趙思綰和王景崇，「三鎮之亂」結束了。

後周太祖——郭威

　　一個優秀的軍事指揮官統率三軍，必須做到「合之以文，齊之以武」，賞罰分明而且適度，讓將士心悅誠服，這樣才能提高作戰能力，在戰場上無堅不摧。

● 郭威治軍

　　郭威一開始對部下有功即賞，將士受傷患病即去探望，犯了錯誤也不加懲罰，時間長了，郭威果然贏得了軍心，但卻滋長了姑息養奸之風。郭威的士卒們甚至經常喝得酩酊大醉，將領們卻不加約束。

● 五代十國

五代　後梁、後唐、後晉、後漢、後周五個次第更迭的中原政權。

十國　前蜀、後蜀、吳、南唐、吳越、閩、楚、南漢、南平（荊南）、北漢等十幾個割據政權。

　　五代十國（907—960），一般是指介於唐末宋初這一段歷史時期。黃巢起義後，唐朝名存實亡，形成了藩鎮割據局面。960年，趙匡胤取代後周建立北宋；979年滅北漢，自此基本結束了自晚唐以來的分裂割據局面。

　　郭威是五代後周王朝的建立者，史稱後周太祖。他命令各地官吏不得以任何藉口來加收百姓賦稅，同時廢止了後漢一些殘酷的法律。

　　郭威除了改革利民之外，自己也非常注意節儉，以減輕人民的負擔。在治理國家方面，雖然郭威有能力，但他仍然謙遜地重用有才德的文臣。

　　郭威的精心治理，使後周在很短的時間裏就顯露出國富民強的跡象，為周世宗繼續他的事業打下了堅實的基礎。

第九節

無附於水而迎客

石達開兵敗大渡河

《孫子兵法・行軍篇》中說：「勿迎之於水內」、「無附於水而迎客」。如果石達開能夠對這樣的原則多加思索的話，也不至於全軍覆沒了。

洪秀全誅殺韋昌輝後，命石達開回天京輔政，石達開權勢愈顯。不久，便遭到天王洪秀全猜忌，石達開察覺後，恐遭不測，於1857年6月率十幾萬精銳出走天京，先後轉戰於浙江、福建、湖南、廣西、貴州、湖北、四川等地。1863年5月，石達開率僅餘的四萬人馬來到大渡河邊，在安順場被清軍包圍。

5月14日夜，大渡河突然漲水，由安順場注入大渡河的松林河也漲了水，石達開無法渡河。就在石達開等待水退之時，川督駱秉章已收買了土司王應元和嶺承恩，「賞以重金，並許以官爵」。渡過松林河退隱已成空想，為了突圍，石達開選擇了強渡大渡河的下策。

安順場在大渡河西，地勢低平，河東為陡峭崖岸，高出大渡河二、三十公尺。就在大渡河漲水之時，清軍已占據東岸，居高臨下，槍炮齊發，實在無法逾越。太平軍本來就處於清軍射程之中，加之還要划船、爬岩，其劣勢更加顯著，可謂處於「死地」。5月17日，石達開選出精銳千人，分駕船筏，搶渡大渡河。他勉勵將士：「戰必死，降亦必死，不如其戰矣！」但在清軍槍炮攢射之下，這支敢死隊全部陣亡。5月21日，石達開又令五百人再次強渡大渡河，仍然無一生還。6月9日，石達開最後一次搶渡，除被洪水漂沒5隻船筏以外，其餘「悉被擊沉」。

此時王應元乘勢殺過松林河，加上另一支土司部隊從馬鞍山壓下來，紫打地失守，石達開率殘部奔至老鴉漩。

石達開初到紫打地約有四萬餘人，經過二十多天的苦戰，還剩一萬多人。紫打地又是不毛之地。石達開對傷病難行和參軍不久的弟兄「給資遣散」，剩下的六千餘人決心與石達開共生死。清軍的「堅壁清野」使石達開一直得不到任何補給，情況越來越嚴重，石達開只好命令妻妾抱子沉河，其他傷病員也跟著紛紛投河而死，悲壯慘烈。

翼王石達開

軍事統帥必須對戰爭中的渡河行動倍加小心，孫子強調，在水形地域，應該「勿迎之於水內」、「無附於水而迎客」，石達開如果能夠善加應用，也不至於全軍覆沒了。

●石達開

石　達　開

石達開（1831—1863），綽號石敢當，廣西貴縣（今貴港）客家人，太平天國名將，近代中國著名的軍事家、政治家、武學名家。在太平天國被封為「左軍主將翼王」。石達開是太平天國最富有傳奇色彩的人物之一。

兵敗大渡河後，石達開在成都公堂受審，他慷慨陳詞，令主審官崇實理屈詞窮，無言以對。石達開受凌遲酷刑，被割一百多刀，從始至終默然無聲。觀者無不動容，歎為「奇男子」。

他十六歲便「被訪出山」，十九歲統率千軍萬馬，二十歲封王，英勇就義時年僅三十二歲。他生前用兵神出鬼沒，死後仍令敵人提心吊膽，甚至他身後數十年都不斷有人打著他的旗號從事反清活動和革命運動。有關他的民間傳說更是遍布他生前轉戰過的大半個中國，表現出他當年深得各地民眾愛戴。

太平天國最富傳奇色彩的人物

天王洪秀全

東王	南王	北王	西王	翼王
楊秀清	馮雲山	韋昌輝	蕭朝貴	石達開

第十節

相敵

沙苑、渭曲之戰

古往今來，善於處軍、相敵、治軍的例子不勝枚舉，南北朝時期東魏、西魏的沙苑、渭曲之戰，則具有典型性。

北朝的北魏分裂為東魏、西魏兩個政權，分別以河南和陝西為中心，展開了長期的爭鬥，進行了無數次戰爭。西元537年，西魏丞相宇文泰率軍東進，攻占了東魏的軍事要地恆農（今河南三門峽西）。東魏丞相高歡一面命大將高敖曹領兵三萬反擊恆農，一面親率主力二十萬，由蒲阪（今山西永濟）西渡黃河，進襲關中，沙苑、渭曲之戰拉開了序幕。

宇文泰決定全力阻止敵軍西進，命部隊在渭水上搭建浮橋，親率輕騎七千北渡渭水，進至距東魏軍六十里的沙苑安營紮寨。西魏軍進駐沙苑，宇文泰便立即派人化裝成魏軍屯兵一帶的居民，潛入東魏兵營附近偵察敵情，偵察結果證實了宇文泰對東魏軍的判斷。針對東魏軍驕傲輕敵的特點，西魏部將李弼建議利用十里渭曲（渭河彎曲部分）沙丘起伏、沼澤縱橫、蘆葦叢生的地形，布設伏兵，誘敵深入而伏擊聚殲。宇文泰亦正有此念頭，便依計而行。再說高歡聽西魏軍已進至沙苑，在沒有認真部署的情況下，便率大軍前來與宇文泰決戰。行至渭曲附近，大將斛律羌舉見渭曲地形不利野戰，建議留部分兵力在沙苑與宇文泰相持，另以精兵西襲長安。高歡急於尋找宇文泰決戰，當然聽不進去。他準備放火焚燒蘆葦，又遭部將侯景、彭樂反對，他們提出要活捉宇文泰示眾。部將的盲目樂觀與驕傲輕敵，正與高歡的心態合拍，結果利令智昏，放棄了火攻，下令軍隊進入沼澤活捉宇文泰。高歡等東魏軍進入伏擊圈後，擊鼓為號，西魏軍從左右兩翼猛烈衝擊東魏軍，很快將其截為數段。在陌生而複雜的地形中，東魏軍兵力的優勢無法發揮，反而在突圍中自相踐踏。西魏軍趁勢奮力拼殺，殺敵六千餘人，俘虜八萬人。東魏軍大敗潰散，高歡倉皇逃至蒲津，渡河東撤而去。西魏軍取得了沙苑渭曲之戰的全面勝利。

宇文泰

宇文泰（507—556），字黑獺，代郡武川（今內蒙古武川西）人，鮮卑族，南北朝時期西魏王朝的建立者和實際統治者。西魏禪周後，追尊為文王，廟號太祖；武成元年（559年），追尊為文皇帝，傑出的軍事家、軍事改革家、統帥。

● 宇文泰的改革措施

德治為主

在政治上，宇文泰奉行以德治教化為主，法治為輔的統治原則。他向人民灌輸孝悌、仁順、禮義等思想，用這些儒家倫理綱常觀念束縛人們的思想，以心和志靜，邪僻之念不生，穩定統治秩序。

唯賢是舉

在用人上，奉行唯賢是舉，只要德才兼備，哪怕出身微賤，亦可身居卿相。宇文泰的這一選官思想展現了打破門閥傳統的新精神，確保了西魏吏治較為清明，也為大批漢族士人進入西魏政權開闢了道路。

發展生產

宇文泰在經濟上積極勸課農桑，獎勵耕植，並相應地制定採取了一些措施。他恢復均田制，使那些由於土地兼併、戰亂、天災而喪失土地的農民和土地重新結合在一起，從而為農民的生產活動提供了條件。

勇於納諫

宇文泰還比較注意聽取臣下的不同意見，勇於納諫。早在大統五年（539年），他就下令置紙筆於京城陽武門外，以訪求得失。宇文泰的這種做法，有助於西魏吏治的清明。

● 宇文泰的一生

宇文泰一生，正處在由亂到治的歷史轉折點，他能夠在紛繁複雜的歷史條件下觀時而變，順應歷史發展的潮流，終至取威定霸，轉弱為強，南清江漢，西克巴蜀，北控沙漠，奠定了北周王朝之基礎。他在位時所頒行的兵制、選官之法等更是開隋唐政治制度之淵源。宇文泰的功業可謂盛矣，堪稱是中國歷史上繼孝文帝元宏之後又一位鮮卑族傑出人物。

第十一章

《地形篇》詳解

　　地形就是地表的自然形態。不過，本篇所講「地形」，不是泛論一般地形，而是專論戰地的形勢。孫子繼《行軍篇》後，又提出地形問題，集中討論地形、天時、敵情、軍心及將才等在軍事上的交互作用。

　　趙本學說：「陣之不得其地，用兵不得其法，猶走騏驥於牆茨之上，鬥猛虎於淖泥之中，不惟不能施其技，且見其自斃以死也。」可見戰地地形對戰爭勝敗的重要性。本篇重在說明如何利用地形取勝，強調地形對戰爭只能起一種輔助作用，而不是唯一的決定作用。如果將帥能夠洞悉敵情，根據實際情況充分利用地形，才能夠使戰爭獲得勝利。

圖版目錄

地形篇

【原文】孫子曰：地形有通者，有掛者，有支者，有隘者，有險者，有遠者。我可以往，彼可以來，曰通；通形者，先居高陽，利糧道，以戰則利。可以往，難以返，曰掛；掛形者，敵無備，出而勝之；敵若有備，出而不勝，難以返，不利。我出而不利，彼出而不利，曰支；支形者，敵雖利我，我無出也；引而去之，令敵半出而擊之，利。隘形者，我先居之，必盈之以待敵；若敵先居之，盈而勿從，不盈而從之。險形者，我先居之，必居高陽以待敵；若敵先居之，引而去之，勿從也。遠形者，勢均，難以挑戰，戰而不利。凡此六者，地之道也，將之至任，不可不察也。

故兵有走者，有弛者，有陷者，有崩者，有亂者，有北者。凡此六者，非天地之災，將之過也。夫勢均，以一擊十，曰走；卒強吏弱，曰弛；吏強卒弱，曰陷；大吏怒而不服，遇敵懟而自戰，將不知其能，曰崩；將弱不嚴，教道不明，吏卒無常，陳兵縱橫，曰亂；將不能料敵，以少合眾，以弱擊強，兵無選鋒，曰北。凡此六者，敗之道也，將之至任，不可不察也。

夫地形者，兵之助也。料敵制勝，計險厄遠近，上將之道也。知此而用戰者必勝，不知此而用戰者必敗。故戰道必勝，主曰無戰，必戰可也；戰道不勝，主曰必戰，無戰可也。故進不求名，退不避罪，唯民是保，而利合於主，國之寶也。

視卒如嬰兒，故可與之赴深溪；視卒如愛子，故可與之俱死。厚而不能使，愛而不能令，亂而不能治，譬若驕子，不可用也。

知吾卒之可以擊，而不知敵之不可擊，勝之半也；知敵之可擊，而不知吾卒之不可以擊，勝之半也；知敵之可擊，知吾卒之可以擊，而不知地形之不可以戰，勝之半也。故知兵者，動而不迷，舉而不窮。故曰：知彼知己，勝乃不殆；知天知地，勝乃可全。

【譯文】孫子說：地形有通的、有掛的、有支的、有隘的、有險的、有遠的六種形式。我軍可以往，敵軍可以來的地形稱作通；在這種地形作戰，應先占領高地，利糧道，這樣就十分有利。可以前進，難以後退的地形稱作掛。在掛地形上作戰，敵人沒有防備，我軍突然攻擊，就可獲勝利；若敵人有所準備，出擊又不能取勝，加之難以返回，就很不利了。我軍出擊條件不利，敵人出兵也不利，這種地形

稱作支。在支形地域上，敵人即使以小利誘我，亦不能出擊，而應首先率軍撤退，待敵人出擊一半時反攻，可獲勝利。在兩山間有狹窄通谷的隘形地區作戰，如果我先占領，一定要在隘口布兵以待敵；若敵人先占據隘口，陳兵據守，就不要去攻打；如果敵人只占據了隘口的一部分，並未布兵陣全部封鎖，則可以進攻。在險形地域上作戰，如果我先占據險地，一定選擇高陽之處來等待敵人；如果敵人先占險地，就率軍離去，不要仰攻敵人。在遠形地區作戰，雙方地勢均同，不宜挑戰，勉強求戰則不利。以上六個方面，是利用地形的原則，掌握這些原則，是將帥所必備的能力，不能不認真地加以研究。

軍事上有走、弛、陷、崩、亂、北六種情況。這六種情況不是天時地形的災害，實是主將的過失。凡是兵力相當而以一擊十者，必然敗逃，這叫作走兵。士卒強悍，軍官懦弱，指揮鬆弛，叫作弛兵。軍官強悍，士卒懦弱，戰鬥力必差，叫作陷兵。部將怨怒，不服從指揮，遇敵忿然擅自交戰，主將又不了解他們的能力而加以控制，必然崩散，叫作崩兵。將領無能，不能嚴格約束部隊，教導訓練沒有明確的理論、方法，官兵關係緊張混亂，陳兵布陣雜亂無章，叫作亂兵。將領不能判斷敵情，用少量軍隊抵抗敵軍主力，以弱擊強，行陣又無精銳的前鋒，叫作北兵。這六種情況都是取敗的道理，是將領們至關重要的責任，不能不認真地加以研究。

地形是用兵的輔助條件。判斷敵情，制定取勝方略，考察地形的遠近、險易，這些是主將必須履行的職責。知道這些因素而指揮作戰的人必勝，不懂得這些而指揮作戰的人必敗。所以從戰爭的道理上看，必然會勝利的，就是君主下令不戰，主將一定要戰也可以；如果按戰爭實況的發展沒有勝利條件，雖國君說一定要打，也可以不打。總之，進攻敵人不求虛名，撤退防守不避罪名，只知道保護人民，有利於君主，才是國家的棟梁。

對待士卒如同關心嬰兒一樣關懷備至，就可以同他們共赴深淵；對待士兵如同親生兒子，就可以與他們同生死、共患難。如果溺愛戰士卻不能使用他們，違法亂紀而不能懲治，就如同被嬌慣的孩子，是不可用以打仗的。

知道我方的士卒可以進攻，而不知敵方不可以攻擊，勝利的可能僅為一半；知道敵方可以進攻，而不知我方士卒不可以進攻，勝利的可能只有一半；知道敵方可以進攻，知道我方士卒可以進攻，但不知道地形不利於作戰的，有一半勝利的可能。所以知道用兵的人，他的行動明確而果斷，他的舉措隨機應變，變化無窮。因此，了解對方又知道自己，勝利就會不斷；通曉天時地利，勝利就會無窮無盡。

地有六形

六種地形的作戰方法

孫子曰：地形有通者，有掛者，有支者，有隘者，有險者，有遠者。

通形

通形是指暢通無阻的地形。「我可以往，彼可以來」，無論是軍隊沿道路進行機動，還是越野機動，都有較好的交通運輸條件；其缺點是視界開闊，難以蔭蔽。孫子認為，「通形」地區作戰必須「先居高陽」，占領獨立高地或小丘，以便保障運輸補給。

掛形

掛形是指可以前進，卻難以後退的地形。孫子認為，處於「掛形」之地可以憑險而踞，蔭蔽良好，對瞰制敵軍有利。如果能巧妙地發揮這一山地條件的特點，就可以收到出奇制勝的戰果；但是如果運用不當，也會招致重大損失。

支形

支形即敵對雙方形成對峙相持的斷絕地形。杜牧注曰：「支者，我與敵人各守高險，對壘而軍，中有平地，狹而且長，出軍則不能成陣，遇敵則自下而上，彼我之勢，俱不利便。如此，則堂堂引去，伏卒待之；敵若躡我，候其半出，發兵擊之則利。若敵人先去以誘我，我不可出也。」他這一解釋是符合孫子文意的。

隘形

隘形即通道狹窄的隘口。隘形地利於憑險防守，既可節省守兵，又可阻援疲敵。一旦敵人重兵封鎖隘口，不能輕易進攻。如果敵人只占據了隘口的一部分，並未布兵陣全部封鎖，則可以進攻。

險形

險形即為「一夫當關，萬夫莫開」的險阻地形。孫子表明，「若敵先居之，引而去之，勿從也」。就是說，如果敵人先占險地，就率軍離去，不要仰攻敵人。如果把「險形」釋為形勢險要的地形，那就是兵家必爭之地，不能「引而去之」了。

遠形

遠形是指敵對雙方均相距較遠的集結地域。在這種地形上，雙方地勢相同，孫子稱之為「勢均」。

六種地形及作戰方法

孫子把地形分為「通」、「掛」、「支」、「隘」、「險」、「遠」六種，並詳細分析了六種地形的利弊，及其對作戰行動的影響。

● 六地

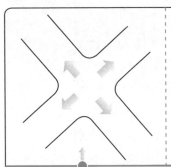

通形

通是通達之意。通形就是四通八達、暢通無阻的地形。在這樣的地形中，「我可以往，彼可以來」，敵我雙方都能進駐。所以哪一方能夠「先居高陽」，搶先占領制高點，以便保持己方糧道的暢通，哪一方在戰爭中就更加有力。

掛形

掛是懸掛、牽礙的意思。掛形地就是可以前進但是難以後退的地形。在這樣的地形作戰有一個好處，就是可以趁敵軍沒有防備的時候發起突襲，收到出奇制勝的戰果。但是，如果敵人已經做好了防備，就不能貿然進攻。

支形

支是支持、支撐的意思。支形地就是敵對雙方形成對峙相持的斷絕地形。在支形地上，就算是敵人以利引誘我軍，我軍也不要出兵；而應該先把隊伍撤走，等敵人追擊我軍而離開陣地的時候再予以回擊。

隘形

兩山中間，通谷狹窄，入口又難的地形，就是隘形地。孫子認為，隘形地利於憑險防守，一旦敵人派重兵封鎖了隘口，就不要輕易進攻。如果敵人只占據了隘口的一部分，並未布兵陣全部封鎖，則可以進攻。

險形

險是險要的意思。險形地就是行動不便的險阻地形。在險形地上，我軍應搶先占領，必須控制制高點，待擊敵人；如果敵人先占領，就應撤走，不要出擊。

遠形

遠形地是指敵對雙方相距較遠的集結地域。在遠形地上，敵我勢力均等，又不便挑戰，如果貿然發動戰爭，將會對我軍不利。

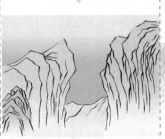

兵有六敗

導致失敗的六種原因

故兵有走者，有弛者，有陷者，有崩者，有亂者，有北者。凡此六者，非天之災，將之過也。

孫子論述了導致軍隊失敗的六種原因，即所謂「兵有六敗」。

走

「走」是敗逃的意思。「勢均，以一擊十，曰走」，這裏的「勢均」是指雙方兵力相當，沒有多寡之分。在防禦時，就會形成「無所不備，無所不寡」的局面，因而當敵來攻時，就會造成「敵專為一，我分為十」的兵力對比。以這樣眾寡懸殊的兵力去作戰，必然要敗逃。

弛

「弛」是指領導軟弱無能。「卒強吏弱，曰弛」，士兵戰鬥力強，軍事素質好，但指揮官懦弱無能，領導不力，也會導致失敗。

陷

「陷」是指士卒戰鬥力弱。「吏強卒弱，曰陷」，指揮官領導有方，但是士兵作戰能力弱，同樣會導致失敗。

崩與亂

「崩」與「亂」，都是指將帥治軍無方，統軍無力，這也毫無疑問要失敗。晉、楚邲之戰前，楚國的伍參就是從「崩」、「亂」的角度作出勝負判斷。他對楚王說：「晉國輔政的都是新人，威信沒有樹立，不能做到令行禁止。主將荀林父的副手先谷剛愎自用，不肯服從命令。晉國的上、中、下三軍統帥都想獨斷專權，但又不能辦到；想要聽從命令，卻又沒有上級，無所適從。因此，晉軍要失敗。」

北

「北」是指失敗。「將不能料敵，以少合眾，以弱擊強，兵無選鋒，曰北。」孫子在這裏提到「選鋒」，所謂「選鋒」，是一種類似敢死隊、衝鋒隊的組織。從戰史上看，至遲在商、周的牧野之戰中，周武王的虎賁三千人就是「選鋒」。

兵有六敗

　　孫子從戰略角度闡述作戰的六種地形之後，又闡述了將帥自身過錯造成的六種危害，即走、弛、陷、崩、亂、北，將帥必須嚴肅對待。

● 導致失敗的六種原因

兵有六敗

導致失敗的原因有很多，孫子將作戰中的帶兵問題和兵力使用問題闡述為「兵有六敗」。

走	弛	陷	崩	亂	北
走是敗逃的意思。如果不會擅長運用兵力，以己方一成的兵力去攻打敵方十成的兵力，必然會導致敗走。	弛是指士兵戰鬥力強，軍事素質好，但指揮官懦弱無能，也會導致失敗。杜牧注曰：「言卒伍豪強，將帥懦弱，不能驅率，故弛壞壞散也。」	陷是指揮官領導有方，但是士兵作戰能力弱的情況。如果作戰時士卒怯弱不敢進擊，會造成將帥孤軍奮戰的局面，最終也會導致失敗。	崩是指高級將領不服從指揮，遇到敵人時因心懷怨憤，自帶所部單獨出戰，主將又不了解他們的才能，不能加以控制。	亂是指主將懦弱無能，號令不嚴，教導不明，致使官兵關係混亂，陣列不整，必然內部生亂，從而導致失敗。	北是指主將不能判斷敵情，以少擊多，以弱擊強，又沒有選擇精銳部隊充當前鋒，以致在戰爭中敗北。

● 選鋒

　　孫子在本篇提到「選鋒」。所謂「選鋒」，就是一種類似敢死隊、衝鋒隊的組織。「選鋒」也是一項對將帥的基本要求，它能考驗將帥能否根據敵情分配和使用兵力。善用「選鋒」的將帥基本上是將「選鋒」作為精銳的前鋒來使用的，實際上發揮了突擊隊的作用，類似於現代戰術的突擊隊或尖刀部隊。

第三節

地形的重要性

地形是用兵的輔助條件

夫地形者，兵之助也。料敵制勝，計險厄遠近，上將之道也。

孫子認為，地形在戰爭中具有重要的地位和作用，是用兵的輔助條件。如果運用得好，它可以使軍隊如虎添翼；反之，它就是兵潰戰敗的陷阱。

孫子將地形分為六種：地勢平坦、四通八達（通）；地形複雜、易進難退（掛）；敵我出擊都不利的地區（支）；道路狹隘（隘）；地形險要（險）；敵我相距較遠（遠）。這六種迥然不同的地形對戰局有著舉足輕重的影響。孫子認為，懂得這些並能用來指導作戰者必然勝利，不懂得這些因而不能用來指導作戰者必然失敗。

戰國時期，孫臏與龐涓鬥智鬥勇。孫臏技高一籌，處處主動，使龐涓疲於奔命。孫臏以「圍魏救趙」和「減灶誘敵」之計，引誘龐涓進入「隘地」──馬陵，龐涓兵敗自殺，魏軍從此一蹶不振。春秋時期，秦穆公不顧老臣蹇叔和百里奚的再三勸告，遠襲晉國東面的鄭國，秦軍進入沒有退路的「死地」──崤山（在河南），被早已埋伏在那裏的晉軍全殲。孫、龐的「馬陵之戰」和晉、秦的崤山之戰都告訴我們：地形是死的，全在於戰爭的指揮者如何去利用它。

所以，孫子得出結論：軍事地理是「兵之助也」。將帥要正確地了解和判斷敵情，以求克敵制勝；另一方面還要準確地計算地形的遠近與險易，以便對軍隊的機動和部署，陣地的選擇、使用和偽裝等作出正確的抉擇，進而把敵情分析與地形利用有機地結合起來。要將這兩者緊密地結合起來指揮作戰，將帥就應當要有機斷行事、獨立指揮的權力。孫子認為，作為一個將帥，應當「進不求名，退不避罪」。只要作戰的目的和結果明確，即「唯民是保，而利合於主」，同時對作戰雙方的形勢有正確的分析判斷，那麼，對於國君錯誤的命令和瞎指揮，就可以置之不理。

戰國時期，孫臏與龐涓鬥智鬥勇。孫臏技高一籌，處處主動，使龐涓疲於奔命。孫臏以「圍魏救趙」和「減灶誘敵」之計，引誘龐涓進入「隘地」——馬陵，龐涓兵敗自殺，魏軍從此一蹶不振。

● 地形對戰爭的影響

孫子明確提出了「地形者，兵之助也」這一觀點，就是說地形是用兵的輔助條件。之所以說是輔助條件，是因為運用得好它可以使軍隊如虎添翼，運用得不好它就是兵潰戰敗的陷阱。

通 掛 支

地 形

隘 險 遠

地形可分六種，即「通」、「掛」、「支」、「隘」、「險」、「遠」，這六種迥然不同的地形對戰局有著舉足輕重的影響，將帥只有在戰前實地考察不同的地形。對戰局瞭然於胸，才能駕馭複雜的地形，出奇制勝。

第四節

隘形者，盈之以待敵

郭進石嶺關拒遼軍

石嶺關之戰極好地印證了《孫子兵法·地形篇》的作戰思想，即在「隘形」地帶，我軍應先敵軍占據並布署兵力，等待敵軍的到來。

　　西元979年，宋太宗趙光義在平定南方之後，又興兵討伐北方的北漢。宋太宗命潘美為北路都招討制置使，進攻太原，自己隨軍親征。由於北漢是遼國的屬臣，宋太宗又命令將軍郭進在石嶺關駐守，以堵截遼國的援兵。

　　北漢見宋太宗親自出征，急忙向遼國求援。遼景宗派宰相耶律沙和冀王敵烈（又譯「塔爾」）火速增援。耶律沙和敵烈走後，遼景帝還不放心，又派南院大王耶律斜軫率其部屬前去援救。

　　耶律沙馳援北漢進至石嶺關附近的白馬嶺，宋軍已搶先占據白馬嶺的高地險隘。這時，剛下過幾場暴雨，山洪暴發，原先並不深的山澗已淹至人的腰部，而且寬闊了不少。面對湍急的澗水和守衛在高地隘口的宋軍，耶律沙準備安營紮寨，等待後續部隊；敵烈則恥笑耶律沙膽小，執意要率先頭部隊渡澗。

　　耶律沙勸道：「宋軍早已占據有利地形，我軍貿然渡澗，必定凶多吉少，還是小心為妙！」敵烈道：「北漢危在旦夕，只怕我們去晚了救不得他們。」於是下令渡澗。

　　守衛在白馬嶺上的宋軍見敵烈率遼軍渡澗，一個個搖旗吶喊，擊鼓助威，但就是不出擊。敵烈以為宋軍是在虛張聲勢，放心大膽地向對岸緩慢前進。郭進等敵烈的先頭部隊渡過山澗大半之後，令旗一揮，命令守在隘口的士兵放箭。　時，亂箭如蝗，遼兵紛紛中箭倒下，又被急流捲走。僥倖登上對岸的士卒還來不及立足穩定，宋軍的騎兵又疾馳而至，將遼兵砍翻在澗邊。敵烈雖然勇猛無比，但人在激流之中，有力氣也用不出來，他和他的兒子以及五名將領都被亂箭射死在山澗之中，連屍體也沒有留下來。如果不是南院大王耶律斜軫及時趕到，遼軍傷亡還會更大。

　　遼軍被堵截在石嶺關，宋太宗從容向太原發起進攻，北漢君主劉繼元久盼遼軍不至，無力對抗宋軍，只好開城向宋太宗投降。

地形是用兵作戰的輔助條件。掌握戰場上的主動，研究地形的險厄和道路的遠近，這是行軍作戰中必須掌握的方法。

● 用兵的輔助條件

士 氣 高 昂

地形不是戰爭勝負的決定因素，事實上，人的因素才是最關鍵的。軍隊戰鬥力的發揮應該避免六種失敗的情況，也就是「走、弛、陷、崩、亂、北」。「地形」是兵家輔助的工具，對於戰爭的勝負有著重要的影響，必須加以重視；但最根本的、產生決定性作用的還是部隊本身，指揮戰爭的將帥應牢記這其中的主次。

鬆 懈 怠 慢

第五節

巧用地形

關羽水淹七軍

關羽水淹七軍的故事，強調了地形對於作戰的重要性。身為將帥，只有戰前實地考察，對戰局瞭然於胸，才能駕馭複雜的地形，出奇制勝。

三國時，曹操在漢中一帶被蜀軍擊敗，蜀將關羽乘勝追擊，率兵攻打樊城。樊城守將曹仁趕忙向曹操求救；為解樊城之圍，曹操急令于禁、龐德率七路人馬火速趕往樊城。蜀、魏兩軍幾經混戰，不分勝負，不料一次在與龐德對陣時，關羽左臂中了魏軍暗箭，兩軍形成相持之勢，一時難分勝負。

當時正是秋季，連綿的陰雨淅淅瀝瀝不知何時能停，蜀軍遠道而來，長期相持下去，必然糧草不濟，難以為戰。關羽一邊養傷，一邊冥思苦想速決的辦法。有一天，關平報知關羽，于禁和龐德的七路人馬移駐樊城以北。關羽聽後，急忙帶人上高處察看。只見襄江因連日暴雨，水勢猛漲。由於關羽長期在荊襄地區征戰，了解當地的地理環境和氣候條件。當他看到于禁、龐德的七支大軍錯誤地駐紮處於低窪的山谷，興奮地喊了一聲：「這下我可生擒于禁了！」眾將一聽，都感到莫名其妙，視為戲言，無人相信。

關羽回營以後，急令手下兵將趕造大小船隻和木筏，又派兵士到襄江上游的各谷口截流積水。于禁和龐德對蜀軍行動一無所知，仍然按兵不動。

一天夜裏，大雨滂沱，狂風驟起。蜀軍乘勢決口放水，一時間水流似山洪暴發，洶湧而下，直奔山谷而去。魏軍頓時亂作一團，四下逃命。于禁和龐德帶著殘存的魏兵躲在小丘上，總算熬到了天亮，這時四周已是一片汪洋，連樊城也淹了大半。魏軍被洪水淹死大半，剩下的兵將疲於奔命之時，忽聽戰鼓雷鳴，殺聲震天，關羽率軍乘大船和木筏殺奔而來，而此時的魏軍已無抵抗之力。

于禁見大勢已去，只得束手就擒。龐德雖奮勇抵抗，終究勢單力薄，被蜀兵活捉。魏軍七路人馬，除淹死外全部被蜀軍活捉，蜀軍大獲全勝，並乘機輕取樊城。

水淹七軍

關羽與龐德對陣同一個地方，應該說對地形都有所認識，但龐德棋差一著，遷入死地，關羽卻能獨具慧眼，創造條件，利用天時地利，大敗魏軍。可見，地形是死的，如何利用它，在人不在地。

● 關羽巧用地形淹七軍

水淹七軍

威震華夏

◀┄┄ 武聖關羽 ┄┄▶

關羽，本字長生，後改雲長，河東解縣（今山西臨猗西南）人。漢末三國時期名將，劉備起兵時，關羽跟隨劉備，忠心不二，深受劉備信任。劉備、諸葛亮等入蜀，關羽鎮守荊州，劉備奪取漢中後，關羽乘勢北伐曹魏，曾水淹七軍、擒于禁、斬龐德，威震華夏，嚇得曹操差點遷都躲避。

關羽去世後逐漸被神化，民間尊稱為「關公」。歷代朝廷多有襃封，清代奉為「忠義神武靈佑仁勇威顯關聖大帝」，崇為「武聖」，與「文聖」孔子齊名。《三國演義》尊其為「五虎上將」之首，毛宗崗稱其為「《演義》三絕」之「義絕」。

第六節

利用地形取勝

晉軍崤山敗強秦

崤山之戰是中國歷史上典型的伏擊殲滅戰。從戰役戰術的角度來講，晉軍選擇有利時機、有利地勢設伏突襲，大獲全勝。但從戰略角度看，晉國的做法是失策的。秦、晉聯盟從此斷絕，此後兩國間爭戰不斷。

春秋時期，秦穆公不顧上大夫蹇叔和老臣百里奚的再三勸告，不遠千里去進攻晉國東面的鄭國。秦穆公派百里奚的兒子孟明視、蹇叔的兒子西乞術和白乙丙三人為將。出發前，蹇叔哭著告誡兒子：「我看著你們出發，再也看不到你們回來了。這次遠征，晉國人一定在崤山截殺你們。崤山有兩座山，那南邊的山是夏帝皋的墳墓；那北邊的山，是周文王避風雨的地方。你一定死在這中間，我到那裏收你的屍骨吧。」

孟明視率秦軍進入滑國地界向鄭國疾進。這時，鄭國商人弦高販牛途經滑國，遇上行進中的秦師，弦高判定秦軍將要襲擊鄭國，遂假托奉鄭國君主之命，犒勞秦軍。孟明視等人認為自己的作戰企圖被識破，鄭國早已有防備，遂決定放棄攻鄭，順道滅掉滑國後便撤兵。

晉國得知秦軍遠襲鄭國的消息，十分憤怒。如今見秦軍無功而返，便想趁機消滅秦軍，在崤山高地設下埋伏，專等秦軍進入「口袋」。

西元前627年4月13日，疲憊不堪的秦軍從滑國返歸本國，抵達崤山。崤山地形險惡，山路崎嶇狹窄，特別是東、西崤山之間，人走都很吃力，車馬行進更是難上加難。西乞術望著險峻的山嶺，不安地對孟明視說：「臨出發時，父親再三警告我，過崤山要小心，說晉人肯定會在這裏設下埋伏，消滅我們。我們的隊伍拉得太長，再不收攏一些，就很危險了！」孟明視歎道：「我何嘗不想這樣做，只是道路太窄，做不到啊！」

孟明視率領部隊小心地進入山谷，突然，金鼓齊鳴，晉軍大將先軫率晉軍一擁而出，以排山倒海之勢將秦軍分割、包圍、消滅，孟明視、白乙丙、西乞術三人都成了晉軍的俘虜。

秦、晉崤山之戰

　　崤山之戰是春秋史上一次重要戰役。它的爆發不是偶然的，而是秦、晉兩國根本戰略利益矛盾衝突的結果。此後秦採取聯楚制晉之策，成為晉在西方的心腹大患。

● 崤山之戰

戰爭背景

　　晉文公時，與秦國保持了一段良好的關係。周襄王二十二年（西元前630年），晉文公會同秦穆公圍攻鄭國，討伐鄭國對晉懷有二心。鄭國派特使燭之武勸說秦穆公，終使秦國退軍。秦軍撤退後，晉國也退了兵。晉、秦伐鄭事件雖然這樣結束了，但它卻為秦、晉交兵埋下了種子。周襄王二十四年，秦國準備越過晉國突襲鄭國，最終在崤山被晉與姜戎的聯軍伏擊，傷亡慘重。

弦高救國

　　秦軍行抵滑國（在今河南偃師市），這時鄭國商人弦高販牛途經滑國，遇上行進中的秦師，弦高判定秦軍將要襲擊鄭國，一面以鄭君名義先送四張牛皮，然後送牛十二頭，犒勞秦軍，一面派人乘傳車急回國內報告。秦軍以為鄭國已經知道偷襲之事，只好決定放棄攻鄭。鄭國避免了一次滅亡的命運。

餘波

　　秦軍在晉與姜戎聯軍的夾擊下，全軍覆沒，孟明視、西乞術、白乙丙等三帥被俘，後被放回到秦國。周襄王二十八年，秦穆公親自率軍伐晉。秦軍攻取晉國的王宮（在今山西聞喜縣南）及郊（聞喜西）。晉人不出，秦軍掉頭向南，由茅津再渡黃河，到達崤山，封崤山中秦軍屍骨而後還。

巧用地形

木門道張郃中計

孫子認為，不同的地形有不同的作戰方法。諸葛亮正是利用木門道的地形而大敗魏軍。

在蜀漢五出祁山的時候，諸葛亮用裝神弄鬼之計割取了隴上的麥子，以充軍糧，又在鹵城伏擊了司馬懿，並大敗魏的西涼援兵。後來，魏國派間諜造謠說：吳國準備襲擊蜀國。諸葛亮為避免被東吳抄了大本營，下令馬上撤軍回國。他先命駐守祁山大寨的兵馬退回西川，然後又令楊儀、馬忠領兵在劍閣和木門道兩處埋伏，約定炮聲為號，阻斷道路，兩下夾擊追兵。又令魏延、關興引兵斷後，並在鹵城虛設旗號，然後大軍向木門道撤退。

司馬懿知道情況後高興地說：「現在諸葛亮已經撤退，誰敢去追？」大將張郃要求領兵追擊，但司馬懿說：「你性子太急躁，不能讓你去。」張郃卻不服氣，再三請命，要求出兵。司馬懿無法，只好給他五千兵馬先行，又讓魏平率兩萬部隊押後，自己率三千兵馬在後面接應。司馬懿並一再囑咐，當心蜀軍在險阻之地設伏。

張郃領命之後，火速率兵追趕蜀兵。走了三十餘里，忽聽背後一聲大喊，樹林中閃出一支人馬，為首大將正是魏延。張郃引兵交鋒，戰不幾個回合，魏延就大敗而逃。張郃引兵又追，又行三十餘里，迎面又遇到蜀將關興，雙方交戰不到十個回合，關興也大敗而退。張郃見狀，隨後又追。沒想到此時魏延已抄在前面攔截，雙方又戰，沒有幾個回合，魏延又被打敗，蜀軍還丟棄了許多衣甲輜重，魏兵一見，紛紛下馬爭搶。就這樣，魏延和關興輪番阻截，且退且戰，惹得張郃大怒，只是奮力追趕。

到了傍晚時分，追到木門道口，此時天色已晚，木門道中漆黑一片。只聽一聲炮響，西邊山上火光沖天，大石亂木不斷滾落下來，阻斷了前面的山路。張郃大驚，心知中計，急忙後退，哪知後面的山道也被木石阻斷，只剩下中間一段空地，兩邊都是峭壁，張郃被堵在中間，進退無路。忽然一聲梆子響，西邊山上萬箭齊發，張郃手下一百多個部將都被射死在木門道中，隨後趕來的魏軍也大敗而回。

木門道張郃中計

　　木門道東西兩面雄山對峙，壁立千仞，空谷一線，大有「一將當關，萬夫莫開」的氣概。這樣的地形非常適合設伏，將敵人阻截在中間殲滅。

● 奔劍閣張郃中計

　　諸葛亮五出祁山撤軍的時候，大將張郃率五千兵馬前去追擊。司馬懿並一再囑咐，當心蜀軍在險阻之地設伏。在追擊的路上，蜀軍魏延和關興輪番阻截張郃，且退且戰，惹得張郃大怒，只是奮力追趕。追至木門道，蜀軍將前後山路阻斷，兩邊都是峭壁，張郃被堵在中間，進退無路。張郃手下一百多個部將都被射死在木門道中。

● 張郃

　　張郃原為袁紹手下名將，官渡之戰時，受郭圖陷害，無奈投降於曹操，從此被曹操重用，跟隨曹操南征北戰，平馬超，滅張魯，多有戰功。諸葛亮一出祁山時，張郃任司馬懿先鋒，跟隨司馬懿在街亭擊敗蜀將馬謖，使諸葛亮撤兵。此後，在諸葛亮的多次北伐中，張郃先後隨曹真、司馬懿前往對抗，多有表現，連諸葛亮也讚其勇猛。

第十二章

《九地篇》詳解

　　本篇雖取名「九地」，但篇內所講，並不僅限於專論九種地形。用「九地」命名的緣故，在於本篇開場先討論九種地形的性質和戰法，篇中又有「九地之變」一語。

　　本篇論遠征軍進入敵境後，必須依據人情活用地形，趨利避害，藉以獲取全勝。因此，對於出國遠征戰略及戰術，都有詳加研究的必要。本篇首先講明進入敵境後適應各種戰地的戰鬥方法，然後詳細探究人情的動向，並提出「敵人開闔，必亟入之。先其所愛，微與之期。踐墨隨敵，以決戰事」的戰時外交手段；「始如處女」、「後如脫兔」，主速乘虛的突擊戰術；「佯順敵意」，誘使敵人誤入我軍圈套的巧計；「能愚士卒之耳目，使之無知」的權術；「施無法之賞，懸無政之令」的非常措施，以及在重地補充軍食、休養兵力、陰事部署、置軍死地；禁祥去疑、協同一致、互相支持等重要法則。

圖版目錄

九地篇

【原文】孫子曰：用兵之法，有散地，有輕地，有爭地，有交地，有衢地，有重地，有圮地，有圍地，有死地。諸侯自戰其地者，為散地。入人之地而不深者，為輕地。我得則利，彼得亦利者，為爭地。我可以往，彼可以來者，為交地。諸侯之地三屬，先至而得天下之眾者，為衢地。入人之地深，背城邑多者，為重地。行山林、險阻、沮澤，凡難行之道者，為圮地。所由入者隘，所從歸者迂，彼寡可以擊吾之眾者，為圍地。疾戰則存，不疾戰則亡者，為死地。是故散地則無戰，輕地則無止，爭地則無攻，交地則無絕，衢地則合交，重地則掠，圮地則行，圍地則謀，死地則戰。

古之善用兵者，能使敵人前後不相及，眾寡不相恃，貴賤不相救，上下不相收，卒離而不集，兵合而不齊。合於利而動，不合於利而止。敢問：「敵眾整而將來，待之若何？」曰：「先奪其所愛，則聽矣。」兵之情主速，乘人之不及，由不虞之道，攻其所不戒也。

凡為客之道：深入則專，主人不克；掠於饒野，三軍足食；謹養而勿勞，並氣積力，運兵計謀，為不可測。投之無所往，死且不北，死焉不得，士人盡力。兵士甚陷則不懼，無所往則固，深入則拘，不得已則鬥。是故其兵不修而戒，不求而得，不約而親，不令而信。禁祥去疑，至死無所之。吾士無餘財，非惡貨也；無餘命，非惡壽也。令發之日，士卒坐者涕沾襟，偃臥者涕交頤。投之無所往者，諸、劌之勇也。

故善用兵者，譬如率然；率然者，常山之蛇也。擊其首則尾至，擊其尾則首至，擊其中則首尾俱至。敢問：「兵可使如率然乎？」曰：「可。」夫吳人與越人相惡也，當其同舟而濟，遇風，其相救也，如左右手。是故方馬埋輪，未足恃也；齊勇若一，政之道也；剛柔皆得，地之理也。故善用兵者，攜手若使一人，不得已也。

將軍之事，靜以幽，正以治。能愚士卒之耳目，使之無知。易其事，革其謀，使人無識；易其居，迂其途，使人不得慮。帥與之期，如登高而去其梯；帥與之深入諸侯之地，而發其機。若驅群羊，驅而往，驅而來，莫知所之。聚三軍之眾，投

之於險，此謂將軍之事也。九地之變，屈伸之利，人情之理，不可不察。

凡為客之道：深則專，淺則散。去國越境而師者，絕地也；四達者，衢地也；入深者，重地也；入淺者，輕地也；背固前隘者，圍地也；無所往者，死地也。是故散地，吾將一其志；輕地，吾將使之屬；爭地，吾將趨其後；交地，吾將謹其守；衢地，吾將固其結；重地，吾將繼其食；圮地，吾將進其途；圍地，吾將塞其闕；死地，吾將示之以不活。故兵之情：圍則禦，不得已則鬥，過則從。

是故不知諸侯之謀者，不能預交；不知山林、險阻、沮澤之形者，不能行軍；不用鄉導者，不能得地利。四五者，一不知，非霸王之兵也。夫霸王之兵，伐大國，則其眾不得聚；威加於敵，則其交不得合。是故不爭天下之交，不養天下之權，信己之私，威加於敵，故其城可拔，其國可隳。施無法之賞，懸無政之令，犯三軍之眾，若使一人。犯之以事，勿告以言；犯之以利，勿告以害。投之亡地然後存，陷之死地然後生。夫眾陷於害，然後能為勝敗。故為兵之事，在於順詳敵之意，並敵一向，千里殺將，此謂巧能成事者也。

是故政舉之日，夷關折符，無通其使，屬於廊廟之上，以誅其事。敵人開闔，必亟入之。先其所愛，微與之期。踐墨隨敵，以決戰事。是故始如處女，敵人開戶，後如脫兔，敵不及拒。

【譯文】孫子說：根據用兵的原則，戰地有散地、有輕地、有爭地、有交地、有衢地、有重地、有圮地、有圍地、有死地。諸侯在自己境內打仗的地方，稱散地。進入敵人國境不深的地方，稱輕地。我軍得到有利，敵軍得到也有利的地區，稱爭地。我軍可以往，敵軍可以來的地區，稱交地。多國交界，先得到便容易取得天下支持的，為衢地。入敵境縱深，穿過敵境許多城邑的地方，稱重地。山林、險地、沼澤等大凡難行的地方，稱為圮地。進兵道路狹隘，退回的道路迂遠，敵軍以少數兵力即可擊敗我軍的，稱圍地。迅速奮戰即可生存，不迅速奮戰就會滅亡的，為死地。因此，在散地不宜交戰，在輕地不要停留，在爭地不要貿然進攻，在交地行軍不要斷絕聯絡，在衢地應結交諸侯，在重地要掠取糧秣，遇到圮地要迅速通過，陷入圍地就要運謀設計，到了死地就要殊死奮戰。

古時善於指揮作戰的人，能使敵人前後不相續，主力與小部隊不能相依恃，官兵不能相救援，上下級無法相統屬，士卒離散而不能集中，對陣交戰陣形也不整齊。對我有利就立即行動，對我無利就停止行動。或許有人問：「敵人人數眾多、陣勢嚴整地向我襲來，用什麼辦法對待？」回答：「先奪取敵人愛惜不肯放棄的物資或地盤，就能使它陷於被動了。」用兵道，貴在神速，乘敵人措手不及，走敵人意料不到的道路，攻擊敵人沒有戒備的地方。

大凡對敵國採取進攻作戰，其規則是：越深入敵境，軍心士氣越牢固，敵人越

不能戰勝我軍；在豐饒的田野上掠取糧草，全軍就有足夠的給養；謹慎休養戰士，勿使疲勞，增強士氣，養精蓄銳，部署兵力，巧設計謀，使敵人無法判斷我軍企圖。把部隊置於無路可走的絕境，士卒雖死也不會敗退。既然士卒寧死不退，怎麼能不上下盡力而戰呢？士卒深陷險境而不懼，無路可走下軍心就會穩固；深入敵國軍隊就不會渙散。處於這種迫不得已的情況，軍隊就會奮起戰鬥。因此，不須整飭就能戒備；不須強求就能完成任務；不須約束就能親附協力；不待申令就會遵守紀律。消除士兵的疑慮，他們至死也不會退避。我軍士兵沒有多餘的錢財，不是他們厭惡財物；士卒們不顧生命危險，不是他們不想活命。作戰命令發布的時候，士卒們坐著淚濕衣襟，躺著淚流滿面。把他們放到無路可走的絕境，就會像專諸和曹劌一樣的勇敢。

所以善於用兵的人，如同率然一樣。率然是常山地方的一種蛇。打牠的頭部尾巴就來救援，打牠的尾巴頭就過來救援，打它的腹部頭尾都來救援。或問：「軍隊可指揮得像率然一樣嗎？」回答：「可以。」吳國人與越國人是互相仇恨的，當他們同船渡河遭遇大風時，他們相互救助如同左右手。因此，想用縛住馬韁、深埋車輪這種顯示死戰決心的辦法來穩定部隊，是靠不住的；三軍勇敢，如同一人，是要靠平時的軍政修明；要使強弱不同的士卒都能發揮作用，在於利用地形。所以，善於用兵的人，能使部隊攜手如同一個人一樣服從指揮，是將部隊置於不得已的情況下形成的。

統率軍隊這種事，要沉著鎮靜而幽深莫測。管理部隊嚴正而有方，要蒙蔽士卒的耳目，使他們對於軍事行動毫無所知。改變作戰計劃，變更作戰部署，使人們無法認識；經常改換駐地，故意迂迴行進，使人們推測不出意圖。將帥給部隊下達戰鬥命令，像登高而抽去梯子一樣，使士卒有進無退；將帥與士卒深入諸侯重地，捕捉戰機，發起攻勢，像射出的箭矢一樣勇往無前。對士卒如同驅趕羊群，趕過來，趕過去，使他們不知要到哪裏去。聚集全軍，置於險境，這就是統率軍隊的任務。各種地形的靈活運用，攻守進退的利害關係，都不可不反覆詳究，留意考察。

大凡進入敵國作戰的規則是：進入敵境越深，軍心就愈是穩固；進入敵國腹地越淺，軍心就容易懈怠渙散。離開本土穿越邊境去敵國作戰的地方稱為絕地，四通八達的戰地為衢地，進入敵境縱深的地方稱重地，進入敵境不遠的地方就是輕地，背靠險固前有阻隘的地方稱圍地，無路可走的地方稱死地。因此，在散地上，要統一全軍意志；在輕地上，要使營陣緊密相聯；在爭地上，就要使後續部隊迅速跟進；在交地上，就要謹慎防守；在衢地上，就要鞏固與鄰國的聯盟；入重地，就要補充軍糧；在圮地，就要迅速通過；陷入圍地，就要堵塞缺口；到了死地，就要殊死戰鬥。所以，作戰的情況是：被包圍就合力抵禦，不得已時就會殊死奮戰，深陷

危境就會聽從指揮。

　　不清楚各諸侯國意圖的人，不能參與外交；不熟悉、不會運用山林、險阻、沼澤等地形的人，就不能領軍作戰；不使用嚮導，就不能得到地利。這幾個方面，有一方面不了解，都不能算是霸王的軍隊。所謂霸王的軍隊，進攻大國能使敵方的軍隊來不及動員集中；兵威指向敵人，敵人的外交就無法成功。所以不必爭著與任何國家結交，也不隨意在各諸侯國培植自己的勢力，多多施恩於自己的民眾、士卒，把兵威指向敵國，這樣敵國城池可拔，國都就能被攻下。實行破格的獎賞，頒發非常的政令，驅使三軍部隊像使喚一個人一樣。授以任務，不必說明作戰意圖。賦予危險的任務，但不指明有利條件。把士卒投入危地，才能轉危為安；把士卒陷於死地，才能轉死為生。軍隊陷於危境，然後才能取得勝利。所以，領兵作戰這種事，就在於假裝順著敵人的意圖，集中兵力指向敵人一處，即使千里奔襲，也可斬殺敵將，這就是所謂的巧妙用兵能成就大事。

　　所以，決定戰爭行動的時候，就封鎖關口，廢除通行憑證，停止與敵國的使節往來，在廟堂再三謀劃，作出戰略決策。敵人一旦有機可乘，就馬上攻入。首先要奪取敵人戰略要地，不要與敵人約期決戰。破除成規，因故變化，靈活決定自己的作戰行動。因而，戰爭開始時要像處女一般沉靜，使敵人放鬆戒備；然後突然發動攻擊，要像脫逃的野兔一樣迅速行動，使敵人來不及抵抗。

九地

九種地形及作戰方法一

孫子曰：用兵之法，有散地，有輕地，有爭地，有交地，有衢地，有重地，有圮地，有圍地，有死地。

九地與六形的不同

在上一篇中，孫子闡述了六種地形。而本篇講的九種地形，雖然也是地形，但與上篇中的「六形」有著本質的不同。上篇所講的六種地形，是專就地形的廣狹、險易和距離遠近而言，也就是講排兵布陣的地理形勢。本篇所講九種地形則考慮到士兵的心理，闡述遠征軍進入敵境後所遇的戰地形勢和士兵的心理。這種地形觀，固然離不開客觀上的地形，但其區分標準，卻側重於主觀上的人情。如果改用客觀的考察方法來看這種分類，就有很多讓人感到費解的地方。正是因為以人情為主，參照人的心理作用來分析，地形才以有「輕」、「重」、「散」、「爭」等形態。所以，九地並不是純粹客觀上自然形勢的地形觀。

九地

孫子在開篇第一段闡述了九種不同的地理環境，強調要根據不同戰區的特點及其對士卒心理的影響，採取不同的處置方法。

（1）散地。孫子說：「諸侯自戰其地者，為散地。」就是諸侯在自己的領地內與敵作戰，其士卒在危急時很容易逃散，故稱散地。又從進入敵國的距離上說：「深則專，淺則散。」「專」與「散」就是部隊的鞏固或渙散。意思是進入敵境越深，士卒就越專心一致，進入較淺，士卒就容易逃散。這是對軍事心理學最原始的考察。最後，孫子主張「散地則無戰」，在這樣的地區不宜作戰，如果一定要在散地作戰，就要「一其志」，使軍隊統一意志。

（2）輕地。孫子說：「入人之地而不深者，為輕地。」就是軍隊在進入敵境不深的地區作戰，士卒離本土不遠，危急時易於輕返，故稱輕地。所以，孫子主張「輕地則無止」，在這樣的地區不可停留。如果一定要停留，則「使之屬」，要使部隊互相聯繫在一起。

孫子把軍隊遠征所經之地，區分為「散地、輕地、爭地、交地、衢地、重地、圮地、圍地、死地」九種地形，強調要根據不同地形的特點及對軍隊作戰行動的影響，採取不同的處置方法。

●散地、輕地、爭地、交地、衢地的戰法

地形名稱與特點

作戰方法

散地

原文：諸侯自戰其地者，為散地。

譯文：諸侯在自己境內打仗的地方稱散地。

→ 在散地不宜交戰。

如果交戰，就要團結軍心，統一意志。

輕地

原文：入人之地而不深者，為輕地。

譯文：進入敵人國境不深的地方，稱輕地。

→ 在輕地不要停留。

如果一定要停留，務必使各部隊緊密聯繫在一起，不可斷絕。

爭地

原文：我得則利，彼得亦利者，為爭地。

譯文：我軍得到有利，敵軍得到也有利的地區，稱作爭地。

→ 在爭地不要貿然進攻。

如果進攻，就要督促後繼部隊，快步急進。

交地

原文：我可以往，彼可以來者，為交地。

譯文：我軍可以往，敵軍可以來的地區，稱交地。

→ 交地行軍不要斷絕聯絡。

逢交地，我軍就要提高警惕，嚴密戒備。

衢地

原文：諸侯之地三屬，先至而得天下之眾者，為衢地。

譯文：多國交界，先得到便容易取得天下支持的，為衢地。

→ 在衢地應結交諸侯，加強外交，鞏固同盟。

「九地」與「六地」

六地：通形地、掛形地、支形地、隘形地、險形地、遠形地。

上篇所講六種地形，是專就地形的廣狹、險易和距離遠近而言，也就是排兵布陣的地理形勢。

九地：散地、輕地、爭地、交地、衢地、重地、圮地、圍地、死地。

本篇所講九種地形考慮到士兵的心理，闡述遠征軍進入敵境後，所遇的戰地形勢和士兵的心理。

九地

九種地形及作戰方法二

孫子曰：用兵之法，有散地，有輕地，有爭地，有交地，有衢地，有重地，有圮地，有圍地，有死地。

（3）爭地。孫子說：「我得則利，彼得亦利者，為爭地。」就是我軍得到有利，敵軍得到也有利的地區為爭地。對於這樣雙方必爭的要害地區，應先敵占領。若敵人已先占領，孫子主張「爭地則無攻」，則不宜強攻。

（4）交地。孫子說：「我可以往，彼可以來者，為交地。」我軍可以往，敵軍可以來的地區，即地勢平坦、交通方便的地區，稱為交地。在交地作戰，軍隊部署應互相連接，防敵阻絕，並且要謹慎防守。

（5）衢地。孫子說：「諸侯之地三屬，先至而得天下之眾者，為衢地。」多國的地區，先得到便容易取得天下支持的，為衢地。孫子主張「衢地則合交」，「固其結」。在衢地應廣泛結交鄰國，鞏固同諸侯國的結盟，爭取他們的支持。

（6）重地。孫子說：「入人之地深，背城邑多者，為重地。」就是深入敵境，越過敵人許多城邑的地區，是重地。孫子主張「重地則掠」、「繼其食」。深入到敵方腹地作戰，就地解決軍隊的補給問題，以保證軍隊的糧食供應。

（7）圮地。孫子說：「行山林、險阻、沮澤，凡難行之道者，為圮地。」就是說難以通行的地區如山林、險阻、沼澤等是圮地。孫子主張「圮地則行」、「進其塗」，在這樣的地區作戰應迅速通過。

（8）圍地。孫子說：「所由入者隘，所從歸者迂，彼寡可以擊吾之眾者，為圍地。」就是進入的道路狹隘，退出的道路迂遠，敵人能以少勝多的地區為圍地。孫子主張「圍地則謀」、「塞其闕」，陷入這樣的地區則應巧設奇謀，並且要堵塞缺口，阻擋敵人的進攻。

（9）死地。孫子說：「疾戰則存，不疾戰則亡者，為死地。」即迅速奮戰則能生存，不迅速奮戰就會被消滅的地區為死地。孫子主張「死地則戰」、「示之以不活」，在這樣的地區應該激勵士卒殊死戰鬥，死中求生。

重地、圮地、圍地、死地

　　孫子在本篇講了九地的名稱、性質及其戰法。我軍進入敵境後，應該依據人情活用地形，隨敵屈伸，以趨利避害，藉以獲取全勝。

● 重地、圮地、圍地、死地的戰法

地形名稱與特點

作戰方法

重地

原文：入人之地深，背城邑多者，為重地。

譯文：入敵境縱深，穿過敵境許多城邑的地方，稱重地。

→ 深入重地，我軍要因糧於敵，掠取糧秣。

圮地

原文：行山林、險阻、沮澤，凡難行之道者，為圮地。

譯文：山林、險地、沼澤等大凡難行的地方，稱為圮地。

→ 遇到圮地要迅速通過，不可停留。

圍地

原文：所由入者隘，所從歸者迂，彼寡可以擊吾之眾者，為圍地。

譯文：進兵道路狹隘，退回的道路迂遠，敵軍以少數兵力即可擊敗我軍的，為圍地。

→ 陷入圍地就要運謀設計。

在圍地，我軍就要堵塞缺口，使戰士不得不一意奮戰。

死地

原文：疾戰則存，不疾戰則亡者，為死地。

譯文：迅速奮戰即可生存，不迅速奮戰就會滅亡的為死地。

→ 到了死地就要殊死奮戰，向將士表示犧牲決心，使戰士不得不拼死殺敵。

● 孫子的作戰指導思想

作戰指導思想

① 在多國交界的衢地行軍要建立好外交。

② 在敵國淺近縱深的地區要迅速通過，不做糾纏。孫子甚至認為，即使是敵人戰略前哨或要點的「爭地」，也要巧妙迂迴，決不旁騖。

③ 實行脫離後勤保障的無後方作戰，依靠對敵國的搶掠來補充軍食，即所謂「掠於饒野，三軍足食」。

兵貴神速，隱蔽突然

突襲的原則和方法

> 是故政舉之日，夷關折符，無通其使；屬於廊廟之上，以誅其事，敵人開闔，必亟入之。先其所愛，微與之期。踐墨隨敵，以決戰事。是故始如處女，敵人開戶，後如脫兔，敵不及拒。

孫子關於突然襲擊的主導思想是：以快速的行動，多變的戰術，出敵不意的時間、目標、地點，給敵人以突然而沉重的打擊。關於實施突然襲擊的原則和方法，可以概括為以下幾個方面；

祕密地決策和準備

孫子指出，戰前要祕密地決策。為了保證軍事機密不外洩，一要「夷關折符」，封鎖關口，銷毀通行符證，不准本國之人出入國境，這樣就避免了敵人間諜假竊符證，潛入偵探。二要「無通其使」，既不接受敵人新派使臣來國，也不允許敵國使臣回國，報告消息。總而言之，在進行軍事行動準備的時候，要做到「始如處女，敵人開戶」，一切工作都要祕密進行，以誘騙敵人喪失戒備。

行動突然

為了做到軍事行動的突然性，孫子強調說：「故為兵之事，在於順詳敵之意，並敵一向，千里殺將。」這裏講了兩層意思：一層意思是「順詳敵之意」，即因勢利導地抓住敵人的意圖，一旦有機可乘，就要不失時機地開始行動；另一層意思是「並敵一向」、「乘人之不及，由不虞之道，攻其所不戒也。」集中兵力攻擊敵人既是要害而又虛弱的地方。具備了這兩條，就達成了作戰的突然性，也就是孫子所說：「此謂巧能成事者也。」

作戰迅速，戰術巧妙

在實施突然襲擊的進攻作戰中，爭取時間尤為重要。因而孫子強調「後如脫兔，敵不及拒」、「兵之情主速」。他還看到，笨拙的指揮、僵化的陳規並不符合突襲的突然性。因此，他十分強調靈活的指揮、多變的戰術，要求「踐墨隨敵，以決戰事」，不要遲疑坐困，墨守成規。

善用兵者，譬如率然

　　本篇中孫子用了一個很著名的比喻，就是「率然」蛇。無論擊其身體中的哪一部位，其他部位都會立即來救助，孫子用牠來比喻軍隊的團結和協作應如率然一樣，「攜手若使一人」，齊心協力，勇往直前。

● 兵如率然

　　《神異經・西荒經》載：「西方山中有蛇，頭尾差大，有色五彩。人物觸之者，中頭則尾至，中尾則頭至，中腰則頭尾並至，名曰率然。」

● 突襲動如脫兔

　　孫子闡述了突襲的原則和方法。在實施突襲的過程中，迅猛快速地發起攻擊尤為重要。孫子清晰地看到了優勢的兵力再加上快速行動，將會給作戰的勝利帶來事半功倍的效果，因而一再強調「後如脫兔，敵不及拒」、「兵之情主速」。他還強調靈活的指揮、多變的戰術，給敵人以突然而沉重的打擊，收到「使敵人前後不相及，眾寡不相恃，貴賤不相救，上下不相收，卒離而不集，兵合而不齊」的效果。

第四節

死地則戰

赫連勃勃死地求生

「置之死地而後生」是廣為軍事家熟知的一條用兵之道，意思是，在九死一生的被動情況下，利用全軍將士求生的心理，激發出全軍將士決一死戰的勇氣，最終反敗為勝。

中國古代十六國時期，夏王赫連勃勃親率精騎兩萬攻入南涼國境，擄獲數十萬頭牛、羊、馬和數不勝數的財物，踏上歸途。

南涼國君禿髮傉檀統率大軍追趕。部將焦朗獻計道：「赫連勃勃治軍甚嚴，我軍不如避其銳氣，繞道而行，守住險關，再尋破敵之計。」

大將賀連譏笑焦朗膽小：「焦將軍何必長他人志氣，滅自己威風？我軍兵多將廣，赫連勃勃又為幾十萬牲畜所累，怕他什麼？」

禿髮傉檀認為賀連言之有理，一聲令下，數萬兵馬以排山倒海之勢向赫連勃勃追去。

赫連勃勃得知禿髮傉檀率大軍追來，有心迎戰，又擔心寡不敵眾；有心退卻，又捨不得幾十萬頭牛羊和一車車的財物。思來想去，唯有「置之死地而後生」一計可以兩全。赫連勃勃察看了附近地形，選擇在陽武下峽與南涼決一死戰。時值初冬，峽中河水已經封凍。赫連勃勃下令將峽中積冰全部鑿開，又命令用所有的車輛塞住通道，斷絕了將士們的退路，迫使全軍將士拼死一搏，求得生路。

果然，禿髮傉檀率南涼兵追至陽武下峽時，夏軍見退路已絕，人人奮力拼殺，各個以一當十。赫連勃勃左臂中箭，鮮血直流。他大喝一聲，將箭拔出，揮動長劍殺入南涼陣中。夏軍見國主如此勇武，軍心大振，南涼軍隊兵敗如山倒，一個個落荒而逃。

赫連勃勃指揮夏軍，乘勝追擊八十餘里，禿髮傉檀一敗塗地，只帶少數親信逃得性命。

孫子認為，「死地」的形勢非常險惡，這時候唯一的策略就是激勵全軍戰士同仇敵愾，殊死奮戰，死裏求生。

「五胡十六國」是指自西晉末年到北魏統一北方期間，各族統治者先後在北方和巴蜀地區建立的割據政權。

●十六國

成漢	304年，李雄在益州（今四川成都）自稱成都王，306年稱帝，國號成，建都成都。	**前趙**	304年，匈奴貴族劉淵在左國城（今山西離石縣）稱漢王。308年稱帝，建都平陽（今山西臨汾縣西南）。
後趙	十六國時期北方少數民族政權。319年，羯族石勒自稱趙王。329年滅前趙。	**前涼**	前涼是十六國中享國最久的國家，盛時疆域覆蓋今甘肅、新疆及內蒙古、青海各一部分。
前燕	前燕是鮮卑族慕容皝所建，該族原居住在遼河流域。337年，慕容皝稱燕王。	**前秦**	前秦為氐族苻健所建。定都長安（今陝西西安），歷六主，共四十四年。
後燕	慕容垂占領整個河北地區後，於386年自稱皇帝，定都中山（今河北定州），史稱後燕。	**後秦**	羌族貴族姚萇於384年在北地（今陝西富平縣）自稱秦王。385年取長安。386年稱帝，國號大秦，史稱後秦。
西秦	385年，乞伏國仁自稱大將軍、大單於，並領秦、河二州牧，築勇士城為都，史稱西秦。	**後涼**	後涼是十六國時期氐族貴族呂光建立的政權。呂光於386年入據涼州，建立後涼。
南涼	禿髮烏孤初附於後涼呂光，397年與後涼決裂後，烏孤自稱大將軍、大單於、西平王。史稱南涼。	**北涼**	401年，沮渠蒙遜攻破張掖，自稱大都督、大將軍、涼州牧、張掖公，建國號北涼。
南燕	慕容德於398年（魏天興元年），率戶四萬徙至滑臺，自稱燕王，史稱南燕。	**西涼**	400年，李暠據敦煌自稱大都督、大將軍、涼公，發兵攻下玉門以西各城，控制了西域，建國西涼。
大夏	赫連勃勃曾任後秦姚興的驍騎將軍，407年脫離後秦，自稱大夏天王、大單於。	**北燕**	後燕建始元年（407年），高雲取得後燕政權。409年，高雲為部下所殺，後燕亡，馮跋自稱燕天王，史稱北燕。

●五胡

	匈奴是個歷史悠久的北方民族，在漢朝時稱雄中原以北，影響了當時的中國政局。
	鮮卑源於先秦時期的東胡。東漢以後，隨著匈奴勢力的衰落，鮮卑逐漸發展起來，成為繼匈奴之後中國北方最強大的民族。
	西晉末年，居於山西、河北之間的羯胡捲入動亂。319年，其首領石勒率領部眾據地襄國（今河北邢臺一帶），建立後趙。
	氐族淵源於先秦時期的西戎。西晉末年，因不滿晉王朝的苛重奴役，扶風氐帥齊萬年率眾反晉，導致了西晉王朝的崩潰。
	羌淵源於先秦時期的西戎。西晉時，建立了一些民族政權。被滅後，羌人仍然長期活躍在中國西北一帶。

赫連勃勃（381—425），字屈孑，十六國時期夏國創建者。弘始九年（407年）反叛後秦，起兵自立，稱大單於、大夏天王。重用後秦降將王買德為謀士，建立健全國家制度，圖謀發展。赫連勃勃生性殘暴，草菅人命，殺戮無度。凡造兵器完成後必殺工匠，死者數千。

第五節

死地則戰

項羽破釜沉舟敗章邯

孫子說：「死地則戰。」就是說，士卒在沒有退路的情況下就會殊死奮戰。項羽正是運用士卒的這一心理，在鉅鹿之戰中大敗秦軍。

秦朝末年，秦二世胡亥派大將章邯統率大軍擊敗了陳勝、吳廣的起義軍，然後又北渡黃河，進攻趙國。趙王和他的謀臣張耳、陳餘沒有防備秦軍的進攻，一戰就敗，只好退到鉅鹿（今河北省邢臺市）固守。章邯派大將王離和涉間把鉅鹿城圍困得如鐵桶一般，章邯自己則率領主力運輸糧草，供應王離的圍城大軍。

趙軍被圍困得頂不住了，趕緊派人四處求救，燕、齊兩國援趙大軍早就趕到了，但一見秦軍勢力強大，誰也不肯出戰，都將軍隊駐紮在遠離秦軍的地方。

楚懷王也派宋義為上將軍、項羽為次將、范增為末將，統率大軍援救趙國。宋義知道章邯是員驍勇善戰的老將，不敢與章邯交戰。援軍到達安陽（今河南安陽西南）後，宋義按兵不動，一直屯守46天。項羽對宋義說：「救兵如救火，我們再不出兵，趙國就要被章邯滅掉了！」宋義根本不把項羽放在眼裏，對項羽說：「衝鋒陷陣，我不如你；運籌帷幄，你就不如我了。」並且傳下命令：「如有人輕舉妄動，不服從命令，一律斬首！」項羽忍無可忍，拔劍斬殺宋義，自己代理上將軍，並命令黥布和蒲將軍率兩萬人馬渡過漳河，援救趙國。

黥布和蒲將軍成功地截斷了秦軍糧道，但卻無力解趙王歇鉅鹿之圍。趙王歇再次派人向項羽求救。項羽親率全軍渡過漳河，到達北岸後，項羽突然下令：將渡船全部鑿沉，將飯鍋全部打碎，將營房全部燒掉，每個人只帶三天的乾糧。將士們懼怕項羽的威嚴，誰也不敢多問。項羽對將士們說：「我們此次進軍，只能前進，不能後退，後退就是死路一條！」將士們眼見一點退路也沒有，人人抱著死戰到底的決心與秦軍拼殺。結果，項羽率楚軍以一當十，九戰九捷，章邯的部將蘇雨被殺、王離被俘、涉間自焚而亡，章邯狼狽逃走，鉅鹿之圍遂解。

鉅鹿之戰打出了楚軍的威風。從此以後，項羽一步步登上了權力的最高峰，成為名揚天下的「西楚霸王」。

鉅鹿之戰

秦末，爆發了陳勝、吳廣領導的農民起義。秦統治者調動軍隊，鎮壓農民起義。其中最為凶悍的一支，便是少府章邯統率的部隊。章邯屢戰屢勝，最終在鉅鹿之戰中被項羽擊敗。

● 破釜沉舟

死地則戰

破釜沉舟

置之死地而後生

鉅鹿之戰中，項羽命令將士將渡船全部鑿沉，將飯鍋全部打碎，將營房全部燒掉，每個人只帶三天的乾糧。將士們眼見一點退路也沒有，人人抱著死戰到底的決心與秦軍拼殺。結果，項羽率楚軍以一當十，九戰九捷，章邯的部將蘇雨被殺，王離被俘，涉間自焚而亡，章邯狼狽逃走，鉅鹿之圍遂解。

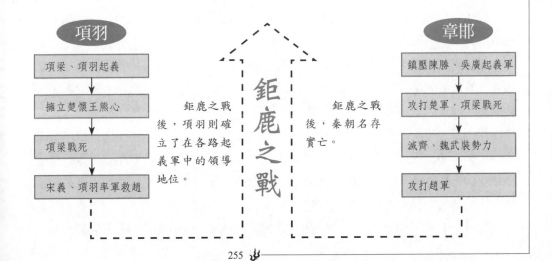

項羽

項梁、項羽起義

↓

擁立楚懷王熊心

↓

項梁戰死

↓

宋義、項羽率軍救趙

鉅鹿之戰後，項羽則確立了在各路起義軍中的領導地位。

鉅鹿之戰

鉅鹿之戰後，秦朝名存實亡。

章邯

鎮壓陳勝、吳廣起義軍

↓

攻打楚軍，項梁戰死

↓

滅齊、魏武裝勢力

↓

攻打趙軍

第六節

交地則守

馬謖失街亭

「街亭之戰」是人們耳熟能詳的一個戰例。街亭是漢中的咽喉，街亭一失，西蜀軍隊的後勤供應就會被司馬懿掐斷，隴西一帶也會遭到威脅。街亭失守之後，蜀國不得不由戰略反攻轉為戰略防禦。

三國時期，司馬懿統率二十萬大軍殺奔祁山。諸葛亮派馬謖去守街亭。

諸葛亮告誡馬謖：「街亭雖小，但關係重大。此地一無城廓，二無險阻，守之不易，一旦有失，我軍就危險了。」

馬謖胸有成竹，還立下軍令狀。於是諸葛亮撥給馬謖兩萬五千精兵，又派上將王平當馬謖的副手，並讓將軍高翔駐守柳城，以便增援街亭。

馬謖和王平來到街亭看過地形後，王平建議在五路總口下寨，馬謖卻執意要在路口旁的一座小山上安寨。王平說：「在五路總口下寨，築起城垣，魏軍即使有十萬人馬也不能偷越；如果在山上安寨，魏軍將山包圍，怎麼辦？」馬謖笑道：「兵法上說：『居高臨下，勢如破竹。』到時候管教他魏軍片甲不存！」王平又勸道：「萬一魏軍斷了山上水源，我軍豈不是不戰自亂？」馬謖道：「兵法上說：『置之死地而後生。』魏軍斷我水源，我軍死戰，以一當十，不怕魏軍不敗！」於是，馬謖不聽王平勸告，傳令上山下寨。王平無奈，只好率五千人馬在山西立一小寨，與馬謖的大寨形成犄角之勢，以便增援。

司馬懿兵抵街亭，見馬謖在山上下寨，不由仰天大笑，道：「孔明用這樣一個庸才，真是老天助我啊！」他一面派大將張郃率兵擋住王平，一面派人斷絕了山上的飲水，隨後將小山團團圍住。蜀軍在山上望見魏軍漫山遍野，隊伍威嚴，人人心中惶恐不安，馬謖下令向山下發起攻擊，蜀軍將士竟無人敢下山。不久，飲水點滴皆無，蜀軍將士更加惶恐不安。司馬懿下令放火燒山，蜀軍一片混亂。馬謖眼見守不住小山，拼死衝下山，殺開一條血路，向山西逃奔，幸得王平、高翔以及前來增援的大將魏延的救助，方才得以逃脫。

街亭一失，魏軍長驅直入，連諸葛亮也來不及後撤，被迫演了一場「空城計」。

諸葛亮揮淚斬馬謖

　　建興六年，諸葛亮出軍祁山，決定派出一支人馬去占領街亭，作為據點。當時他身邊還有幾個身經百戰的老將，可是他都沒有用，單單看中參軍馬謖，最終導致街亭失守。

● 馬謖的主戰思想

　　馬謖不聽王平的勸告，將軍隊駐紮在山上。魏軍斷絕了山上的飲水，隨後將小山團團圍住。蜀軍在山上望見魏軍漫山遍野，隊伍威嚴，人人心中惶恐不安，馬謖下令向山下發起攻擊，蜀軍將士竟無人敢下山。不久，飲水點滴皆無，蜀軍將士更加惶恐不安。司馬懿下令放火燒山，魏軍一片混亂，終至街亭失守。馬謖失守街亭，戰局驟變，迫使諸葛亮退回漢中。

主戰

　　馬謖笑道：「兵法上說：『居高臨下，勢如破竹。』」

　　從戰的角度看，這的確是非常占優勢的。他把部隊駐紮到山上，正是想從上往下衝殺，說明他是想戰。

　　馬謖說：「置之死地而後生，魏軍斷我水源，我軍死戰，以一當十。」

　　將軍隊置於沒有防守餘地的位置上，迫使將士死戰，這也說明他是想戰。

　　馬謖「才器過人」，好論軍計，諸葛亮向來對他倍加器重，每引見談論，自晝達夜；但馬謖卻於諸葛亮北伐時因作戰失誤而失守街亭，因而為諸葛亮所斬。

第七節

衢地與戰爭

鐵鉉死守濟南

> 建文元年，燕王朱棣發動「靖難之役」。大軍行至濟南，遭到鐵鉉與諸將的奮力抵抗，兩軍相持三月，朱棣被迫退回北平。

朱元璋死後，朱元璋的孫子朱允炆繼承帝位，史稱建文帝。西元1399年，朱棣起兵自北平（今北京）南下，先後大敗征虜將軍耿炳文、大將軍李景隆，不費一兵一卒就占領了德州（今山東德州），氣焰十分囂張。

這時候，山東參政鐵鉉正在向德州督運糧草，聽聞德州已失，立刻把糧草運回濟南。鐵鉉與參軍高巍商議道：「朱棣南下，目標是奪取都城金陵（今南京）。濟南是朱棣的必經之地，守住濟南，就保衛了金陵。」高巍支持鐵鉉守護濟南，二人又得到濟南守將盛庸、宋參軍的支持，四人同心，一面整頓兵馬，一面加固城牆，做好了守城準備。

幾天後，朱棣統率大軍進至濟南城下。由於鐵鉉等人已做好準備，朱棣發起的進攻都被鐵鉉擊退。朱棣心生一計，決水灌城，大水湧入濟南城中，百姓惶惶不安。鐵鉉面對大水也心生一計，決定把朱棣誘入城中殺掉。鐵鉉召集城中父老數百人，讓他們帶上自己的「降書」，出城見朱棣。朱棣不知是計，答應了城中父老的請求，並讓他們告訴鐵鉉，明日進城受降。

鐵鉉聞報後，在城門上方懸起一塊重達千斤的鐵板，命令士兵大開城門，專候朱棣到來。第二天，到了約定的時間，朱棣見城門大開，門內外跪著一大批百姓和徒手的守城將士，就放心大膽地騎馬走過吊橋，向城門走去。剛到城門前，大鐵板忽地墜落下來，將朱棣的坐騎砸倒，朱棣則被戰馬掀翻在地。朱棣的衛士急忙把朱棣扶起換了一匹戰馬，躲過城上飛下的亂箭，一口氣跑過吊橋，返回大營。

朱棣對鐵鉉恨之入骨，發誓要攻下濟南，活捉鐵鉉。但鐵鉉有盛庸、高巍和宋參軍的全力支持，城內糧草充足，朱棣一連攻打了三個月，也未能把濟南城攻克。

這時，建文帝已派大軍收復了德州，轉而向朱棣包抄過來。朱棣擔心受到夾擊，只好解了濟南之圍，悻悻退回北平。

靖難之役

靖難之役，是明朝開國皇帝朱元璋死後不久爆發的一場統治階級內部爭奪皇位的戰爭。最終明惠帝不知所終，燕王朱棣則登上皇位，成為一位傑出的帝王。

● 惠帝削藩

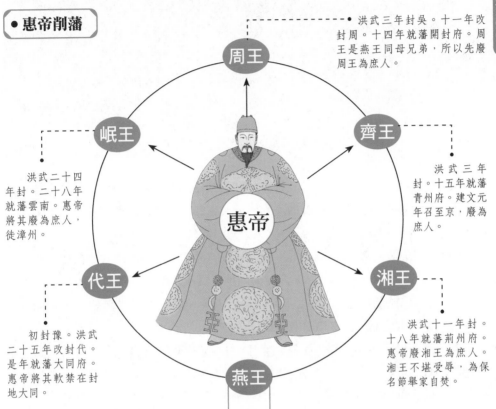

洪武三年封吳。十一年改封周。十四年就藩開封府。周王是燕王同母兄弟，所以先廢周王為庶人。

洪武二十四年封。二十八年就藩雲南。惠帝將其廢為庶人，徙漳州。

洪武三年封。十五年就藩青州府。建文元年召至京，廢為庶人。

初封豫。洪武二十五年改封代。是年就藩大同府。惠帝將其軟禁在封地大同。

洪武十一年封。十八年就藩荊州府。惠帝廢湘王為庶人。湘王不堪受辱，為保名節舉家自焚。

1370年以後，明太祖陸續將他的九個兒子封在西北邊境和長江中部，王位世襲。這些藩屬王國是抗擊蒙古侵略和鎮壓叛亂的支柱。王子們都享有巨額年俸和廣泛的特權，他們每人都節制三支輔助部隊，其人數在3000～15000人。

藩王勢力的膨脹，勢必構成對中央政權的威脅。建文帝繼位後，依賴齊泰、黃子澄等人採取種種削藩措施，嚴重威脅藩王利益。燕王朱棣起兵反抗，歷史上稱之為「靖難之役」。

● 永樂大帝

明成祖朱棣即位後五次北征蒙古，追擊蒙古殘部，緩解其對明朝的威脅；疏通大運河；遷都並營建北京，奠定了北京此後500餘年的首都地位；組織學者編撰長達3.7億字的百科全書《永樂大典》。更令他聞名世界的是鄭和下西洋，最遠到達非洲東海岸，溝通了中國同東南亞和印度河沿岸國家。明成祖統治時期被稱為「永樂盛世」，明成祖也被後世稱為永樂皇帝或永樂大帝。

第八節

後如脫兔，敵不及拒

岳鐘琪突襲平叛亂

孫子主張，突襲時應祕密行動，快速出擊，給敵人以突然而沉重的打擊。岳鐘琪率數千之眾，於十日內殲敵數萬，創造了突襲戰的經典戰例。

　　雍正即位不久，青海一帶的厄魯特蒙古和碩特部首領羅卜藏丹津發動了數十萬眾叛亂，嚴重威脅到清朝在青海地區的統治。1723年，清政府派川陝總督年羹堯、四川提督岳鐘琪率領大軍征討叛軍。

　　清軍一方面截斷叛軍進犯內地、退入西藏的通道，一方面出兵歸德堡打擊叛軍主力。1724年1月，岳鐘琪率軍深入青海內地，猛攻郭隆寺，殲滅敵人六千餘人，給予叛軍很大的震懾。羅卜藏丹津見大勢已去，一面「請罪」乞和，一面擁眾十萬，據守柴達木地區烏蘭木和爾繼續頑抗。

　　鑑於這一勢態，年羹堯主張等到當年4月春來草生時再發動進攻；岳鐘琪則認為應該趁敵人驚魂未定，用精悍的輕騎兵快速襲擊其老巢，可以取得出奇制勝的效果。岳鐘琪的建議被朝廷採納。清政府委任他為奮威將軍，主持西征的戰事。

　　這一年2月，岳鐘琪率領精兵五千，戰馬萬匹，馬不停蹄地直撲叛軍的大本營。當時羅卜藏丹津為了掌握清軍的行蹤，曾經派出不少偵察騎兵四處活動，正好與岳鐘琪的騎兵相遇。經過激烈的交鋒，清軍將這數百人全都殲滅，除掉了叛軍放出去的耳目。接著清軍以迅雷不及掩耳之勢攻取了據守在哈達河的敵軍據點，翻越崇山，順利地抵達敵軍大本營。在岳鐘琪的指揮下，清軍騎兵像一陣狂風衝入敵營，毫無戒備的叛軍被這突出其來的攻擊打得暈頭轉向，倉促驚潰。羅卜藏丹津慌忙換上婦女的服裝，帶領殘部逃走，餘眾紛紛伏地請降。岳鐘琪見叛酋逃走，率軍以日行三百里的速度追趕，一直追到桑駱海，除羅卜藏丹津隻身北投準噶爾外，餘眾全被截獲。

　　自出師至此，前後僅十日，岳鐘琪以數千之眾，快速出擊，搗毀了敵人的大本營，殲敵數萬，創造了突襲戰的經典戰例。他因這次戰役中所建立的功勳，被封為三等公。

岳鐘琪

清朝著名軍事將領岳鐘琪，一生戎馬，平西藏，定青海，抗擊新疆準噶爾部的分裂反叛，鎮戍邊疆，功勳卓著，為維護國家統一、穩定西部、開拓西部作出了重大貢獻。岳鐘琪歷經康熙、雍正、乾隆三朝，乾隆皇帝稱其「三朝武臣巨擘」。

● 岳鐘琪的功績

西藏平亂

康熙五十八年（1719年），準噶爾的將領策凌敦多卜襲擊西藏，清軍都統法喇督兵出兵打箭爐，請岳鐘琪為先鋒，撫定理塘、巴塘。康熙五十九年，清定西將軍噶爾弼率軍入藏，仍命岳鐘琪為前鋒。岳鐘琪統兵渡江，直逼拉薩，大破西藏軍，西藏叛亂於是被平定。

撫定青海

雍正即位不久，青海一帶的厄魯特蒙古和碩特部首領羅卜藏丹津發動叛亂。1723年，年羹堯和岳鐘琪率領大軍征討叛軍。

岳鐘琪率軍以迅雷不及掩耳之勢攻取了據守在哈達河的敵軍據點，隨後抵達敵軍大本營。岳鐘琪突然發動進攻，一舉殲滅了叛軍。

用兵大金川

1748年，乾隆皇帝重新起用63歲的岳鐘琪。岳鐘琪回到軍中，開始了師征大金川的軍事行動。他與大學士傅恆合作，部署得當，先以35000人破敵，示之以威，敵酋請降；後岳鐘琪又以驚人的膽略，親帶13騎入敵巢，敵降。曠日持久的大金川事態平息。

第九節

由不虞之道，攻其所不戒

拿破崙翻越阿爾卑斯山

孫子說：「由不虞之道，攻其所不戒。」就是說，要走敵人意想不到的道路，攻擊敵人毫無防備的地方。拿破崙翻越阿爾卑斯山就是典型的「由不虞之道，攻其所不戒」。義大利人怎麼也沒想到，拿破崙會翻越白雪皚皚的高山進入義大利。拿破崙輕而易舉就占領了義大利的後方要地米蘭，切斷了奧軍與後方的聯繫。

　　當拿破崙還是一個年輕的軍官時，在指揮義大利軍團炮兵的14個月中，他曾對阿爾卑斯山濱海地區的地理，和當地各個季節的天氣狀況作過認真的調查研究。他曾親自探勘過阿爾卑斯山所有的山隘，如騰達山隘、阿登山隘和納瓦山隘。拿破崙知道，在這些山隘中，即便是最好攀登的騰達山隘，也只有一條山路可接近。而這種山路由於陡峭曲折，在盛夏雪融之前，炮兵是無法通過的。

　　1800年，拿破崙第二次率軍進入義大利作戰。當時，他派出的幾支主力部隊都遭到敵軍的圍困，危在旦夕。他在國內匆匆組建一支主要由訓練不足的新兵組成的部隊進入義大利，解救被困的法軍。如果像1796年第一次進軍義大利時那樣，由南路公開發動進攻，實在沒有多大勝利的把握。所以他選擇了一條距離最短但卻很難行軍的路線，即繞道瑞士翻越阿爾卑斯山上素有天險之稱的大小聖伯納山口。在翻越白雪皚皚的高山時，拿破崙巧妙地將火炮炮筒包在中間挖空的巨大樹幹裏，用繩索拖著前進，他自己也跳下馬與士兵們一起步行登山。

　　法軍的進軍路線完全出乎奧地利軍統帥梅拉斯的意料。當拿破崙和他所率領的法軍在沒有遇到任何有效抵抗的情況下進入義大利後，奧軍的主力仍然分散在義大利西南地區，準備向法國本土發動進攻。待到他們發現法軍已進入義大利時，拿破崙已占領其後方要地米蘭，切斷了奧軍與後方的聯繫。隨後，雙方在馬倫哥進行會戰，法軍一舉擊潰奧軍，取得遠征作戰的勝利。

拿破崙跨越阿爾卑斯山

拿破崙跨越阿爾卑斯山是典型的「由不虞之道，攻其所不戒」。遠征軍克服重重困難，翻越海拔3000多公尺的阿爾卑斯山，輕而易舉占領了義大利的後方要地米蘭，切斷了奧軍與後方的聯繫。

● 名畫《跨越阿爾卑斯山聖伯納隘道的拿破崙》

1800年，拿破崙率軍進入義大利作戰。他選擇了一條距離最短但卻很難行軍的路線，即繞道瑞士翻越阿爾卑斯山上素有天險之稱的大小聖伯納山口。

法軍的進軍路線完全出乎奧地利軍統帥梅拉斯的意料。當拿破崙和他所率領的法軍在沒有遇到任何有效抵抗的情況下進入了義大利後，奧軍的主力仍然分散在義大利西南地區，準備向法國本土發動進攻。拿破崙輕而易舉切斷了奧軍與後方的聯繫。隨後，法軍一舉擊潰奧軍，取得遠征作戰的勝利。

名畫《跨越阿爾卑斯山聖伯納隘道的拿破崙》

《跨越阿爾卑斯山聖伯納隘道的拿破崙》再現了1800年第二次反法同盟戰爭期間，拿破崙率領4萬大軍，登上險峻的阿爾卑斯山，為爭取時間抄近道越過聖伯納隘道，進入義大利的情景。

這幅畫作的作者是歐洲新古典主義繪畫的先驅和代表畫家雅克·路易·大衛。大衛把畫面人物安排在聖伯納山口積雪的陡坡上，陰沉的天空、奇險的地勢加強了作品的英雄主義氣概，紅色的斗篷使畫面輝煌激昂。畫面上年輕的拿破崙充滿夢想和自信，他的手指向高高的山峰。昂首挺立的烈馬與鎮定堅毅的人物形成對比。

第十三章

《火攻篇》詳解

　　「火攻」，就是用火攻擊。本篇專論火攻的目標、條件及法則。

　　戰爭務求速戰速決。作戰時，如果僅憑士卒的肉搏血戰，或運用冷兵器作戰，不但不能速決戰事，反倒耗費時日，影響生產。為縮短戰禍，迅速完成作戰任務，孫子主張在必要時用火助攻，以求速勝。為了有效地運用火攻，本篇首先提出了火攻的五大目標。次述時日、風力、風向的利用，及實行火攻和預防火攻的各項法則。末又論及水攻，簡述用水助攻雖然也能獲得勝利，但因水源不能隨時取用，效力遠不及火攻。附於篇末，略作比較，意在藉水攻以明火攻威力的優越。

圖版目錄

火攻篇

【原文】孫子曰：凡火攻有五：一曰火人，二曰火積，三曰火輜，四曰火庫，五曰火隊。行火必有因，煙火必素具。發火有時，起火有日。時者，天之燥也；日者，月在箕、壁、翼、軫也，凡此四宿者，風起之日也。

凡火攻，必因五火之變而應之。火發於內，則早應之於外。火發兵靜者，待而勿攻，極其火力，可從而從之，不可從而止。火可發於外，無待於內，以時發之。火發上風，無攻下風。晝風久，夜風止。凡軍必知有五火之變，以數守之。

故以火佐攻者明，以水佐攻者強。水可以絕，不可以奪。

夫戰勝攻取，而不修其功者凶，命曰費留。故曰：明主慮之，良將修之。非利不動，非得不用，非危不戰。主不可以怒而興師，將不可以慍而致戰；合於利而動，不合於利而止。怒可以復喜，慍可以復悅；亡國不可以復存，死者不可以復生。故明君慎之，良將警之，此安國全軍之道也。

【譯文】孫子說：火攻有五種目標：一是焚燒敵軍的人馬，二是焚燒敵軍的糧草積聚，三是焚燒敵軍的輜重，四是焚燒敵軍的倉庫，五是焚燒敵軍的運輸設施。實施火攻必須具備一定的條件，發火器材必須準備好。發火還要選擇有利的時候，起火要選準有利的日期。所謂有利的時候，指的是天氣乾燥；所謂有利的日期，指月亮運行到「箕」、「壁」、「翼」、「軫」四個星宿的位置，凡是月亮運行到這四個星宿位置時，就是起風的日子。

凡用火攻，必須根據上述五種火攻所造成的情況變化，適時地運用兵力加以策應。從敵人內部放火，就要及早派兵從外面策應。火已燒起，而敵軍仍能保持鎮靜的，要觀察等待，不要馬上進攻，等火勢燒到最旺的時候，視情況可以進攻時就進攻，不可以進攻則停止。火也可以從外面放，那就不必等待內應，只要時機和條件成熟就可以放火。火發於上風，不可從下風進攻。白天風刮久了，夜晚風就會停止。軍隊必須懂得五種火攻方法的變化運用，等候具備條件，然後實施火攻。

　　用火來輔助進攻的，明顯地容易取勝；用水來輔助進攻的，攻勢可以加強。水可以斷絕敵人的聯繫，卻不能燒毀敵人的積蓄。

　　凡打了勝仗，攻取了土地、城池，卻不能夠鞏固勝利，是危險的，這就叫作「費留」。因此明智的國君一定要慎重地考慮這個問題，優秀的將帥必須認真處理這個問題。不是對國家有利，就不要採取軍事行動；沒有取勝的把握，就不要隨便用兵；不到危急緊迫之時，就不要輕易開戰。國君不可憑一時的惱怒而興兵打仗，將帥不可憑一時的怨憤而與敵交戰；符合國家利益就行動，不符合國家利益則停止。惱怒可以重新歡喜，怨憤可以重新高興，國亡了就不能再存，人死了不能再活。所以明智的國君對戰爭問題一定要慎重，良好的將帥對戰爭問題一定要警惕，這是安定國家和保全軍隊的關鍵！

第一節

火攻有五

火攻的種類

孫子曰：凡火攻有五：一曰火人，二曰火積，三曰火輜，四曰火庫，五曰火隊。

「火攻」，顧名思義，就是以火攻敵。必須一提的是，在孫子所處的時代，火藥還未發明，火器還未出現，所以孫子所說的「火攻」是以「火」助「攻」。這在文中即有所說明，他在文中明確指出，「以火佐攻者明」。「佐攻」的意思，即是配合作戰部隊達到殲敵目的。

在春秋時代，火攻的運用是隨著時間的推移而逐漸擴大規模的，也是在戰爭實踐中逐漸顯示其威力的。孫子高明之處在於，他發現了火攻在戰爭中的重要作用，並且將它作為專題加以闡述。孫子首先根據攻擊目標把火攻分為五類：

（一）「火人」，是用火燒毀敵人的營舍、行列，因此燒傷敵方的戰士。敵人的戰士被焚，或死或傷，自然就沒有力量打仗了。

（二）「火積」，是用火燒毀敵人聚以作戰的物資。敵人的積聚被焚，物資缺乏，自然沒有力量打仗了。

（三）「火輜」，是用火燒毀敵人裝載軍需品的載重車。敵人的輜重被焚，補給中斷，也就沒有力量打仗了。

（四）「火庫」，是用火燒毀敵人儲備軍需品的倉房。敵人的倉庫被焚，軍資、器械、糧秣、服裝都被燒光了，就算想繼續供給，補充再戰，一時備辦不及，也沒有力量打仗了。

（五）「火隊」，隊，通「隧」，是道路的意思。「火隊」是用火燒絕敵人的交通線和供應線。敵人的隧道被焚，交通中斷，勢必陷於饑餓、混亂。我方以大軍迫近，敵人因糧盡援絕，也就不得不舉軍投降了。

孫子所講的這五種火攻，都是用火燒毀敵人最重要的目標。消滅敵人的有生力量及其物資、載重車、倉庫和道路，使之被迫屈服，我軍才能早日得勝凱旋。

火攻的五種類型

　　孫子明確指出「以火佐攻者明」。「佐攻」就是配合作戰部隊達到殲敵目的。這一思想與當時火藥還未發明、火器還未出現的歷史條件相一致。

● 以火佐攻

火積

　　火積就是用火燒毀敵人聚以作戰的物資。

火人

　　火人就是用火燒毀敵人的營舍、行列，因此燒傷敵方的戰士。

火輜

　　火輜就是用火燒毀敵人裝載軍需品的載重車。

火庫

　　火庫就是用火燒毀敵人儲備軍需品的倉房。

火隊

　　隊，通「隧」，是道路的意思。「火隊」是用火燒絕敵人的交通線和供應線。

春秋火攻戰例

　　《左傳・僖公十一年》提到，西元前649年，戎狄等一度攻入周王室的京城，火燒王城的東門。

　　《左傳・僖公廿一年（前639年）》提到「焚我郊保」（焚燒郊外的城堡）。

　　《左傳・成公十三年（前578年）》提到，晉國的使臣提到秦國軍隊曾「焚我箕、郜」（焚燒晉國的箕地和郜地）。

行火必有因

火攻的條件和原則

> 行火必有因，煙火必素具。發火有時，起火有日。時者，天之燥也；日者，月在箕、壁、翼、軫也。凡此四宿者，風起之日也。

在論述了火攻的五個種類之後，孫子又闡述了火攻的條件和原則。

火攻的條件

孫子認為，火攻的實施必須依賴於一定的氣象條件和物質條件。

「行火必有因，煙火必素具。」這句話講了火攻的物質條件，即火攻用的器材物資必須在平時就做好準備。孫子認為，一旦具備了這些條件，就可以考慮在作戰當中運用火攻這個手段了。

就氣象條件而言，孫子認為「發火有時，起火有日」，即要選擇有利的時機和日期。「時」為時機，必須選擇天乾物燥之時，潮濕的氣候不利於火攻，這是常識。「日」為日期，根據中國古代占星術，月亮的位置在箕、壁、翼、軫四宿中時，天就會起風。《三國演義》裏就有諸葛亮披上道袍、築壇禳星借東風的表演。

火攻的原則

（一）「凡火攻，必因五火之變而應之。」即利用縱火所引起的敵情變化，採取不同的火攻戰術，並及時以主力進行相應的配合策應，指揮部隊發起攻擊，以擴大戰果，奠定勝局。

（二）「火發於內，則早應之於外。」如果派人在敵軍內部縱火，則我方應及早從外面加以接應。遲則敵方可能已將火撲滅，於是攻擊也就會無效。

（三）「火發兵靜者，待而勿攻，極其火力，可從而從之，不可從而止。」敵軍沒有慌亂的跡象，則不應魯莽進攻。

（四）「火可發於外，無待於內，以時發之。」如果從敵人內部放火不可行，則可以在時機成熟的時候，在外部發動火攻。

（五）「晝風久，夜風止。」白天起風，可以維持較久的時間，而夜間起風，到天亮時就會停止。所以，晝風較有利。

四種火攻器具

明代傑出的軍事家戚繼光說：「夫五兵之中，唯火最烈；古今水陸之戰，以火成功最多。」可見，在古代冷兵器作戰的條件下，火攻稱得上是威力最為強大、效果最為明顯的作戰手段之一。

●火攻器具列舉

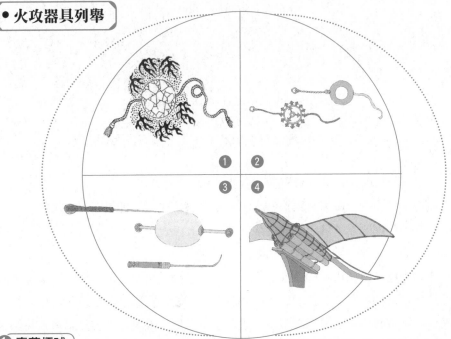

❶ 毒藥煙球

毒藥煙球的組成包括火藥的三種成分，即硝、硫、炭，並含有砒霜、草頭烏、巴豆等劇毒物質。作戰時，用炭火燒紅的烙錐鑽透球體發火，拋向敵方，藥球燃放大量濃煙毒氣，臭味熏人，可致敵人全身中毒，口鼻冒血身亡。

❷ 霹靂火球

霹靂火球的一頭作手持把柄，另一頭裝引火藥和藥撚。施放時它的爆炸聲如霹靂，又像火球在翻滾，所以稱作「霹靂火球」。它爆炸時射出的碎鐵片可以殺傷敵人，與現在的預製破片手榴彈作用完全相同，可以說是世界上最早的手榴彈。

❸ 蒺藜火球

蒺藜火球是在圓球外表布滿銳利尖刺，用許多鐵刃碎片，以火藥團之，中間以麻繩貫穿，用拋石機或人力拋出或者埋藏放置在敵人陣地上，引爆炸裂後，鐵刃碎塊四射，殺傷敵人。蒺藜火球就是中國最早的火球兵器之一。

❹ 神火飛鴉

神火飛鴉是用竹篾或細葦編成簍子，形如小雞，外用綿紙封牢，內裝火藥，前後安上頭尾和紙製翅膀，如烏鴉在空中飛行的姿勢，「鴉身」下方向後斜裝四支火箭，據說可以飛行百餘丈，到達目標之後腹內火藥爆發，即引起燃燒。

第三節

安國全軍之道

孫子的慎戰思想

> 非利不動，非得不用，非危不戰。主不可以怒而興師，將不可以慍而致戰；合於利而動，不合於利而止。怒可以復喜，慍可以復悅；亡國不可以復存，死者不可以復生。故明君慎之，良將警之，此安國全軍之道也。

孫子在《計篇》中開宗明義就講「兵者，國之大事也。死生之地，存亡之道，不可不察也」，說明了戰爭是國家的大事。為了警示後人，他又在《火攻篇》中用大量的篇幅，詳細闡述了自己的這個觀點。

主不可以怒而興師，將不可以慍而致戰

在本篇末尾，孫子再次強調他的慎戰思想。在孫子看來，戰爭應該圍繞安定國家、保全軍隊這個中心來進行，所以他強調君主和將帥對戰爭要慎重，指出「主不可以怒而興師，將不可以慍而致戰」，國君不可以憑個人喜怒而發動戰爭，將帥也不可以逞一時意氣而隨便動武。歷史上，君主應怒興兵導致失敗的教訓不勝枚舉。

222年，蜀主劉備意氣用事，為報東吳殺害關羽之仇，不顧諸葛亮、趙雲等人勸阻，率領數十萬大軍順江東下，屯兵夷陵準備攻吳。吳將陸遜兵少勢弱，採用避敵鋒芒、靜觀其變的戰略，半年時間不與蜀軍正面交鋒。蜀吳大軍在猇亭相持達七、八月之久，蜀軍兵疲、意志沮喪，為避暑熱將營寨移至山林之中，又將水軍撤至岸上。陸遜抓住戰機，命將士持茅草點燃蜀軍營寨，火燒蜀軍連營七百餘里。蜀軍土崩瓦解，死傷數萬。劉備大敗後，只好帶領殘兵敗將，倉皇逃歸白帝城。經此一役，蜀漢元氣大傷，從此無力問鼎中原。

非利不動，非得不用，非危不戰

戰爭的破壞性是最為巨大的。孫子強調君主和將帥對戰爭要謹慎從事，做到「非利不動，非得不用，非危不戰」，對於那種缺乏政治目的和戰略目標而輕啟戰端的愚妄行為，孫子持堅決反對的態度。無論是戰是和，都必須以利益的大小為依據：「合於利而動，不合於利而止。」認為這才是真正的「安國全軍之道」。其心思縝密，由此可見一斑。

孫子非常重視戰爭在人類社會生活中的地位和作用。他強調「非利不動，非得不用，非危不戰」，因為「怒可以復喜，慍可以復悅；亡國不可以復存，死者不可以復生」。所以，「主不可以怒而興師，將不可以慍而致戰」，並一再強調：「明主慮之，良將修之」，「明君慎之，良將警之，此安國全軍之道也。」

● 主不可以怒而興師

敵人占據有利的地區，據險而守，並且做好了戰鬥的準備。

「主不可以怒而興師，將不可以慍而致戰」，君主不可以因為一時的憤怒就輕易發動戰爭，將軍也不可以因為一時的不快而出兵作戰。因為憤怒會讓人失去理智，就像這個士卒，在己方明顯處於劣勢的情況下還要莽撞出戰，結果只能導致敗亡。

一旦戰敗，那些戰死的將士就不可能重新活過來了。所以，必須慎重對待戰爭，做到「合於利而動，不合於利而止」。符合國家利益就行動，不符合國家利益就停止。就像暫時的撤退，看起來像是一種懦弱的行為，但是今天的敗逃正是為了明天的勝利，實際上這是一種理智的表現。

第四節

以火佐攻者明

田單的火牛陣

田單出其不意，以火牛陣打得燕軍潰不成軍，騎劫也死於亂軍之中。齊人乘勝追擊，一舉收復了失地。

西元前284年，樂毅率領燕、秦、趙、韓、魏、楚六國聯軍大舉討伐齊國，一路勢如破竹。大軍在聊城打破齊軍主力後，五國罷兵，燕軍繼續東進，攻破臨淄，短短半年間，齊國七十多座城市紛紛陷落，最後只剩下莒（今山東莒縣）與即墨（今山東平度）兩城未降。

即墨的守城將軍田單得知燕國君將不睦，遂施反間計，使燕惠王撤換了英勇善戰的將領樂毅，派來了昏庸無能的將軍騎劫。田單派人散布流言說，如果燕軍把齊軍俘虜的鼻子割掉，就會使齊兵害怕，不敢再戰。騎劫果然把抓到的即墨人的鼻子通通割下。即墨全城的軍民都被激怒了，守城抗敵更加堅決。田單又放出話說：「如果挖掉即墨人的祖墳，就會令即墨人傷心難過，無心守城，即墨就指日可破了。」騎劫聽到後又上了當。即墨軍民從城上看到燕軍在城外毀壞先人的屍骨，悲痛萬分，紛紛要求出城與燕軍決戰。田單知士氣可用，就將精壯士兵埋伏起來，故意讓老弱婦女上城防守，派人出城假意投降，又以重金賄賂燕軍將領，懇求說：「即墨不久就要投降，城破之日，望能保全家小。」燕軍只顧高呼勝利，燕將騎劫也深信不疑。

田單在麻痺敵軍時，自己卻進行著戰鬥準備。他在全城徵集了一千多頭牛，將牛衣以錦繡，畫上五彩巨龍，角上綁了利刃，尾巴上紮了浸過油的葦束，同時挑了五千名精壯的士卒。一個「火牛陣」的奇襲方案就準備妥當了。

一天深夜，田單下令出擊，火燒牛尾。火牛怒吼著直奔燕軍兵營，五千精壯隨後掩殺，城上老弱拼命敲擊各種銅器，聲動天地。燕軍突然驚醒，又見無數火龍東奔西突，嚇得慌作一團，潰不成軍。齊兵乘勝追擊，齊國各地人民揭竿響應，軍民奮勇，勢如破竹，一舉收復七十餘城。

田單軍把齊襄王從莒城迎回臨淄，齊國從幾乎亡國的境地中恢復過來。

田單復國

田單是戰國時田齊宗室遠房的親屬，任齊都臨淄的市吏。後來到趙國做將相。西元前284年，燕國大將樂毅出兵攻占臨淄，接連攻下齊國七十餘城。田單憑藉孤城即墨，由堅守防禦轉入反攻，一舉擊敗燕軍，收復國土。

● 火牛陣

火牛陣是戰國齊將田單發明的戰術。燕昭王時，燕將樂毅破齊，田單堅守即墨。田單施反間計，樂毅被騎劫替換。田單向燕軍詐降，使之鬆懈，又於夜間用牛千餘頭，牛角上縛上兵刃，尾上縛葦灌油，以火點燃，猛衝燕軍，並以五千勇士隨後衝殺，大敗燕軍，殺死騎劫。田單乘勝收復七十餘城。

● 田單復國的步驟

① **離間燕王和樂毅**

> 田單用反間計，使燕惠王撤換了英勇善戰的將領樂毅，派來了昏庸無能的將軍騎劫。

② **三步使即墨軍民為哀兵**

> 使計讓即墨人認為自己背後有神靈支持；

> 使計讓燕軍割掉齊國俘虜鼻子；

> 使計讓燕軍挖掉即墨軍民祖先之墓，並燒毀侮辱。三步之後，即墨軍民皆為哀兵。

③ **即墨城內城外唱雙簧**

> 城內：與即墨軍民同甘共苦，廣散家財博得民心。

> 城外：派使者詐約投降燕國，使出糖衣炮彈麻痺燕軍將領，瓦解燕軍軍心。

④ **火牛陣出擊**

> 火牛陣夜衝敵陣，斬騎劫，趁勢收復齊國領土七十餘座。迎齊襄王入朝。

第五節

以水佐攻者強

趙襄子決堤灌智伯

　　孫子說：「以火佐攻者明，以水佐攻者強。」在古代，由於各種物質條件十分有限，軍事家們只能從自然力量中尋找作戰的輔助工具，運用「火攻」和「水攻」，給敵人以沉重的打擊。趙襄子決堤灌智伯正是一個這樣的戰例。

　　春秋末年，智伯、趙襄子、魏桓子和韓康子掌握了晉國的軍政大權，其中智伯的勢力最大，但他並不滿足，想滅亡趙、魏、韓，獨霸晉國。

　　西元前455年，為了削弱趙、魏、韓三家的力量，智伯以晉王的名義，要求趙、魏、韓三家各拿出百里土地和戶口送歸公家。魏桓子和韓康子懼怕智伯，只好交出土地和戶口，但趙襄子卻一口回絕了。智伯聞知大怒，遂召集魏桓子和韓康子進攻趙襄子。

　　智伯率領智、魏、韓三家人馬把趙地晉陽城圍得水洩不通。激烈的戰鬥一直打了兩年多，雙方難以決出勝負。一天，智伯望見晉水遠道而來，繞晉城而去，立刻有了主意。他命令士兵們在晉水上游築起一個巨大的蓄水池，再挖一條河通向晉陽城，又在自己部隊的營地外築起一道攔水壩，以防自己的人馬被淹。智伯待蓄水池蓄滿水後，命人挖開堤壩，洶湧的大水即沿著河道撲向晉陽城，將晉陽全城泡在水中。但是，全城軍民爬上房頂，寧死也不投降。

　　趙襄子對家臣張孟談說：「情況已十分危急了。我看魏、韓兩家並非真心幫助智伯，你去找魏桓子和韓康子吧！」張孟談連夜出城找到魏桓子和韓康子，對他們說：「智伯今天用晉水灌晉陽，明天就會用汾水灌安邑（魏都）、用絳水灌平陽（韓都），我們為什麼不聯合起來消滅智伯，平分智伯的土地呢？」

　　魏桓子和韓康子正在擔心自己會落得與趙襄子一樣的下場，於是決定倒戈。兩天後的晚上，趙襄子派人殺掉守堤的士兵，挖開了攔水堤壩，晉水頓時湧入智伯營中。智伯從夢中驚醒，慌忙涉水逃命，混亂中被殺，他的軍隊也全部葬身大水之中。

　　智伯滅亡後，晉國的大權旁落在趙、魏、韓三家之中，這就是後來的趙國、魏國和韓國。

晉陽之戰

　　晉陽之戰對中國歷史的發展具有重大的影響，因為在這場戰爭後，逐漸形成了「三家分晉」的歷史新局面，史家多將此視為揭開戰國歷史帷幕的重要象徵。

●三家分晉

　　晉陽之戰，是春秋時期晉國內部四個強卿大族智、趙、韓、魏之間為爭奪統治權兼併對手而進行的一場戰爭。戰爭持續了兩年左右，最終趙、韓、魏三家聯手水淹智伯，並瓜分了其領地。

晉陽之戰以後，三家盡滅智氏宗族，瓜分其地，為日後「三家分晉」奠定了基礎。西元前438年，晉哀公死，晉幽公即位。韓、趙、魏瓜分晉國剩餘土地，只有絳與曲沃兩地留給晉幽公。從此韓、趙、魏稱為「三晉」。「三家分晉」成為中國春秋時代和戰國時代的分界點，戰國即由此起始。

齊桓公　宋襄公　晉文公　秦穆公　楚莊王

三家分晉

春秋

魏　趙　齊　秦　韓　燕　楚

戰國

●趙襄子心胸寬廣

　　智伯失敗被殺後，他的門客豫讓兩次刺殺趙襄子被發現。趙襄子問：「你以前也曾效力范氏、中行氏，智伯攻滅他們，你為什麼不為他們效死，偏偏為智伯效力，為他刺殺我？」豫讓說：「范氏、中行氏以眾人待我，我以眾人報之；智伯以國士待我，我就以國士報之。」豫讓請求趙襄子把衣服給他刺殺，以致報仇之意。趙襄子很感動，便將衣服送給他，他三次跳起刺之，隨後自殺。趙國人聽說此事，無不為豫讓落淚。

以火佐攻者明

周瑜縱火戰赤壁

周瑜巧用火攻力挫強敵，從此開始了「三足鼎立」的局面。「火燒赤壁」一戰讓周瑜千古留名，至今談起，仍讓人讚歎。

東漢末年，曹操在平定北方、統一中原之後，統率20萬（號稱80萬）大軍沿長江東進，企圖迫使占有江南六郡的孫權不戰而降，然後一統中國。

這時候，屢遭敗績的劉備已退守到長江南岸的樊口。諸葛亮隻身一人前往柴桑會見孫權。他舌戰群儒，堅定了孫權迎戰曹操的決心。於是，孫權和劉備結為聯盟，共同抗曹，孫、劉的軍隊與曹操的軍隊在赤壁相遇，拉開了赤壁大戰的序幕。

曹操軍隊不善水戰，初次交鋒，孫、劉占了上風。曹操命令荊州降將蔡瑁、張允訓練水軍。周瑜大會群英，巧施離間計，使曹操斬殺蔡瑁、張允。曹操失去善於水戰的指揮，窘迫之際，將大船、小船或三十為一排，或五十為一排，首尾用鐵環連鎖在一起。這樣，大江之上，任憑風大浪大，戰船不再顛簸，曹操以為得計。

周瑜得知消息，決心用火攻打敗曹軍。但是時值冬季，江上多西北風，如果用火攻，不但燒不了曹軍，反倒要燒了自家戰船，周瑜為此坐臥不寧。諸葛亮能察天文地理，早已測知冬至前後將會有一場東南風出現，於是自告奮勇，要「借」一場東南大風，助周瑜一臂之力。

周瑜驚喜若狂，又得大將黃蓋以死相助，以「苦肉計」騙得曹操的信任，在東南風乍起之時，駕著十餘艘載滿澆上了油和裹有硫黃等易燃物與乾草的戰船，在夜幕來臨之際，迅速接近了曹操的戰船。黃蓋一聲令下，點燃乾草，十餘艘戰船在東南風的勁吹之下，猶如十餘隻火龍，直撲曹操的戰船。

霎時間，江面上煙火漫天。曹操的戰船連在一起，一船著火，幾十艘船跟著著火，曹操的水軍士兵大部分被燒死或溺死在江中。火從江面蔓延到曹軍岸邊的營寨，岸邊的曹營也成了一片火海。

孫、劉聯軍乘勢水陸並進，曹操從華容道僥倖逃得性命，20萬大軍損失殆盡。

赤壁一戰，為以後的魏、蜀、吳「三足鼎立」奠定了基礎。

赤壁之戰

　　赤壁之戰是三國時期「三大戰役」之一，赤壁戰前曹操具有相當大的優勢，孫劉聯軍以少勝多大敗曹軍，奠定了「三足鼎立」的基礎。

● 火燒赤壁

　　赤壁之戰，是三國形成時期，劉備、孫權聯軍於建安十三年（208年）在長江赤壁（今湖北赤壁西北）一帶以少勝多大破曹操大軍的著名戰役。此戰中，曹操的戰船連在一起，吳蜀聯軍用火攻打曹軍，致使曹軍火燒連營，曹操的水軍士兵大部分被燒死或溺死在江中。

● 三足鼎立

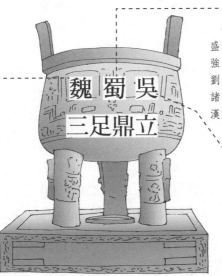

魏 蜀 吳
三足鼎立

　　蜀漢始於昭烈帝劉備，鼎盛時期占據荊州、益州，國力強盛，但是經過關羽失荊州、劉備敗夷陵後元氣大傷。後來諸葛亮治國，恢復生產，使蜀漢能與魏、吳抗衡。

　　東漢末年，曹操在軍閥混戰中勢力逐漸增強，並且控制了東漢朝廷。延康元年（220年），曹操死後，曹操之子篡奪漢室政權，曹魏始建。至咸熙二年（265年），司馬炎篡魏，改國號為晉，曹魏滅亡。

　　222年，孫權稱吳王。黃龍元年（229年）四月，孫權稱帝，國號吳，改元黃龍，是為吳大帝，東吳也始於此年。280年，亡於西晉，三國時代結束。

以火佐攻者明

陸遜火燒連營

　　夷陵之戰使得蜀軍幾乎全軍覆沒，船隻、器械和軍用物資全部被吳軍繳獲，而陸遜火燒連營也成為兵家「火攻」的經典戰例。

　　劉備即位之後，第一件事就是進攻東吳，為關羽報仇。他親自率主力沿著長江南岸，翻山越嶺一直進軍到了猇亭（今湖北宜都西北）。

　　吳國將軍陸遜奉孫權之命，率兵抵禦蜀軍來侵。東吳將士看到蜀軍步步緊迫，都摩拳擦掌，想和蜀軍大戰一場，可是大都督陸遜卻不同意。陸遜說：「這次劉備帶領大軍東征，士氣旺盛。再說他們在上游，占領險要地方，不容易被攻破。我們還是積蓄力量，等他們疲勞了，再找機會出擊。」

　　蜀軍從巫縣到夷陵（今湖北宜昌東南）沿路紮下了幾十個大營，又用樹木編成柵欄，把大營連成一片，前前後後長達七百里地。劉備以為這樣好比布下天羅地網，只等東吳軍來攻，就能把他們消滅。但是陸遜一直按兵不動，雙方相持了半年。劉備見吳軍不出，心中焦躁不堪，因為戰事拖延越久，對遠征軍就越不利。而且天氣炎熱，軍隊駐紮在平原中，取水十分不便。於是劉備命各營移屯於山林茂盛之地，靠近溪水。

　　一天，陸遜突然召集將士們，說：「現在我已經有了破蜀營的辦法了。」當天晚上，陸遜命令將士每人各帶一束茅草和火種，預先埋伏在南岸的密林裏，只等三更時分就直奔江邊，火燒連營。到了三更，東吳四員大將率領幾萬兵士衝近蜀營，用茅草點起火把，在蜀營的木柵欄邊放起火來。那天晚上，風刮得很大。蜀軍的營寨都是連在一起的，點著了一個營，附近的營也就一起燃燒起來，一下子就攻破了劉備的四十多個大營。等到劉備發現火起，已經無法抵抗。在蜀兵將士的保護下，劉備總算衝出火網，逃上了馬鞍山。陸遜命令各路吳軍圍住馬鞍山發起猛攻，留在馬鞍山上的上萬名蜀軍一下子全部潰散，死傷不計其數。一直戰鬥到夜裏，劉備才帶著殘兵敗將突圍逃走。

夷陵之戰

　　夷陵之戰是三國時期蜀漢昭烈帝劉備對東吳發動的大規模戰役，也是三國「三大戰役」的最後一場。夷陵之戰的慘敗，是蜀漢繼關羽失荊州後又一次實力大削，此後，蜀漢成為三國中最為弱小的一國。

● 夷陵之戰概況

　　劉備為了給關羽報仇進攻東吳，他把軍營設於深山密林裏。陸遜從中尋找到了火攻蜀軍的作戰方法。因為蜀軍的營寨都是由木柵欄築成，周圍又全是樹林、茅草，一旦起火，就會燒成一片。決戰開始後，陸遜即命令吳軍士卒各持茅草一把，乘夜突襲蜀軍營寨，順風放火。頓時間火勢猛烈，蜀軍大亂。劉備打敗，退回白帝城。

戰役時間	蜀漢章武元年至章武二年（221—222）	
戰役雙方	蜀漢：昭烈帝劉備	孫吳：都督陸遜
兵力投入	蜀漢：約有四萬多人	孫吳：約有五萬多人
戰役結果	劉備大敗，三路撤回白帝城，黃權降魏	

● 劉備失敗的原因

天時

　　劉備選擇酷暑去攻打吳國，吳國作為防守方沒什麼，但作為進攻方的蜀國每天都冒著烈日行軍，這時士兵的士氣和身體都在慢慢衰弱。

地利

　　劉備駐紮在樹林茂密的地方，為陸遜火攻蜀軍創造了條件。劉備駐軍之地雖然靠近河流，但是也沒有辦法對抗吳軍的進攻。

人和

　　最致命的是劉備缺乏「人和」，在出征前不聽諸葛亮等人的勸告，很多良將幾乎都沒有參與這一戰。

第八節

以火佐攻者明

曹彬火燒水寨滅南唐

　　火攻是戰爭的輔助手段，如果應用得當，能夠加速戰爭的進程，起到事半功倍的效果。曹彬在進攻南唐的過程中就很好地應用了火攻這一方法。

　　宋滅南漢後，置南唐於三面夾擊之中。南唐後主李煜將兵力部署在長江中下游各要點，以防宋軍進攻。開寶七年（974年），趙匡胤發兵十餘萬，三路並進，齊攻南唐。

　　宋軍東路為吳越王率數萬兵自杭州北上策應，並由宋將丁德裕監軍；中路曹彬與都監潘美率水陸軍由江陵沿長江東進；西路王明率軍牽制湖口南唐軍，保障主力東進。十月十八日，中路軍曹彬率部沿江北岸東下，南唐軍隊誤以為係宋軍例行巡江，並未加以阻截，致使曹彬軍如入無人之境，順利通過湖口。曹彬連克銅陵、蕪湖、采石磯等地，於第二年正月逼近南唐都城金陵。曹彬揮師進至金陵城外圍，南唐的軍隊背靠金陵城擺下陣勢，旌旗獵獵，蔚為壯觀。特別是南唐的水軍，扼江而守，一道又一道的柵門，十分堅固，令宋軍不敢小覷。

　　時值初春，北風凜冽。曹彬與部將李漢瓊觀察南唐的水寨，兩人情不自禁地想起了當年周公瑾火燒赤壁的戰事來。李漢瓊歎道：「可惜沒有內應，不然，何不效周郎，來一次火燒金陵！」曹彬道：「如今西北風甚猛，如用火攻，定可將南唐水軍所設的柵門燒毀。到那時，我們趁勢攻擊，南唐軍必然一片混亂，不怕金陵城不破！」李漢瓊道：「此言有理！」於是，兩人商定了火攻的具體措施。

　　李漢瓊命令士兵們割取河岸的蘆葦裝上小船，又在蘆葦上澆上油料，將小船駛近柵門，點燃油料。頃刻間，火藉風勢，風助火威，大火燒毀堅固的水柵門，小船駛入南唐軍的水寨，火焰熊熊的小船迅速引燃了南唐軍的戰船，南唐水軍紛紛跳船逃生。曹彬乘勢掩殺，一舉攻破南唐水寨，兵臨金陵城下，將金陵城團團包圍。

　　曹彬對金陵城圍而不攻。自春至冬，半年過去，城內連燒飯的柴草都沒有了。守城的南唐軍士饑寒交迫，無力抵抗，固若金湯的金陵城終於被曹彬攻破，南唐政權至此滅亡。

南唐歷代君主

南唐（937—975）是五代十國的十國之一，定都金陵，歷時39年。南唐三世，經濟發達，文化繁榮，使得江淮地區在五代亂世中「比年豐稔，兵食有餘」，為中國南方的經濟發展作出了重大貢獻。南唐也因此成為中國歷史上重要的政權之一。

● 南唐三主

烈宗 李昪 ▶ 建立南唐

烈宗李昪本為孤兒，戰亂中被楊行密收留，後送予徐溫為養子。徐溫去世後掌握吳國軍政大權。937年廢黜吳帝，建立南唐。李昪在位期間，勤於政事，並興利除弊，變更舊法；又與吳越和解，保境安民，與民休息。南唐在他的統治下一躍成為「十國」中的強者。

元宗 李璟 ▶ 擴張疆域

李璟於943年嗣位，即位後開始大規模對外用兵，消滅楚、閩二國。他在位時，南唐疆域達到最大。不過李璟奢侈無度，導致政治腐敗，國力下降。李璟好讀書，多才藝，常與寵臣韓熙載、馮延巳等飲宴賦詩。他的詞，情感真摯，風格清新，語言不事雕琢，「小樓吹徹玉笙寒」是流芳千古的名句。

後主 李煜 ▶ 不恤政事

後主嗣位之時，南唐苟安於江南一隅。宋太祖屢次遣人詔其北上，均辭不去。後被俘到汴京，宋太宗封為隴西郡公。太平興國三年（978年）七夕，宋太宗恨他有「故國不堪回首月明中」之詞，命人用藥將他毒死。

李煜才華橫溢，工書善畫，能詩擅詞，通音曉律，是被後人千古傳誦的一代詞人。

第十四章

《用間篇》詳解

「用間」，就是使用間諜。《用間篇》是孫子對於間諜理論的闡述，孫子也因此成為人類史上第一位間計理論家，而這篇《用間篇》也是古今中外眾多間諜理論著述中最早、最完整、最有影響的一部。

《孫子兵法》以《用間篇》收束全書，與戰略決策的《計篇》相互輝映，說明戰爭一事，計劃和用間貫徹始終，而且互為關聯。沒有具體的計劃，就不能正確使用間諜；沒有真實的情報，計劃也無從建立。同時也使我們看到孫子「知彼知己」、「先勝而後求戰」的「全勝」思想，是始終如一、一貫到底的。

圖版目錄

用間篇

【原文】孫子曰：凡興師十萬，出征千里，百姓之費，公家之奉，日費千金；內外騷動，怠於道路，不得操事者，七十萬家。相守數年，以爭一日之勝，而愛爵祿百金，不知敵之情者，不仁之至也，非人之將也，非主之佐也，非勝之主也。故明君賢將，所以動而勝人，成功出於眾者，先知也。先知者，不可取於鬼神，不可象於事，不可驗於度，必取於人，知敵之情者也。

故用間有五：有因間，有內間，有反間，有死間，有生間。五間俱起，莫知其道，是謂神紀，人君之寶也。因間者，因其鄉人而用之。內間者，因其官人而用之。反間者，因其敵間而用之。死間者，為誑事於外，令吾間知之，而傳於敵間也。生間者，反報也。

故三軍之事，莫親於間，賞莫厚於間，事莫密於間。非聖智不能用間，非仁義不能使間，非微妙不能得間之實。微哉！微哉！無所不用間也。間事未發，而先聞者，間與所告者皆死。

凡軍之所欲擊，城之所欲攻，人之所欲殺，必先知其守將、左右、謁者、門者、舍人之姓名，令吾間必索知之。必索敵人之間來間我者，因而利之，導而舍之，故反間可得而用也。因是而知之，故鄉間、內間可得而使也；因是而知之，故死間為誑事，可使告敵。因是而知之，故生間可使如期。五間之事，主必知之，知之必在於反間，故反間不可不厚也。

昔殷之興也，伊摯在夏；周之興也，呂牙在殷。故惟明君賢將，能以上智為間者，必成大功。此兵之要，三軍之所恃而動也。

【譯文】孫子說：凡興兵十萬，千里征戰，百姓的耗費，國家的開支，每天要花費千金，全國上下動蕩不安，民眾服徭役，疲憊於道路，不能從事耕作的有70萬家。戰爭雙方相持數年，是為了勝於一旦，如果吝嗇爵祿和金錢而不重用間諜，以致不能了解敵人情況而遭受失敗，那就太「不仁」了。這樣的將帥不是軍隊的好將帥，也不是國君的好助手；這樣的國君，不是能打勝仗的好國君。所以英明的國君、良好的將帥，之所以一出兵就能戰勝敵人，成功地超出眾人之上，其重要原因在於他能事先了解敵情。而要事先了解敵情，不可用迷信鬼神和占卜等方法去取

得，不可用過去相似的事情作模擬，也不可用觀察日月星辰運行位置去驗證，一定要從了解敵情的人那裏去獲得。

而使用間諜的方式有五種：有因間、有內間、有反間、有死間、有生間。五種間諜同時使用，則敵人不知道我用間的規律，這是神妙的道理，是國君制勝敵人的法寶。所謂因間，是指利用敵國的同鄉做間諜。所謂內間，是指收買敵國的官吏做間諜。所謂反間，是指收買或利用敵方派來的間諜為我效力。所謂死間，是指故意散布虛假情況，讓我方間諜知道而傳給敵方，敵人上當後往往會將其處死。所謂生間，是指派往敵方偵察後能活著回報敵情的。

所以軍隊人事中，沒有比間諜更親信的，獎賞沒有比間諜更優厚的，事情沒有比用間更機密的。不是才智過人的將帥不能使用間諜，不是仁慈慷慨的將帥也不能使用間諜，不是用心精細、手段巧妙的將帥不能取得間諜的真實情報。微妙啊！微妙啊！真是無處不可使用間諜呀！用間的計謀尚未施行，就被洩露出去，間諜和知道機密的人都要處死。

凡是要攻擊的敵方軍隊，要攻的敵人城邑，要斬殺的敵方人員，必須預先了解那些守城將帥、左右親信、掌管傳達通報的官員、負責守門的官吏，以及門客幕僚的姓名，命令我方間諜一定要偵察清楚。必須搜索出敵方派來偵察我方的間諜，以便依據情況進行重金收買、優厚款待，要經過誘導交給任務，然後放他回去，這樣，反間就可以為我所用了。從反間那裏得知敵人情況之後，那麼鄉間、內間就可得以使用了。因從反間那裏得知敵人情況，於是散布給死間的虛假情況就可以傳給敵人；因從反間那裏得知敵人情況，所以生間就可遵照預定的期限，回來報告敵情。五種間諜使用之事，國君都必須懂得，其中的關鍵在於會用反間。所以，對反間不可不給予優厚的待遇。

從前商朝的興起，是由於重用了在夏為臣的伊尹；周朝的興起，是由於重用了在殷為官的姜子牙。所以，明智的國君、賢能的將帥，能用極有智謀的人做間諜，一定能成就大的功業。這是用兵作戰的重要一著，整個軍隊都要依靠間諜提供情報而採取行動。

第一節

先知者，必取於人

用間的重要性

故明君賢將，所以動而勝人，成功出於眾者，先知也。先知者，不可取於鬼神，不可象於事，不可驗於度，必取於人，知敵之情者也。

「用間」是一個關乎戰爭勝敗的重要問題，孫子用整整一篇的篇幅來論述「用間」，可見他對「用間」是十分重視的。

孫子說：「故明君賢將，所以動而勝人，成功出於眾者，先知也。先知者，不可取於鬼神，不可象於事，不可驗於度，必取於人，知敵之情也。」就是說，英明的國君、良好的將帥，之所以一出兵就能戰勝敵人，成功地超出眾人之上，其重要原因在於他事先了解敵情。而要事先了解敵情，不可用迷信鬼神和占卜等方法去取得，不可用過去相似的事情作類比，也不可用觀察日月星辰運行位置去驗證，一定要從了解敵情的人那裏去獲得。由此可以看出，戰爭的勝利在於預先了解敵情，而預先了解敵情在於戰略偵察的正確。因此，戰略偵察是決定戰爭勝負的重要因素。

要進行戰略偵察，就必須派出大量的、各種類型的間諜，去做形形色色的諜報工作。這當然要耗費金錢。孫子認為，耗費「爵祿百金」對於戰略偵察的成功進行是非常必要的。他用戰爭久拖不決的種種巨額耗費與用間的耗費作了詳細的對比：「凡興師十萬，出兵千里，百姓之費，公家之奉，日費千金；內外騷動，怠於道路，不得操事者，七十萬家。相守數年，以爭一日之勝。」孫子認為，正是由於執政者吝惜「爵祿百金」，使得戰略偵察沒能很好地進行，最終因小失大，捨本逐末，導致戰爭「相守數年」，勞民傷財。相反，如果能夠不惜爵祿使用間諜，就能即時、準確地掌握敵人的軍情，一舉打敗敵人，甚至「不戰而屈人之兵」，那麼就不用花費這樣巨大的人力、物力、財力了。所以，用爵祿和金錢的代價重用間諜是必要和值得的。因此，孫子大聲疾呼：「不知敵之情者，不仁之至也，非人之將也，非主之佐也，非勝之主也。」

用間知敵情

孫子在本篇提出了用間的重要性，由於戰爭對國家的損耗極大，所以備戰數年，決勝一旦並不可取。聰明的君主、優秀的將帥應該事先通過「用間」完全了解敵軍的情況。

用間

用間的祕訣

在軍隊的親密關係中，沒有比間諜更親密的，獎賞沒有比間諜更優厚的，事情沒有比間諜更祕密的。

不是睿智聰穎的人，不能使用間諜；不是仁慈慷慨的人，不能指使間諜；不是精細深算的人，不能分辨間諜所提供的真實情報。

微妙啊，微妙！無時無處不可以使用間諜。

間諜的工作尚未進行，先已洩露出去，那麼間諜和聽到祕密的人都要處死。

用間察敵軍的辦法

先了解其主管將領、左右親信、掌管傳達的官員、守門官吏和門客幕僚的姓名，指令我方間諜一定要偵察清楚。

必須搜查出前來偵察我軍的敵方間諜，從而收買他，優禮款待他，引誘開導他，然後放他回去，這樣「反間」就可以為我所用了。

透過反間了解敵情，這樣「鄉間」、「內間」就可以為我所用了；透過反間了解敵情，這樣就能使「死間」傳假情報給敵人；透過反間了解敵情，這樣就可以使「生間」按預定時間回報敵情。

前蘇聯克格勃高級特務奧列格·卡路金少將在為美國人H.基斯·梅爾頓所著的《間諜世界揭祕》一書作序時寫道：「間諜是人類歷史上第二古老的職業。」的確，間諜活動的歷史與人類社會的歷史一樣源遠流長。自從人類劃分為階級，有了戰爭，便有了間諜活動。

● 最早出現間諜的朝代——夏

夏（約西元前21—前16世紀），是中國史書記載的第一個世襲王朝。一般認為夏朝是一個部落聯盟形式的國家。中國歷史上的「家天下」，就是從夏朝的建立開始的。夏朝共傳十四代，延續約四百七十一年，為商朝所滅。夏朝作為中國傳統歷史的第一個王朝，擁有較高的歷史地位，後人常以「華夏」自稱，使之成為中國的代名詞。

在夏商時期，女性是可以領兵作戰的，女艾就是一名女性將領。她接受任務後，便喬裝打扮來到寒浞的統治中心，到處打探消息，了解民情。女艾由此成為中國歷史上第一位女間諜，也是世界上最早有記載的一位女間諜。女艾的間諜活動為少康提供了寶貴的情報，後來少康等一切準備就緒後，便迅速出兵，一路勢如破竹，攻克舊都，誅殺了寒浞，奪回王位，建都陽夏。

用間有五

用間的種類和方法

> 故用間有五：有因間，有內間，有反間，有死間，有生間。五間俱起，莫知其道，是謂神紀，人君之寶也。

因間

孫子說：「因間者，因其鄉人而用之。」就是說，因間是利用同鄉關係去從事間諜活動。所以，因間也叫鄉間。事實上，因間的範圍非常廣泛，除了利用同鄉關係外，還包括利用同學、親屬、老朋友的關係，去刺探軍情或進行瓦解爭取工作。

內間

孫子說：「內間者，因其官人而用之。」就是說，內間是收買敵國的官吏做間諜。敵國內有哪些人可能成為我方的內間呢？杜牧解釋說，在敵人的軍事官僚機構中，「有賢而失職者，有過而被刑者，亦有寵嬖而貪財者，有屈在下位者，有不得任使者，有欲因敗喪以求展己之才能者，有翻覆變詐常持兩端之心者」這些人都可以利用政治爭取、重金收買等手段，使之為我方服務。

反間

孫子說：「反間者，因其敵間而用之。」就是說，反間是收買或利用敵方派來的間諜，使其為我方所用。

死間

孫子說：「死間者，為誑事於外，令吾間知之，而傳於敵間也。」死間需要先製造假情報讓我方間諜知道，並透過他傳達給敵方，讓敵方信以為真而上當，如此敵方一定會殺我方間諜以洩憤，所以稱之為死間。

生間

孫子說：「生間者，反報也。」就是說，生間是派往敵方偵察後親自返回報告情況的人。就其內容來說，選賢能之士，或遊說於列國之間，或打進敵國官僚機構之中，或以詐降迷惑對方，或藉機給敵以出其不意的襲擊，或為今後作戰充當內應等。

孫子將間諜分為五類，這樣的分類固然是適應當時的情況，但即使到今天也還未喪失其價值。間諜的五個類型中，因間、內間和反間都是利用敵方的人，死間和生間是用我方的人。

●用間有五

　　反間是收買或利用敵方派來的間諜，使其為我所用。它包括兩種情況：一是我方發現敵方間諜後，並不暴露其身份，而是暗中收買，使他變為在我控制下的雙重間諜；二是我方發現了敵方間諜，但不露聲色，將計就計給他假情報，讓他回去報告。反間是其他一切間諜的基礎。

因 間

　　因間是利用同鄉關係去從事間諜活動。

內 間

　　內間是收買敵國的官吏做間諜。

　　死間需要先製造假情報讓我方間諜知道，並透過他傳達給敵方，讓敵方信以為真而上當，如此敵方一定會殺我方間諜以洩憤，所以稱之為死間。

　　生間是派往敵方偵察後親自返回報告情況的人。

 死 間

 生 間

●反間的重要性

　　孫子把間諜分為五類，即因間、內間、反間、死間、生間。這五間之中，最重要的是反間。因為反間是被我收買利用的敵間，他掌握大量的情報。因此，孫子主張對反間要不惜重金收買，給予優厚待遇，所謂「五間之事，主必知之，知之必在於反間，故反間不可不厚也」。

　　關於用間的方法，孫子認為利用好「反間」是「五間俱起」的關鍵。只有策反敵間為我所用，才能使因間、內間、死間、生間順利完成各自領受的任務。

第三節

諜戰有術

用間的要求

> 故三軍之事，莫親於間，賞莫厚於間，事莫密於間。
>
> 昔殷之興也，伊摯在夏；周之興也，呂牙在殷。故惟明君賢將，能以上智為間者，必成大功。此兵之要，三軍之所恃而動也。

　　情報蒐集是一項重要而又危險的工作，所以主管情報業務的人對諜報人員要特殊看待。「三軍之事，莫親於間」，在感情上要特別親近；「賞莫厚於間」，在獎勵上要特別優厚；「事莫密於間」，在任用上要特別信任。而要能做到這些，掌管和任用間諜的人，必須有超人的智慧、仁慈慷慨的胸懷、善於分析的頭腦。

　　孫子說：「非聖智不能用間，非仁義不能使間，非微妙不能得間之實。微哉！微哉！無所不用間也。間事未發，而先聞者，間與所告者皆死。」

　　由此可以看出，要建立一個高度有效的情報體系並不是一件容易的事情。主管情報業務的人不僅要恩威並用，賞罰嚴明，而且要善於明察秋毫，能夠辨別信息的真偽，以及對敵情作出正確的判斷。所以，連孫子也認為用間是一項非常微妙的工作。孫子尤其強調用間的保密性。如果用間的計謀尚未施行就被洩露出去，間諜和知道機密的人都要處死。謀成於密，敗於洩。古人用間的具體方法，在今天可能並不完全適用，但孫子強調「事莫密於間」的原則，仍然值得後人借鑑。

　　間諜是具有高度微妙性的重要工作，故「能以上智為間者，必成大功」，就是說必須選用第一流的人才。孫子以伊摯和呂牙為例。因為伊摯是夏桀的大臣，呂牙是商紂的大臣，他們都是洞悉夏、商政治、軍事戰略情報而又睿智聰穎的人物，商湯和周武王分別以他二人為相、為師，所以能「必成大功」。孫子最後得出結論，用間是「兵之要，三軍之所恃而動也」，在戰爭中占有舉足輕重的地位。

　　《孫子兵法》以《用間篇》收束全書，不僅與戰略決策的《計篇》相互輝映，同時也使我們看到，孫子的「知彼知己」、「先勝而後求戰」的「全勝」思想，是始終如一、一貫到底的。

用間的要素

要讓老鼠進食毒餌，就不能讓牠嗅出毒味，要讓敵人相信我方製造的假情報，就不能洩露自己的心機。謀成於密，敗於洩；以謀保密，謀更密。古人用間的具體方法，今天並不完全適用，但「事莫密於間」的原則，還是值得借鑑的。

● 用間三要素

親撫、重賞、祕密，是孫子提出的用間三要素。「三軍之事，莫親於間」，在感情上要特別親近；「賞莫厚於間」，在獎勵上要特別優厚；「事莫密於間」，在任用上要特別信任。「親」和「密」又是緊緊相聯的。不是心腹，不可以言祕；間事不密，則為己害。掌管和任用間諜的人，必須有超人的智慧、仁慈慷慨的胸懷、善於分析的頭腦。

● 上智為間

孫子提出，在間諜的人選中，最理想、最重要的是「以上智為間」。「以上智為間者」就是說要選用那些具有高智慧的人為間諜。

伊尹本是夏人，他因為對夏朝末代國王夏桀感到失望，便想辦法成為商湯妻子有莘氏的陪嫁入商，讓商湯任他為宰相。為了刺探夏的內情，商湯曾先後五次派伊尹以丞相身份出使的方法潛入夏朝，進行間諜活動。伊尹把夏桀沉溺酒色以及百姓怨聲載道等情況報告給商湯，這些情報對商湯滅夏產生了重要的作用。

伊尹

第四節

反間計

陳平離間項羽君臣

陳平施行反間計，除掉了項羽的得力輔佐范增，終於成就了劉邦統一天下的偉業。

西元前204年，劉邦被項羽包圍在榮陽城中已達一年之久，斷絕了漢軍的外援和糧草通道。劉邦內外交困，計無所出，便去請教陳平。

陳平獻計道：「項羽為人猜忌信讒，他所依賴的不過是亞父范增、鐘離眛、龍且等人。而且每到賞賜功臣時，他又吝嗇爵位和封邑，因此士人不願意為他賣命。大王如能捨得幾萬金，可用反間計離間其君臣關係，使之上下疑心，引起內訌，到那時我軍趁機反攻，定能擊敗楚軍。」

劉邦慨然交給陳平四萬金。陳平用重金收買楚軍中的將士，讓他們散布流言：「鐘離眛、龍且、周殷等將領功績卓著，但卻不能封王，他們將要與漢王聯合。」

謠言傳到鐘離眛等人耳中，眾人哭笑不得。項羽聽到謠言後果然起了疑心，不再與鐘離眛等人商議軍機大事，甚至對亞父范增也懷疑起來。適逢劉邦派使者與項羽講和，項羽便派使者回訪，企圖探察謠言的真偽。

陳平聽說項羽的使者到了，正中下懷，立刻指使侍從準備上等的餐具和豐盛的食品，見到楚使之後又佯裝驚訝，低聲議論道：「原以為是亞父范增的使者，沒想到卻是項王使者！」於是匆忙把原物撤下，而換上劣等食物及餐具。楚使受此大辱，回去後一五一十地報告給了項羽，項羽的疑心越發加大。

亞父范增不知道項羽對他不再信任，幾次三番地勸項羽速取榮陽。項羽故意不理睬范增。范增對項羽忠心耿耿，見項羽竟然懷疑自己，氣憤地說：「天下事成敗已定，請君王好自為之，臣求退歸鄉里！」不料，項羽順水推舟，居然答應了。范增又氣又恨，歸鄉途中背生癰疽，未等回到故鄉彭城便一病死去。

范增是項羽的主要謀士，他一死項羽便如無頭蒼蠅一般東碰西撞，爭霸事業開始走下坡路。

一年後，劉邦擊敗項羽，建立了漢王朝。

陳平離間項羽、范增

陳平（？—前178年），陽武（今河南原陽）人，西漢王朝的開國功臣之一。在楚、漢相爭時曾多次出計策助劉邦。漢文帝時曾任右丞相，後遷左丞相。

● 陳平施離間計

原以為是亞父范增的使者，沒想到卻是項王使者！

西元前204年，劉邦被項羽包圍在滎陽城中已達一年之久，斷絕了漢軍的外援和糧草通道。陳平趁項羽的使者到來的機會巧施離間計，使得項羽不再信任亞父范增。范增忠心耿耿卻遭猜忌，憤而離去，在歸途中一病死去。項羽在范增離開之後也開始走下坡路。

陳平是漢高祖劉邦的重要謀士，曾為漢高祖「六出奇計」。劉邦困守滎陽時，陳平建議捐金數萬斤，離間項羽群臣，使項羽的重要謀士范增憂憤病死。高帝六年（西元前201年）又建議劉邦偽遊雲夢，逮捕韓信。次年，劉邦為匈奴困於平城（今山西大同北部）七天七夜，後採納陳平計策，重賄冒頓單于的閼氏，才得以解圍。

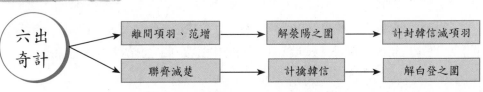

```
六出      ──→  離間項羽、范增  ──→  解滎陽之圍  ──→  計封韓信滅項羽
奇計
          ──→  聯齊滅楚      ──→  計擒韓信    ──→  解白登之圍
```

第五節

反間計

蔣幹盜書

赤壁大戰前夕，周瑜利用計謀除掉曹營精通水戰的蔡瑁、張允，就是一個有名的反間計。

曹軍士兵多為北方人，不習水戰。曹操在占領荊州之後，便用降將蔡瑁和張允為都督，訓練水軍。蔡、張二人久居荊州，深得水戰之妙。由他們訓練水軍，對江東顯然是一種威脅，周瑜深為憂慮。

一天，周瑜正在帳中議事，有人通報蔣幹來訪。周瑜聞之大喜，頓時計上心來。蔣幹與周瑜交情頗厚，現為曹操帳下幕賓。他此次前來江東就是要說服周瑜投降。一見面，周瑜就把蔣幹的嘴「封」了起來：他命大將太史慈監酒，聲稱「今天是老友相見，但敘朋友之情，不言軍旅之事」，使得蔣幹始終無法開口道出說辭。

歡宴之後，周瑜一定要與蔣幹同榻而眠。他故作大醉之狀，和衣而臥，一會兒就鼾聲如雷。蔣幹因心中有事，難以入睡，二更即起，見帳內殘燈尚明，桌上堆著文書，便下床偷看。他見有蔡瑁、張允寫給周瑜的一封投降書信，不禁大驚，忙將其藏到了身上。這時，周瑜在床上說起了夢話，道是數日之內要讓蔣幹看那曹操的腦袋。蔣幹連忙熄燈上床。將近四更時分，只聽得有人進帳喚醒周瑜。那人道：「江北有人過來。」周瑜小聲喝道：「低聲！」又叫：「子翼。」蔣幹裝作睡著，一聲不應。

周瑜與來人悄悄走出帳外，蔣幹則在帳內偷聽。只聽來人在外面說：「蔡、張二位都督道：『急切中無法下手。』」後面的話因聲音太小，無法聽清。一會兒，周瑜回到帳內，又叫：「子翼。」蔣幹不應。周瑜遂脫衣就寢。蔣幹暗想：這周瑜是個精細人，天亮後若不見了蔡、張二人的書信，豈肯與我罷休？因此，剛到五更，即趁周瑜熟睡之機，悄悄溜出帳外，叫上隨身帶的小童，飛快地趕回江北。

曹操看到蔣幹呈上的書信後勃然大怒，立斬蔡瑁、張允二人。這樣，大戰尚未開始，曹軍最為得力的兩個水軍將領，就被周瑜以反間之計輕而易舉地除掉了。

周瑜巧施反間計

蔡瑁和張允深得水戰之妙，曹操以此二人為都督訓練水軍，對江東顯然是一種威脅，周瑜深為憂慮。他借蔣幹巧施反間計，除掉了蔡瑁、張允。

● 蔣幹盜書

背景　赤壁大戰前夕，曹操親率百萬大軍駐紮在長江北岸，意欲橫渡長江，直下東吳。東吳都督周瑜也帶兵與曹軍隔江對峙，雙方箭拔弩張。曹操手下的謀士蔣幹，因自幼和周瑜同窗讀書，便向曹操毛遂自薦，要過江到東吳去做說客，勸降周瑜。

經過　蔣幹來到周瑜軍營，周瑜趁機使了一齣反間計。他偽造了一封蔡瑁、張允的投降書信，裝作酒醉的樣子讓蔣幹偷走此信。曹操看到信後勃然大怒，立斬蔡瑁、張允二人。周瑜輕而易舉地除掉了曹軍最為得力的兩個水軍將領，為赤壁之戰的勝利創造了條件。

● 周瑜

周瑜（175—210），字公瑾，漢末三國時東吳名將，相貌英俊，有「周郎」之稱。周瑜精通軍事、善音律，江東向來有「曲有誤，周郎顧」之語。建安十三年（208年），周瑜率東吳軍與劉備軍聯合，在赤壁以少勝多擊敗曹操南犯大軍，奠定了三分天下的基礎。建安十五年（210年），周瑜因病去世，年僅36歲。

第六節

反間計

岳飛智用敵間除叛將

　　「反間」需要精心策劃與高超的技巧，要掩蓋自己真實的意圖，同時讓對方相信自己，千萬不能弄巧成拙。

　　南宋時候，曹成聚合十餘萬烏合之眾由江西至湖湘，占據道、賀二州。岳飛以皇上的詔書招降曹成，曹成不肯從命，不得已，改撫為剿。

　　岳飛率軍進入賀州境內，抓到了一個曹成派出的間諜，岳飛靈機一動，便把間諜捆綁在自己的軍帳之外。岳飛在帳中調遣軍糧，管事的官吏有意大聲說：「軍糧已經用盡，怎麼辦？」岳飛則說：「暫時先到茶陵去。」說完裝作剛剛看到那個被綁著的間諜，做出因洩露軍機而後悔莫及的樣子，跺著腳走進帳內，暗地裏放鬆對間諜的警戒讓他逃跑。間諜回去向曹成報告，岳飛即將撤軍，曹成大喜，決定第二天追擊岳飛的軍隊。岳飛則趁曹成無備，率軍悄悄地繞嶺而去，天還沒亮就趕到曹成駐軍的太平場，攻破曹成的兵寨。曹成無奈，只得向岳飛投降。

　　1130年，金人在大名府（河北大名東）封宋朝的投降官員劉豫做大齊皇帝，後來劉豫多次配合金人攻打宋軍，成為宋軍北伐的最大障礙。岳飛了解劉豫與金將粘罕狼狽為奸，金國金兀術對此十分忌恨，於是就想用反間計除掉劉豫。恰好宋軍捉到一個金兀術派來的間諜，岳飛便假裝認錯了人，責問他說：「你不是張斌嗎？前些日子派你送信給劉豫，要他設法把金兀術引誘出來，不料你竟一去不復返。劉豫已經答應到冬天把金兀術引誘到清河，和我共同夾擊。你為什麼不把信送到呢？」間諜怕岳飛殺死他，也就順水推舟，冒認張斌。岳飛要他再送信給劉豫，信中敘述謀殺金兀術的事，然後囑咐間諜說：「我饒恕了你，這回你一定要保守祕密，把信送到。」這個間諜以為既保住了性命，又竊得重要情報，一陣歡喜，回到金國，馬上把信獻給金兀術。金兀術一看，勃然大怒，立即撤銷了劉豫的皇帝名號，並把他充軍到臨潢（今內蒙古自治區巴林左旗附近），宋朝的一個逆敵就這樣被除掉了。

抗金名將——岳飛

岳飛（1103—1142），字鵬舉，中國歷史上著名的戰略家、軍事家、民族英雄、抗金名將。岳飛因在軍事方面的才能被譽為宋、遼、金、西夏時期最為傑出的軍事統帥，同時也是南宋「中興四將」（岳飛、韓世忠、張俊、劉光世）之首。

●岳飛之死

岳飛父子被秦檜以謀反罪名予以逮捕審訊。紹興十一年農曆十二月廿九（1142年1月27日）除夕之夜，岳飛在杭州大理寺獄中被殺害，其長子岳雲及其部下張憲被斬於臨安鬧市。岳飛被害後，獄卒隗順冒著生命危險，將岳飛遺體背出杭州城，埋在錢塘門外九曲叢祠旁。隗順死前將此事告訴其兒，並說：「岳帥精忠報國，今後必有昭雪的一天！」岳飛沉冤21年後，紹興三十二年（1162年），宋孝宗即位，準備北伐，便下詔為岳飛平反，諡武穆，改葬在西湖棲霞嶺。

岳飛擅長憑藉少量的軍隊戰勝強敵。但凡有所行動，他會召集各位統制，謀劃定奪而後出戰，所以軍隊出戰都能勝利。突然遇到敵人他們也不慌不亂，所以敵人都說：「撼動山容易，撼動岳家軍很難。」岳飛每次立功後辭謝朝廷給他加官時一定說：「這是將士們貢獻的力量，我岳飛又有什麼功勞呢？」

第七節

離間計

朱元璋離間除敵

對朱元璋來說，趙普勝是個不好對付的角色。他避開了對手的銳氣，使用離間計，不費一兵一卒就除掉了心腹大患。

元至正十九年（1359年），朱元璋率兵攻取了太平府。太平府是個戰略要地，陳友諒的部隊常來偷襲。

陳友諒狡詐有權謀，連其首領徐壽輝也奈何他不得。當時長江以南陳友諒的勢力最強大。趙普勝是陳友諒手下得力的大將，勇猛善戰，人稱「雙刀趙」，他經常去偷襲太平府。

這年九月，朱元璋的部將俞廷玉率兵攻打安慶，結果被趙普勝打敗，俞廷玉也死於獄中。朱元璋的部將徐達、湯和都覺得趙普勝很難對付，計劃用更多的兵力再去攻打，拔去這個眼中釘。朱元璋卻不同意調集更多的部隊正面攻打，他說：「敵人力量很大，如果硬拼，勢必會損兵折將。趙普勝和陳友諒兩人，雖然作戰勇猛，但都有弱點。趙普勝缺少心計，陳友諒疑心很重，他挾持徐壽輝以號令諸將，內心很擔心諸將對他不忠。我們何不針對他們兩人的弱點，用離間計除掉趙普勝呢？」

當時，趙普勝有個門客很懂兵法，常為趙普勝出謀劃策。於是朱元璋暗裏派人寫信給這個門客，又故意讓人把信送給趙普勝。這個門客見信被趙普勝拿去，十分惶恐，擔心趙普勝會殺了他，於是直接投奔了朱元璋。朱元璋又賞給這個門客重金，讓他前往陳友諒處說趙普勝的壞話。

趙普勝果然是個糊塗人，他毫不在意門客的離去，每次見到陳友諒的使者，總擺自己功勞，時時露出有恩於人的神色。使者回去報告給陳友諒，陳友諒十分忌恨，加上門客的離間，不斷說趙普勝的壞話，陳友諒起了殺心。

正巧當時徐達等攻克潛山，斬殺了陳友諒的參政郭泰。陳友諒便以會師的名義，自江州趕去安慶。趙普勝得知領兵元帥親自前來，慌忙出迎，登上陳友諒的軍船。一上船，趙普勝就被一幫衛士綁住。陳友諒二話不說，就下令處斬了趙普勝。可憐趙普勝至死也不知道陳友諒為什麼要殺他。

明太祖朱元璋

朱元璋透過自己的才智、信念和統率力推翻了元朝的統治，建立了明王朝。

● 朱元璋

1 出身布衣

2 加入義軍

3 將帥之才

4 朱升獻策

5 削陳平張

6 建立明朝

7 北伐殘元

8 休養生息

9 打擊貪官

10 集權統治

11 緊抓教育

12 身葬孝陵

朱元璋

明太祖朱元璋（1328-1398），明朝開國皇帝。濠州鐘離（今安徽鳳陽東北）人。原名朱重八，後取名興宗。25歲時參加郭子興領導的紅巾軍反抗元朝暴政，龍鳳七年（1361年）受封吳國公，十年自稱吳王。元至正二十八年（1368年），在基本擊破各路農民起義軍和掃平元朝的殘餘勢力後，於南京稱帝，國號大明，年號洪武，建立了全國統一的封建政權。朱元璋統治時期被稱為「洪武之治」。

● 休養生息

　　明朝建立伊始，中華大地經過近二十年戰亂的破壞，一片凋敝。對此情形，朱元璋實行了發展生產，與民休息的政策。朱元璋下令，北方郡縣荒蕪田地，不限畝數，全部免三年租稅。對於墾荒者，由政府供給耕牛、農具和種子，所墾之地歸墾荒者所有，而且免稅三年。這些措施大大促進了生產的發展。

第十五章

《孫子兵法》
在現代的應用

　　《孫子兵法》，國人幾乎無人不知、無人不曉，它是中華民族文化的瑰寶。千百年來，無數軍事家運用其謀略創造了很多經典的戰例。秦始皇就曾研究過《孫子兵法》，他正是運用書中的原則，才在西元前221年第一次統一了中國。

　　《孫子兵法》是一部軍事謀略書，但它又不僅僅是一部軍事圖書，孫子的思想已經超越軍事戰爭領域，被廣泛地應用於政治、經濟、外交、體育等各個領域中，其中在經濟領域中被運用得最為廣泛。

圖版目錄

第一節

兵貴神速

《孫子兵法》與商業競爭

現代人常說，「商場就是戰場」。這和兩千多年前魏國大商人白圭的看法有相似之處。白圭曾說：「吾治生產（做生意）猶（如）孫、吳用兵。」如今，在商戰中借用兵法早已不是什麼新鮮事了。

《九地篇》指出：「兵之情主速，乘人之不及，由不虞之道，攻其所不戒也。」就是說，用兵的道理貴在神速，乘敵人措手不及，走敵人意料不到的道路，攻擊敵人沒有戒備的地方。這就是俗話說的「兵貴神速」。「兵貴神速」的思想在商業競爭中尤為重要，一旦發現某個商機就要馬上抓住，在競爭對手還沒有意識到的情況下，迅速向消費者提供該產品，如此就能夠獨占市場，取得商業上的成功。

20世紀60年代，在美國市場上銷售的剃刀基本上都是碳鋼剃刀，聞名於世的吉列公司占據碳鋼剃刀市場90%以上。這時候，美國夏普公司發現了一種材質遠好於碳鋼剃刀的產品，即用一種新型不鏽鋼生產的剃刀，這種剃刀既輕便、鋒利，又堅韌、耐用。於是，夏普公司將其大量投入生產。而吉列公司對這種剃刀卻反應遲鈍，打算看看市場對該種剃刀的反應再作打算。夏普公司將這種不鏽鋼剃刀投放市場後，馬上受到消費者的青睞，銷售量直線上升，占領了原吉列公司剃刀市場的70%。夏普公司在競爭對手吉列公司還未察覺市場上對剃刀新的需求之時，以「兵貴神速」的突襲行動，迅速向市場投放新研製的不鏽鋼剃刀，占領了很大的市場銷量，而使對手遭受嚴重挫折。

20世紀80年代，《孫子兵法》「兵貴神速」的快速突襲原則，使得香港一些廠商在商業競爭中大獲全勝，獲得豐厚的利潤。1982年，美國政府取消了電話機不能銷售的規定，開始允許私人隨意購買。這樣一來，美國8000萬個家庭以及其他公私機構紛紛購買電話機。一些原先生產收音機、電子錶的香港廠商聽到這一消息後，馬上生產電話機撲向美國市場。結果出師大捷，1983年第一季，香港有線電話機出口額比上年度同期增長近19倍。

搶占商機

《孫子兵法》強調，用兵的道理貴在神速。也就是俗話說的「兵貴神速」。不僅戰爭中如此，「兵貴神速」的思想在商業競爭中也非常重要。

● 兵之情主速

夏普公司在競爭對手吉列公司還未察覺市場上對剃刀新的需求之時，以「兵貴神速」的突襲行動，迅速向市場投放新研製的不鏽鋼剃刀，占領了很大的市場銷量，而使對手遭受嚴重挫折。

吉列公司

20世紀60年代，在美國市場上銷售的剃刀基本上都是碳鋼剃刀，聞名於世的吉列公司占據碳鋼剃刀市場90％以上。

夏普

美國夏普公司發現了一種材質遠好於碳鋼剃刀的產品，是用一種新型不鏽鋼生產的剃刀。

搶占商機

PK

夏普公司將這種不鏽鋼剃刀投放市場後，馬上受到消費者的青睞，銷售量直線上升，占領了原吉列公司剃刀市場的70％。

有的人則畏首畏尾，打算看看市場反應再作決定，最終只能看到競爭對手占據大量市場銷量。

遲鈍

迅速

看到商機後，有的人會馬上把握、搶占商機，隨後得到豐厚的利潤。

● 百代商人之祖——白圭

白圭，名丹，戰國時期洛陽著名商人。其師傳為鬼谷子，相傳鬼谷子得一「金書」，他將裏面的致富之計傳於白圭。白圭曾在魏國做官，在魏惠王屬下為大臣，善於修築堤壩，興修水利。

《漢書》中說他是經營貿易、發展生產理論的鼻祖。他主張減輕田稅，征收產物的二十分之一。提出貿易致富的理論。

百代商人之祖

據《史記·貨殖列傳》記載，白圭是最早將《孫子兵法》引入經營管理的人。他將孫吳兵法和商鞅之法的原理用於生產經營，善觀時變，採取「人棄我取，人取我與」等策略，取得了成功。白圭還善於經營管理，組織了一支上下一心、團結奮鬥的隊伍。史稱他「與用事童僕同苦樂」。

賞罰嚴明

《孫子兵法》與企業管理

　　人們常說，商場如戰場。在全球經濟一體化的今天，企業管理者必須順應潮流、把握商機，才能在凶險的市場競爭搏殺中生存。既然企業之間的競爭與戰爭一樣，都是你死我活的爭鬥，那麼，《孫子兵法》中的軍事謀略也可以相應地運用於現代企業管理中。

　　孫子認為，為了在戰爭中贏得勝利，就必須建立嚴明的賞罰制度，以此增強部隊的戰鬥力。「賞罰孰明」是「五事七計」之一。孫子提出：「故殺敵者，怒也；取敵之利者，貨也。」意思是說，要使軍隊勇敢殺敵，就要激勵部隊的士氣；要奪取敵人的物資，就要獎勵士兵。在獎賞的同時，對那些違反紀律、消極懶惰的人也要進行懲罰。他在《行軍篇》中指出：「卒已親附而罰不行，則不可用也。故令之以文，齊之以武，是謂必取。」同樣，在企業管理中，只有做到文武兼施、賞罰並用，才能激發員工的積極性，使人人爭先、個個努力，形成良好的企業發展氛圍。

　　福特汽車公司裝配流水線的工人每天工作9小時，1913年每日最高薪資是2.34美元。這個薪資在當時美國汽車行業中還說得過去，既不高也不低。關鍵問題在於：嚴密的編制和高速的裝配流水線使工人難以應付，往往造成每天10%的曠職率，只好僱用大量臨時工頂替。僅1913年，僱用的臨時工人是正職員工的四倍。

　　此時的福特汽車公司對勞資關係掉以輕心，對裝配流水線真正的主體——兩百多人的情緒和處境認識不夠，把賺到的錢全部投資於擴大再生產。工人們對夜以繼日的高強度工作制度非常不滿，已經到了忍無可忍的地步。

　　後來，福特與公司高階主管開會，決定要採取新制度，並且在福特汽車公司舉行的記者招待會上公布說：「公司決定將工人的薪資提高百分之百，實行一個工作日五美元。公司還將實行8小時工作制，廢除過去的9小時制，並設立職位調換部監督其職位調換，以保障他們找到適合的職位。」

　　福特計畫發布的第二天，公司大門被成千上萬的求職者圍得水洩不通，來自全國各地的職員、工人、農民求職者高達一萬兩千人。

賞罰嚴明

《孫子兵法》中有很多謀略都可用於企業管理。在當前經濟改革的大好形勢下，運用這些兵法謀略，一定能使企業人才薈萃、法制健全、經營靈活、發展迅速，取得良好的經濟效益和社會效益。

● 賞與罰

在戰爭中必須有賞罰的激勵機制，以提高士兵的作戰積極性。《孫子兵法》在談到戰爭雙方勝負的條件時，就有「賞罰孰明」一項。孫子主張車戰而奪得敵之戰車，應「賞其先得者」。

在獎賞的同時，對那些違反紀律、消極懶惰的人也要進行懲罰。孫子在《行軍篇》中指出：「卒已親附而罰不行，則不可用也。故令之以文，齊之以武，是謂必取。」

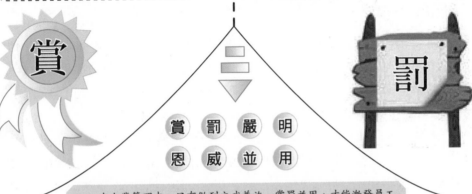

賞 罰 嚴 明
恩 威 並 用

在企業管理中，只有做到文武兼施、賞罰並用，才能激發員工的積極性，使人人爭先、個個努力，形成良好的企業發展氛圍。

● 《孫子兵法》與企業家

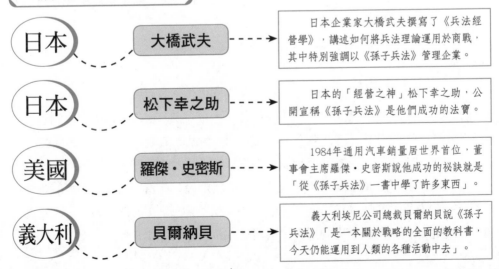

日本	大橋武夫	日本企業家大橋武夫撰寫了《兵法經營學》，講述如何將兵法理論運用於商戰，其中特別強調以《孫子兵法》管理企業。
日本	松下幸之助	日本的「經營之神」松下幸之助，公開宣稱《孫子兵法》是他們成功的法寶。
美國	羅傑・史密斯	1984年通用汽車銷量居世界首位，董事會主席羅傑・史密斯說他成功的祕訣就是「從《孫子兵法》一書中學了許多東西」。
義大利	貝爾納貝	義大利埃尼公司總裁貝爾納貝說《孫子兵法》「是一本關於戰略的全面的教科書，今天仍能運用到人類的各種活動中去」。

安國全軍

《孫子兵法》與外交藝術

現代科技的迅速發展，縮小了地球上的時空距離，各國間的外交活動越來越頻繁。外交活動影響著一個國家的政治、經濟和文化等很多方面。《孫子兵法》中的很多謀略都能夠用於外交活動。

孫子認為，必須慎重對待戰爭，不要輕易用戰爭處理國家之間的爭端。他強調，戰爭會消耗大量的人力、物力、財力，「日費千金」，使雙方都元氣大傷，甚至有亡國的危險。所以，一定要「非危不戰」，即不到萬不得已，絕不發動戰爭。孫子在《火攻篇》指出：「明君慎之，良將警之，此安國全軍之道也。」但是，歷史上有很多國家政策的制定者都自恃武力強大，輕易發動戰爭，推行強權政治。

為防止丟失阿富汗這塊戰略要地，1979年12月，蘇聯悍然發動了對阿富汗的軍事入侵，並很快完全控制了阿富汗的主要城市及交通幹線。蘇聯原本以為能夠速戰速決，但卻事與願違，戰爭持續了近十年之久。蘇聯在這場戰爭中花費400多億美元，有25萬名官兵陣亡。隨著戰爭時間的延長，入侵的蘇軍士氣越來越低落，蘇聯國內的民眾對這場戰爭也越來越不滿。1989年2月，蘇聯在各方的壓力下，只好被迫撤軍。蘇聯少數領導人沒有遵照《孫子兵法》「非危不戰」、「安國全軍」的思想妥善處理阿富汗問題，貿然用武力解決政治矛盾，結果使雙方遭受了嚴重的損失。

阿拉伯國家與以色列之間存在著根深蒂固的仇恨。「二戰」以後幾十年，阿、以雙方大戰四次，小戰無數，在戰爭中消耗了大量資源，失去了國家發展的有利時機。一些有識之士痛定思痛，認為只能透過和平對話才能最終解決雙方的衝突。

1991年10月30日，中東和平會議在西班牙首都馬德里召開，象徵著阿、以雙方從尖銳的戰爭對抗走向和平談判、政治解決的新階段。盡管一次會議不可能讓中東問題馬上就得到妥善的解決，但這完全符合《孫子兵法》「非危不戰」、「安國全軍」的思想，能夠降低雙方的損失，減輕雙方的痛苦。

和平外交

　　處理國家之間的爭端，《孫子兵法》有一條重要的原則，就是不要輕易使用戰爭手段，必須以謹慎態度對待戰爭，盡量將爭端以和平的方式解決。

● 安國全軍

非危不戰 安國全軍

　　《孫子兵法》強調「非危不戰」、「安國全軍」，是進行外交活動的一條極其重要的原則。在進行外交活動時，應盡量採用和平的方式去解決爭端，不要貿然動用武力解決政治矛盾。凡是按照這個原則去做的，大都呈現出好的結果；反之，違反這條原則，輕舉妄動、大打出手的，都會自食惡果，得到慘痛的教訓。

第四節

透過現象看本質

《孫子兵法》與衛生醫療

清初名醫徐大椿說：「孫武子十三篇，治病之法盡之矣！」他著有《醫學源流論》一書，書中論述了《孫子兵法》許多作戰原則在醫療疾病中的指導作用。其實，不只徐大椿，很多醫家都把用藥治病和用兵擊敵看成同性質的事，因而《孫子兵法》在某種程度上說也是一種「治病之方」。

《孫子兵法》強調透過表面現象而認識敵人實際動向的重要性，在《行軍篇》孫子列舉了相敵三十二法就是實例。孫子說：「眾樹動者，來也」；「鳥起者，伏也」；「塵高而銳者，車來也；卑而廣者，徒來也」；「辭卑而益備者，進也；辭強而進驅者，退也」；「半進半退者，誘也」；「鳥集者，虛也」；「旌旗動者，亂也」；「數賞者，窘也；數罰者，困也」等等。這些表述，前半句均為敵人的表面現象，後半句才是其真實的動態。這與治病有異曲同工之妙，醫生藉由「望聞問切」所獲得的信息，都是病人的表面現象，在這些表象的背後隱藏著疾病的真實病因。《內經》上說：「百病之生，各有其因；因有所感，各顯其症。」由此可以看出，「病」和「症」之間是存在某種關連的。醫生正是透過「症」的表象來了解「病」的內在本質。

運用《孫子兵法》透過現象而識別疾病的本質，對於疾病的防治，具有重要作用。以糖尿病為例，患該病後有十大信號：1.時常口渴，喝水量明顯增多；2.小便次數增多，尿量隨之增加；3.饑餓感，不管吃多少總覺得餓；4.身體倦怠，耐力減退；5.體重下降，胖人變瘦；6.身上發癢，反覆發生化膿性皮膚感染；7.肌肉痙攣，腿肚子抽筋；8.視力下降，視物模糊；9.男子出現陽痿；10.齒槽溢膿。如果出現上述十大信號中的三項，就有得糖尿病的可能，應該即時到醫院對身體進行全面檢查。需要指出的是，有些疾病表象相似而實質不同，容易產生誤診。這時候必須配合以其他科學手段的檢查，方能確診病情的實質。

透過表象看疾病

　　很早以來，《孫子兵法》就被運用於中國傳統的醫療疾病方面。清代兵學家鄧廷羅在其所著《兵鏡備考》中進一步論述說：「救亂如救病，用兵猶用藥。善醫者因症立方，善兵者因敵設法。孫子十三篇，治病之方也。」他們都把用兵擊敵和用藥治病看成同性質的事，因而《孫子兵法》也就成了「治病之方」了。

● 透過表面症狀診治疾病

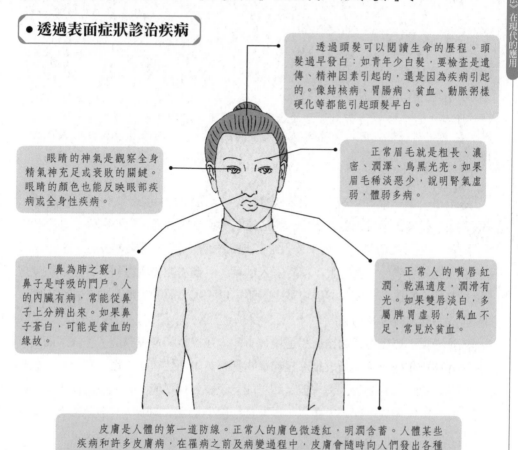

透過頭髮可以閱讀生命的歷程。頭髮過早發白：如青年少白髮，要檢查是遺傳、精神因素引起的，還是因為疾病引起的。像結核病、胃腸病、貧血、動脈粥樣硬化等都能引起頭髮早白。

眼睛的神氣是觀察全身精氣神充足或衰敗的關鍵。眼睛的顏色也能反映眼部疾病或全身性疾病。

正常眉毛就是粗長、濃密、潤澤、烏黑光亮。如果眉毛稀淡惡少，說明腎氣虛弱，體弱多病。

「鼻為肺之竅」，鼻子是呼吸的門戶。人的內臟有病，常能從鼻子上分辨出來。如果鼻子蒼白，可能是貧血的緣故。

正常人的嘴唇紅潤，乾濕適度，潤滑有光。如果雙唇淡白，多屬脾胃虛弱，氣血不足，常見於貧血。

皮膚是人體的第一道防線。正常人的膚色微透紅，明潤含蓄。人體某些疾病和許多皮膚病，在罹病之前及病變過程中，皮膚會隨時向人們發出各種疾病信號。

● 兵貴神速

　　孫子認為，一旦發動戰爭就要速戰速決。對疾病也是如此，如果不能即時對疾病進行治療，時間久了，不僅會使病人精神疲憊，抗病能力減弱，而且病菌也會產生抗藥性，蔓延發展，難以治癒。

　　對於車禍或外傷的病人應當馬上搶救，如果行動遲緩、拖延時間，病人會因為失血過多、傷口感染、病情惡化而難以治癒；對於心腦血管的突發疾病也應當迅速進行搶救，否則會使血管裂口擴大，溢血橫流，病情惡化而使病人的生命受到威脅；對於治療癌症，最安全有效的方法是及早發現，並迅速採取措施，趁惡性腫瘤細胞還沒有壯大、轉移之時，就施行手術加以切除。

第五節

以患為利

《孫子兵法》與積極人生

《孫子兵法》不僅是一部兵書，很多人還看到了其對人生的借鑑價值。《孫子兵法》全文都透露出智慧的光芒，人們能夠從中學到處理世事的策略手段，從而順利地擺脫困境。在對積極人生的探索中，《孫子兵法》能給人以激勵和奮發向上的力量。

孫子在《軍爭篇》中說：「軍爭之難者，以迂為直，以患為利。」就是說，爭取先機之利最為難辦的地方，在於把遙遠的彎路變成直道，化不利條件為有利條件。隨後又在《九地篇》中說：「投之亡地然後存，陷之死地然後生。夫眾陷於害，然後能為勝敗。」就是說，軍隊陷入危境，然後才能奪取勝利。井陘之戰就是「以患為利」的典型戰例。井陘之戰中，韓信以不到三萬的劣勢兵力，背水列陣，最終轉敗為勝，轉患為利。

人生在世，難免會遇到挫折和逆境。有的人在挫折和逆境中倒了下去；而另一些人則在挫折和逆境中逐漸成長。任何事物都有其兩面性，逆境也不例外。它固然是我們前進道路上的不利因素，但是如果能夠正確對待逆境，使之成為催人奮發的力量，逆境就又變成了好事。所以，從某種程度上來說，逆境能夠造就強者，使我們笑對人生。

明代著名醫學家李時珍，曾三次考舉人都名落孫山，後來專心學醫，遠涉深山曠野，遍訪名醫宿儒，用了近30年的時間，寫成了流傳千古的醫學巨著《本草綱目》。清代著名的文學家蒲松齡四次參試均落第，他下狠心攻讀，深入民間廣集博採，終於寫出了聞名世界的鴻篇巨制《聊齋誌異》。清末著名學者朱起鳳，曾因為沒有搞清「首施兩端」和「首鼠兩端」二詞可以通用而遭人恥笑。後來，他發憤讀書，凡遇別體異文，隨手摘記，歷時30餘年，編成一部300多萬字的大型詞書《辭通》，成為傳世佳作。

可見，逆境並非災難。對於那些懂得「以患為利」、不屈從於逆境的人，它常常在人們飽受折磨之後，成為人們向上攀登的階梯。

以患為利對待人生

逆境往往激發人們奮進。培根說：「奇蹟總在厄運中出現。」這句至理名言同孫子「以迂為直，以患為利」的思想一樣，給我們留下了一個思考的空間。

● 李時珍和蒲松齡

李時珍

李時珍十四歲中了秀才，其後九年他三次到武昌考舉人均名落孫山。於是，他放棄了科舉做官的打算，專心學醫，他向父親表明決心：「身如逆流船，心比鐵石堅。望父全兒志，至死不怕難。」父親同意了兒子的要求，李時珍開始專注於醫學。

他穿上草鞋，背起藥筐，在徒弟龐憲、兒子建元的陪伴下，遠涉深山曠野，遍訪名醫宿儒，搜求民間驗方，觀察和收集藥物標本。最終，李時珍成了一名很有名望的醫生。

李時珍　以患為利

蒲松齡　以患為利

蒲松齡本以為自己會通過科舉考試而一展鴻圖，但卻事與願違，使其感慨萬千。其詩句「世上何人解憐才」、「痛哭遙追阮嗣宗」等抒發了他壯志難酬且不為世人理解的苦衷，表露了他蔑視世俗庸人並以懷才不遇的楊雄自比的清高情懷。

後來，蒲松齡深入民間廣集博採，終於寫出了聞名世界的鴻篇巨制《聊齋誌異》。《聊齋誌異》情節幻異曲折，跌宕多變，文筆簡練，敘次井然，被譽為中國古代文言短篇小說中成就最高的作品集。

蒲松齡

第六節

修道保法

《孫子兵法》與政治統禦

春秋時期，各諸侯國四方征戰、互相掠奪。孫子所著《孫子兵法》雖然側重於思考軍事問題，但他並不僅僅只就軍事問題而言，在書中孫子提出了「修道保法」的政治行為準則。只有在政治上做到「修道保法」，才能為軍事上的勝利打下堅實的基礎。

孫子在「五事七計」中將「道」置於首位，即他所說的「一曰道」、「主孰有道」。他將「道」定義為「令民與上同意」，有道，則「可與之死，可與之生而不畏危」，將民眾與君主的意願一致作為戰爭勝利的首要因素。因此，必須修道。孫子接著在《形篇》中說：「善用兵者，修道而保法，故能為勝敗之政。」在這裏，孫子再次提出「修道」是決定戰爭勝負的主要條件。對於修道保法，劉邦驥在論《形篇》時說：「無形之軍政，即道與法是也。而道與法皆內政之主體。故曰此篇為軍政與內政之關係也。」由此可以看出，修道即是整頓內政、修明政治的意思。一旦政治昌明，百姓安居樂業，這時如果國家遭到侵略，人們自然會團結起來抵抗外侮，即使犧牲生命，也在所不惜。

在「修道」之外，孫子還強調「保法」的政治主張。「保法」就是要建立制度，對軍隊實行規範性的管理。楊善群在《孫子評傳》中認為，孫子「保法」的主張主要有三層含義：第一，在軍事、政治、經濟等各個方面有完善的制度。孫子在《計篇》中說：「法者，曲制、官道、主用也。」即指軍隊中的各種軍事制度、官吏制度、財務制度等。「保法」即是要在政府與軍隊的各個部門建立健全的制度。第二，用嚴明的賞罰去保證法令的施行。即不拘泥於成文法律，對有功者進行獎賞，對有過者進行懲罰。「施無法之賞，懸無政之令，犯三軍之眾，若使一人。」（《九地篇》）第三，廢止貴族特權，施行賞罰時一視同仁。「賞善始賤，罰惡始貴。」孫子的「保法」主張反映了他改革政治制度和推進軍隊建設的思想。

修道保法

　　孫子提出了「修道保法」的政治行為準則，只有在政治生活中遵行這種行為準則，才能為軍事行動的勝利打下堅實的基礎。

● 修道保法詳解

　　孫子認為，應該將民眾與君主的意願一致作為戰爭勝利的首要因素。因此，必須修道。一旦政治昌明，百姓安居樂業，這時如果國家遭到侵略，人們自然會團結起來抵抗外侮，即使犧牲生命，也在所不惜。

修道

整頓內政

修明政治

規範管理

建立制度

保法

　　孫子的「保法」主張，與當時興起的變法改革的政治思潮有關。早在管仲、子產的變法實踐中，「法」就受到高度的重視。這一重視法律作用的思想，在春秋時的各國都有不同程度的表現，反映當時社會現實的歷史文獻常能見到諸如「賞善罰奸，國之憲法也」、「不僻親貴，法行所愛」等的記載。

● 保法的三層含義

②不拘泥於成文法律，對有功者進行獎賞，對有過者進行懲罰。

①要在政府與軍隊的各個部門建立健全的制度。

保法

③廢止貴族特權，施行賞罰時一視同仁。

國家圖書館出版品預行編目資料

圖解：孫子兵法 ／ 唐譯作，-- 二版，-- 臺北市
：海鴿文化，2021.02
面 ； 公分. -- （文瀾圖鑑；56）
ISBN 978-986-392-365-7（平裝）

1. 孫子兵法　2. 研究考訂　3. 謀略

592.092　　　　　　　　　　　110000136

書　　　名　　圖解：孫子兵法

編　　　著：　唐譯
美 術 構 成：　騾賴耙工作室
封 面 設 計：　斐類設計工作室
發 行 人：　羅清維
企 畫 執 行：　林義傑、張緯倫
責 任 行 政：　陳淑貞

出　　　版：　海鴿文化出版圖書有限公司
出 版 登 記：　行政院新聞局局版北市業字第780號
發 行 部：　台北市信義區林口街54-4號1樓
電　　　話：　02-27273008
傳　　　真：　02-27270603
信　　　箱：　seadove.book@msa.hinet.net

總 經 銷：　創智文化有限公司
住　　　址：　新北市土城區忠承路89號6樓
電　　　話：　02-22683489
傳　　　真：　02-22696560
網　　　址：　www.booknews.com.tw

香港總經銷：　和平圖書有限公司
住　　　址：　香港柴灣嘉業街12號百樂門大廈17樓
電　　　話：　（852）2804-6687
傳　　　真：　（852）2804-6409

出 版 日 期：　2021年03月01日　　二版一刷
　　　　　　　2022年02月15日　　二版五刷

定　　　價：　450元
郵 政 劃 撥：　18989626　　　　　戶名：海鴿文化出版圖書有限公司